国家科学技术学术著作出版基金资助出版

燃烧诊断学
Combustion Diagnostics

齐 飞 高 怡 周晓国 顾明明 著

科学出版社

北 京

内 容 简 介

本书首先介绍燃烧诊断学的基本概念与历史沿革,继而对各类燃烧诊断方法基于的共同性原理进行详细介绍。针对具体燃烧诊断方法,本书首先介绍了光谱基本理论,随后介绍基于吸收光谱、发射光谱、散射光谱及粒子图像测速等常见燃烧诊断方法的理论基础、实验方法和应用实例;详细介绍了面向燃烧诊断技术的图像分析及可视化方法,其次还介绍了分子束-光电离质谱技术及其在燃烧诊断中的应用;最后,本书介绍了多种燃烧诊断技术在典型动力装置中的应用及未来发展趋势。

本书可作为燃烧诊断学、燃烧学、反应动力学等领域研究人员的专业参考书,也可作为工程热物理、动力工程、物理化学、能源化学、航空动力学等学科高年级本科生和研究生的参考书。

图书在版编目(CIP)数据

燃烧诊断学 / 齐飞等著. — 北京:科学出版社,2024.6. -- ISBN 978-7-03-078844-3

Ⅰ. TK16

中国国家版本馆CIP数据核字第2024R4C962号

责任编辑:范运年 / 责任校对:王萌萌
责任印制:师艳茹 / 封面设计:蓝 正

科学出版社 出版
北京东黄城根北街 16 号
邮政编码:100717
http://www.sciencep.com

北京中石油彩色印刷有限责任公司印刷
科学出版社发行 各地新华书店经销
*
2024 年 6 月第 一 版 开本:720 × 1000 1/16
2024 年 6 月第一次印刷 印张:19
字数:380 000
定价:168.00 元
(如有印装质量问题,我社负责调换)

序

燃烧，作为人类利用自然能源的主要方式之一，是人类科技文明的重要推动力。从人类早期的火种点燃篝火，到如今的高效燃烧引擎和先进发动机制造，对燃烧过程的研究与应用一直是人类探索自然和改造自然的重要手段。尽管近年来各种新能源不断涌现，但在可预见的未来，化石燃料及低碳燃料的燃烧依然在全球的能源利用中占据主导地位。然而，随着环境污染和能源危机的日益加剧，碳达峰碳中和目标逐渐被提上日程，这就迫切要求我们更加深入理解相关燃烧过程的机制，提高燃烧效率，有效控制燃烧污染物和 CO_2 的排放。为此，实现实时的燃烧过程诊断就具有极为重要的意义。

该书作者长期致力于燃烧诊断学研究，在燃烧诊断方法的发展、燃烧反应动力学、燃烧不稳定性原理的探究，以及实际工程燃烧系统的应用等方面都取得了一系列具有国际影响的研究成果，并在上海交通大学多年讲授相关课程。在这些经验积累的基础上，作者历经五年组织撰写了《燃烧诊断学》一书，旨在向读者系统介绍燃烧领域的各种光谱和质谱等先进诊断技术，期望通过深入浅出的阐述，使初学者能够快速掌握这些诊断技术的基本原理，了解不同方法的优缺点，为未来从事相关基础研究和实践应用打下良好的基础。

该书的章节设计以燃烧诊断学的技术原理为基础，系统地介绍了各种燃烧诊断方法，从传统的光学诊断方法到最新的激光诊断技术，从光谱基础知识到粒子图像测速方法，覆盖了燃烧诊断学领域的核心内容，并展示了这些燃烧诊断技术在典型动力装置中的应用及未来发展趋势。与已有的燃烧诊断学著作相比，作者面向近年来愈加广泛应用的成像测量技术，详细介绍了面向燃烧诊断的图像分析及可视化方法，并针对光学诊断技术难以分辨关键中间产物的缺陷，补充介绍了分子束-光电离质谱技术及其在燃烧诊断中的应用。这样的完整结构使读者能够更加全面地了解各种燃烧诊断方法的特点，为他们在未来开展相关研究和应用提供了重要参考。

该书作为关于燃烧诊断方法和实际工程应用相互交叉的专著，具有广泛的读者受众人群。对于燃烧学等工程领域的研究人员来说，该书不仅能够提供专业技术参考，而且其中突出的燃烧诊断可视化和参数化对内燃机、航空发动机、火箭发动机等动力装置的研究与发展至关重要；而对于相关基础科学领域的研究人员来说，该书从燃烧诊断学的独特视角，帮助他们深入了解燃烧过程的物理化学本质，探索燃烧工程与能源利用之间的平衡点。随着我国燃烧诊断学的不断发展，希望以这本书的出版为契机，吸引更多不同学科背景的年轻学者投身于燃烧学的研究，推动相关领域的发展，为我国在能源利用效率、环境保护、国防安全等方面做出更多的贡献！

中国科学院院士

2024 年 5 月 10 日于深圳

前　　言

　　燃烧是一门历久弥新的学科。从人类第一次钻木取火到今天的上天摘星揽月，燃烧对于人类社会的意义体现在生产生活的各个方面。当今世界，化石燃料、生物质燃料、氢气、氨气等多种传统燃料与新型燃料的燃烧为人类社会提供了 80%以上的能源，服务于能源、运输、工业、国防等诸多领域。认识燃烧现象，理解燃烧机理，进而调控并优化燃烧过程，不但可以提高现有燃烧装置的燃烧效率，也可以降低燃烧过程中的温室气体及各类污染物排放，为全球碳中和的宏伟目标做出贡献。

　　燃烧的本质是伴有流动的快速放热化学反应，其典型特征是多时空尺度内流动、传质传热、化学反应等多种物理化学现象的高度耦合，这一特点为研究和理解燃烧问题带来了巨大挑战。为了解释复杂燃烧现象背后的基础科学问题，通常需要借助燃烧诊断方法对燃烧涉及的温度、组分、速度等关键物理化学参数进行测量。而在高温、高压、高流速的燃烧环境下，大部分传统的接触式测量方法难以直接使用，这些方法本身也会对燃烧造成扰动，使测量结果失真。

　　相比之下，基于光学测量的燃烧诊断方法可以获得无扰动、高时空分辨的测量结果。早在 1860 年，古斯塔夫•罗伯特•基尔霍夫和罗伯特•威廉•本生就通过实验观测发现本生火焰中的多条谱线与太阳光中的夫琅禾费线高度相似。此后，针对火焰发射光谱的化学分析研究开始受到关注。20 世纪初，随着量子力学的蓬勃发展，人们对火焰辐射光谱背后涉及的能级跃迁等基本原理有了更深入的理解，并逐渐开始借助火焰发射光谱研究燃烧问题。早期基于光学测量的燃烧诊断方法研究以发射光谱为主，这主要受限于测量光源高度依赖火焰自发光和自然光。20世纪中叶，随着激光技术的发展，发射光谱、吸收光谱、散射光谱等光学方法开始广泛应用于燃烧诊断研究中，激光重复频率、激光功率、波长可调谐范围等性能参数的提升也进一步拓展了上述燃烧诊断方法的测量范围。此外，同步辐射等先进光源的出现也极大地推动了传统接触式燃烧诊断技术的革新与进步。

　　鉴于上述背景，本书旨在系统全面地介绍典型燃烧诊断方法的基本原理、实验技术及发展趋势，共分为 9 章，主要按照燃烧诊断学基于的技术原理来分类组织全书内容。第 1 章为绪论，主要对燃烧诊断的研究意义、研究历史、研究方法和燃烧诊断所需的硬件基础进行概述。第 2 章主要介绍与燃烧诊断学研究密切相关的光谱基础知识、基本概念和定律，为将要开展的吸收光谱、发射光谱和散射光谱法提供必需的知识储备。第 3 章主要介绍吸收光谱在燃烧诊断应用中的工作原理、应用范围及其发展。第 4 章主要介绍基于发射光谱的光学诊断方法的基本原理与应用,主要涵盖火焰化学自发光、激光诱导荧光和激光诱导磷光等测量方法。第 5 章主要介绍基于散射光谱的诊断方法,主要涵盖瑞利散射、拉曼散射、简并四波混频等测试技术。第 6 章主要介绍粒子图像测速方法的理论基础、实验方法及应用实例。第 7 章总结归纳了几种成像测量技术中包含的图像分析及可视化方法,并对其研究进展和应用进行了介绍。第 8 章主要介绍分子束-光电离质谱技术及其在燃烧诊断中的应用。第 9 章主要介绍燃烧诊断在动力装置中的典型应用,简介了各种诊断方法在包括内燃机、航空发动机和火箭发动机等实际动力机械研究中的应用实例及未来发展趋势。

燃烧诊断学是本书作者的主要研究方向之一。在过去 20 年里,作者首先发展了同步辐射真空紫外光电离质谱研究方法在燃烧诊断研究领域的应用。近年来,作者又发展了多种高频激光成像/光谱测量方法,针对平面火焰、旋流火焰等基础燃烧及各类高温高压复杂燃烧系统中的实际燃烧应用开展了大量实验及热声耦合机理等研究。

本书内容主要以作者的研究成果为基础,并结合国内外其他同行的相关研究成果,根据燃烧诊断方法基于的技术原理差异,对各类方法的技术特点、应用场景及发展前景进行总结,以使相关领域同行能够根据自身测量需求,较为快速准确地选择合适的燃烧诊断方法。

本书在撰写过程中得到了同行的大力支持,包括上海交通大学施圣贤教授、李玉阳教授、李雪松副教授、周忠岳副教授、夏溪副教授、刘训臣博士等,清华大学杨斌教授,中国科学技术大学刘世林教授、潘洋教授、赵龙教授、王占东教授,合肥工业大学贾良元副教授,同时特别感谢正在求学和已毕业的本课题组博士后和研究生,他们参与了部分内容的撰写和图形的绘制,包括王国情、李伟、徐亮亮、李中秋、杨晓媛、王思睿、任勇智、杨溢凡、王绍杰、张昊东、郑建一、汪秋笑、李林烨、彭钰倩、褚淳淳、诸麟榆、常德林、邓裕文、熊再立、刘德文、白严、任海蓉。他们的辛勤劳动和无私奉献促成了本书的完稿。最后,特别感谢国家自然科学基金委员会对该领域提供的项目支持,以及上海交通大学和中国科学技术大学提供的条件支持。

本书从开始撰写到定稿,历时 5 年多,中间经历多次修改、大幅删减和内容调整。尽管如此,书中仍有不尽完善之处,恳请各位专家和读者斧正。

作　者

2024 年 1 月

目　　录

第1章 绪 论

1.1 燃烧诊断的研究意义

人类使用火的历史已经有几十万年,中国古代就有燧人氏钻木取火及天神伏羲为了解救人间疾苦而送来火种的故事。古希腊神话中有普罗米修斯为了解救饥寒交迫的人类盗取天火,将火种带到人间的故事。火为人类送来了温暖,帮助人们御寒、驱逐野兽与烹饪食物,直到今天,燃烧已经成为人类生产生活中最重要的动力和热量来源。2020 年,英国石油公司的报告显示:目前,包括煤炭、石油和天然气在内的化石燃料的燃烧仍然提供了世界上约 85%的一次能源消耗[1],并且在达到峰值之前,化石燃料的需求还将继续增长。因此,在工业生产方面,提高燃烧效率和降低污染物排放事关能源危机和可持续发展战略。不仅如此,优化燃烧组织形式从而提高发动机的性能和寿命在动力装置中同样至关重要。为此,人们对燃烧进行了孜孜不倦地探索,力求真正认识燃烧、改进燃烧并控制燃烧。如今,燃烧科学已经成为一门汇集化学反应动力学、流体力学、传热传质学和热力学等基础科学且面临许多实际应用需求的重要学科。燃烧科学的研究手段包括理论、计算机辅助模拟及实验研究。其中,理论研究为燃烧科学建立了基本框架,计算机辅助模拟研究基于理论研究成果开展实际过程模拟,实验研究则为燃烧科学建立了完善的理论体系并构建了精确的燃烧模型并提供了可靠的数据支持和强有力的验证工具。因此,燃烧诊断是认识和揭示燃烧规律的必然途径。

从早期的现象观察到今天借助各种科学辅助手段和工具,燃烧诊断主要测量与燃烧过程相关的化学组分和物理参数,包括燃料、中间产物、主要产物的定性和定量测量,以及燃烧过程中的压力、速度和温度分布等,并通过进一步分析得到火焰面位置、火焰面密度、火焰传播速度、着火延迟时间、拉伸率和标量耗散率等参量,以探究燃烧过程中的科学问题[2-17]。由于实际燃烧过程通常伴随高温、高压、湍流和多相流等非稳态过程,因此不同燃烧条件下的实验环境常有较大差异,这对实验诊断方法的适用性提出了较大的挑战。针对这些需求,基于物理化学和流体力学等学科发展而来的新的燃烧诊断方法不断涌现,不同的实验方法具有不同的探测目标,适用于不同的研究场景。本书将系统介绍燃烧科学研究中常用诊断方法的基本原理、实验方法及其应用。

1.2　燃烧诊断的发展历史

火在人类社会发展中扮演着重要角色，人们对于火的探究也从未停止。人们早已开始从物质世界本身来寻求火的本质，中国古代哲学家提出了"五行说"，火为其中一行，古希腊哲学家也提出了类似的包括火在内的"四元素说"。17 世纪末，德国化学家贝歇尔和施塔尔总结了前人对于火的实验和理论研究，提出燃素说：物质在空气中燃烧是物质失去燃素、空气得到燃素的过程。此后，燃素说统治了化学界达百年之久。然而，燃素说难以解释很多燃烧实验现象。1772 年，拉瓦锡用锡、硫和铅做了著名的钟罩实验，并提出科学的燃烧学说，即氧化学说：燃烧的本质是物质与氧结合发生氧化反应[18]。氧化学说的提出不仅为燃烧科学的研究打开了新的大门，也带动了整个化学学科的蓬勃发展。事实上，在此后的很长时间，人们对于火焰的研究一直停留在基于表观的现象观察阶段，直到 1857 年，斯旺在火焰中观察到蓝光的明亮光谱带，并被后人证明为 C_2 的发光谱线，现在称为斯旺光谱(Swan spectrum)[19]。1860 年，本生和基尔霍夫将金属物质放在清洁的本生灯火焰中烧灼，观察到金属发出的光谱，创立了光谱化学分析法[20]。随着光谱学的发展，人们对于火焰光谱的认识也逐步加深。与此同时，其他的诊断手段也在不断发展。1875 年，奥萨特发明了奥氏气体分析仪，并对蒸汽机尾气进行分析[2,21]，其原理是利用不同的化学试剂吸收不同气体组分，并通过测量吸收前后的体积差来计算气体中各组分含量。该方法原理简单且价格便宜，但操作烦琐且精度较低，目前基本不再使用。

为了对燃烧中复杂的化学组分进行更准确的测量，利用探针采样结合色谱和质谱等灵敏的现代分析手段得到了广泛关注。1900 年，俄国植物学家 Tswett 研究植物叶子的色素成分时发明了色谱法(或称层析法)[22]。此后，色谱法广泛应用于气相、液相物质的分离与分析。1958 年，Ferguson 等将色谱应用到燃烧研究中，对丙烷冷火焰中的主要氧化产物进行了分析[23]。色谱具有较高的灵敏度和优异的化学组分分离能力，能够实现对燃烧反应中低浓度组分的探测及对部分同分异构体的有效鉴别[24]，因此广泛应用于燃烧科学的研究。在色谱法发明后不久，英国科学家 Aston 于 1919 年发明了第一台质谱仪，凭借其强大的组分鉴别能力与高灵敏度很快在科学研究和工业生产中得到了广泛应用。1947 年，Eltenton 将质谱应用于宽温度范围的反应器中，检测到寿命较短的反应中间产物，并证实其来源于碳氢化合物的裂解[25]。Eltenton 的研究表明可以通过对反应区进行采样并利用质谱进行定量分析，从而探究燃烧过程中产物浓度的变化。如今，质谱已经成为燃烧诊断强有力的工具之一。质谱技术因检测速度快，分离和鉴定可同步进行，在燃烧反应动力学研究中扮演着极其重要的角色，尤其是近 20 年来，真空紫外光电离质谱技术在燃烧与能源中的应用越来越广泛[15, 16, 26-28]。

1960 年第一台激光器问世，这一发明引发了科学研究的革命，也为燃烧诊断方法的发展开辟了新的道路，深刻影响了燃烧实验科学的研究进程。激光独一无二的单色性、相干性和准直性等优异特性，使燃烧中的组分、速度和温度无扰动测量成为可能。1964 年，激光多普勒测速技术被发明并用于单点流场测速。随后，各种基于激光的光学诊断方法被发明并用于燃烧研究中，如激光诱导荧光、粒子图像测速、激光诱导炽光和拉曼散射等[4-7, 10]。经过多年发展，当前的激光器拥有更短的脉冲、更高的能量、更快的重复频率和更好的光束质量；另外，光探测器具有更好的敏感性、更大的动态范围和更高的采样帧频；同时，计算机等其他电子设备的不断进步，以及各类分析算法的不断优化，也使基于激光的光学诊断方法得到快速发展。诸多光学诊断技术从单点测量、线测量逐渐发展到二维和三维测量，从单一组分、单一参量的测量到多组分、多参量的同步测量，从时间积分或时间平均的测量到瞬态高速时间分辨的测量，使光学诊断技术越来越适用于复杂的燃烧环境。

当前，燃烧诊断为燃烧科学的研究提供了数据支持，带来了更多新发现。本书主要描述当前燃烧科学实验研究中常用诊断方法的原理和应用，为读者开展燃烧实验研究所选择的适当诊断方法提供参考。

1.3　燃烧诊断的研究方法

燃烧科学的研究尺度跨度很大，包括宏观的火焰结构到微观的化学反应。一般来说，宏观的实验参数主要包括燃烧过程中的火焰形态、流场、压力、温度、着火延迟时间和火焰传播速度等，而微观化学组分的实验研究则主要测量反应物、产物及包含原子、分子和自由基等各类中间产物的浓度变化和分布等。

根据测量方法与测量对象之间的媒介关系，可以将燃烧诊断方法分为接触式和非接触式这两类，见表 1.1。其中，非接触式燃烧诊断方法大多基于光学手段，并可以进一步细分为成像法和光谱法。接触式燃烧诊断方法则需要依赖各类物理探针与待测对象的直接接触以获得温度、流速等物理信息，抑或通过原位采样再结合色谱、质谱等其他分析手段进行化学组分分析。接触式方法相对于非接触式方法的主要优势是实验操作简便、成本低廉、方法成熟。但是，探针的引入对火焰或反应本身将产生扰动，从而影响测量结果的准确性。

基于测量对象的不同，人们也常将燃烧诊断方法分为流场诊断方法、组分诊断方法、温度诊断方法和颗粒诊断方法等。与此同时，同一种诊断手段可以同时测量多个物理量，如吸收光谱方法可以同时获得温度及主要燃烧产物浓度的信息，激光诱导磷光技术可以同时测量温度和流场等。此外，对于同一物理量，不同诊断方法也存在测量精度、测量维度等方面的差异，例如，对于温度测量，吸收光谱方法一般只能获得视线平均的温度信息，而反斯托克斯拉曼散射光谱方法则可以获得单点的更高测量精度。

表 1.1 总结归纳了一些燃烧诊断方法的具体分类，在下面的章节中将对其中较常见的方法进行更详细的介绍。

表 1.1 燃烧诊断方法的分类

分类			测量方法	测量对象
接触式测量			热电偶	温度
			热线风速仪	流速
			气相色谱	组分
			质谱	组分
非接触式测量	成像法		背景纹影	密度、流场
			激光多普勒测速	流速
			粒子图像测速	流场
			分子标记测速	流场
			平面激光诱导荧光成像	组分
	光谱法	吸收光谱	直接吸收光谱	温度、组分
			波长调制吸收光谱	温度、组分
			光腔衰荡光谱	温度、组分
		发射光谱	激光诱导荧光	温度、组分
			激光诱导磷光	温度、流场
			激光诱导炽光	粒径大小
		散射光谱	弹性散射	瑞利散射	密度、温度
			非弹性散射	拉曼散射	温度、组分
				简并四波混频	温度、组分
				激光诱导光栅光谱	温度

1.3.1 速度测量

典型的接触式流场速度测量方法包括热线风速仪测速和皮托管测速等，其涉及的基本原理较简单，在此不再赘述。非接触式流场测量手段种类较多，主要包括激光多普勒测速(laser Doppler velocimetry, LDV)、粒子图像测速(particle image velocimetry, PIV)等依赖示踪粒子散射信号的测量手段及分子标记测速(molecular tagging velocimetry，MTV)等无需示踪粒子的测量手段。其中，典型的 LDV 测量装置包括两束单色激光光源，激光在待测流场中交汇从而产生干涉条纹，当流场中的运动粒子(人为加注或燃烧流场中自有)经过激光交汇区间并散射激光信号时，其干涉条纹特征会因多普勒效应而发生变化，并且多普勒频移与粒子运动速度成正比。由此，通过对干涉信号的测量即可进一步推算出流速信息。PIV 方法一般需要人为加注示踪粒子，并引入激光光片照亮粒子，通过相机拍摄粒子图像并求解相邻图像中粒子的位移来获得粒子移动速度。随着高频高功率激光器和高速相机技术的快速发展，粒子图像测速技术也逐渐从平面二维测速发展到三维测速，其测量时间分辨率也逐渐满足高速流场中的测量需求。因此，PIV 方法是目前燃烧诊断领域最常用的测速手段。

除此之外，MTV 和背景纹影(background oriented schlieren，BOS)方法等也在流场测量中具有较广泛的应用。其中，MTV 方法通过激光激发待测流场中的气体分子发生能级跃迁，并利用高速摄像记录分子能级跃迁发光(磷光、荧光等)的过程，再基于对相邻图像的比对分析即可获得流场流速信息。相比于 PIV 方法，MTV 方法更适用于难以加注示踪粒子的场景，如高马赫数条件下或高速度梯度分布条件下的流场测量。BOS 方法是基于流场密度梯度的测量方法，在实际燃烧流场中，密度梯度可能因涡结构、浓度梯度、温度梯度或激波产生，因此，BOS 方法测量所得的速度只代表空间结构的速度，如旋涡的对流速度或压缩激波速度，而不一定等同于当地流速。

1.3.2　组分测量

接触式的组分测量方法一般利用毛细管或分子束对火焰进行采样。在毛细管采样过程中，不稳定中间产物易与毛细管壁发生碰撞而猝灭，因此该法仅适用于稳定产物的检测。而分子束方法则利用圆锥形石英喷嘴尖端的小孔进行采样，由于采样喷嘴上下游的压差，化学组分通过石英喷嘴时近似绝热膨胀，经快速冷却形成无碰撞的自由分子束流，从而避免组分发生进一步反应。尽管接触式测量方法的采样过程不可避免地会对火焰产生一定扰动，但通过优化喷嘴的结构可以大幅降低其影响[29, 30]。最后，采样所获得的样品还需要结合色谱、质谱和傅里叶变换红外光谱(Fourier transform infrared spectroscopy，FTIR)等方法进行组分分析。

非接触式的组分测量方法多依赖激光与待测组分间的吸收、散射及发射等过程来获得特征光谱信号，再借助光谱分析获得组分分布信息。在燃烧诊断应用中，大部分气体分子的吸收光谱信号集中在红外波段，对应待测组分的转动及振动能级跃迁。非接触式的吸收光谱方法常直接测量激光经待测火焰前后的光强变化来得到原位组分信息。但由于吸收光程较短，大部分非接触式吸收光谱方法的测量灵敏度和检测限均低于 FTIR 方法。基于散射原理的组分测量手段中最主要的是拉曼散射光谱(Raman spectroscopy)方法，其光谱信号多对应待测分子的振动及转动能级跃迁。拉曼散射光谱可测量的组分一般都是中心对称的非极性分子，而吸收光谱可测量的组分需要具有分子内的偶极矩，所以多为极性分子。在某种程度上，吸收光谱和拉曼散射光谱在组分测量能力上具有互补性。基于发射光谱的组分测量方法主要包括化学自发光光谱(chemiluminescence)、激光诱导荧光光谱(laser induced fluorescence，LIF)等。化学自发光光谱和LIF多对应待测组分的电子能级跃迁，但化学自发光光谱能级跃迁的能量来自火焰中的化学反应自身，而LIF则需要借助激光来实现对特定组分的能级激发。在燃烧诊断应用中，LIF及化学自发光光谱多用于自由基、金属原子等不稳定燃烧中间产物的测量。

1.3.3　温度测量

热电偶测温是最常见的接触式测温方法，但主要局限体现在其会对燃烧流场造成扰动、温度测量时间分辨率较低、温度测量上限有限、热电偶贵金属催化燃烧反应、流场传热对热电偶测温精度的影响等方面。近年来，随着微型热电偶的出现及耐高温热电偶材料的发展，热电偶测温在燃烧研究中仍有大量应用。同时，热电偶测温也是重要的非接触式测温方法的标定或验证手段。热电偶测温方法的原理简单且方法成熟，本书不做进一步讨论。

大部分适用于组分测量的非接触式光谱测量方法都可用于温度测量。在燃烧诊断应用中，吸收光谱所测温度为视线平均温度，对于高温度梯度变化的测量对象，常结合层析分析方法来实现空间分辨的温度测量。典型的散射光谱温度测量方法包括自发拉曼散射光谱(spontaneous Raman scattering，SRS)及相干反斯托克斯拉曼散射光谱(coherent anti-Stokes Raman scattering，CARS)等，SRS和CARS多用于单点或一维空间尺度上的温度分布测量。CARS相对于SRS的最大优势在于可以实现更高的测量信噪比和具有更强的信号抗干扰能力，但CARS通常需要较为复杂的实验测量装置。LIF可用于单点、一维或二维的温度测量。例如，当激光光强足够强时，通过形成激光光片，使用不同波长(一般采用两种波长)的激光进行电子态能级激发并测量荧光信号的强度，通过比对双色平面激光诱导荧光信号的强度来获得二维的温度分布。另外，也可以通过单一波长光源激发广谱荧光信号，并在广谱荧光信号的两个波段上进行信号比对，通过双色法求解来实现温度测量。除此之外，典型的平面温度测量方法还包括激光诱导磷光光谱(laser induced phosphorescence，LIP)与瑞利散射(Rayleigh scattering)等方法。LIP方法一般需要在燃烧流场中人为加注磷光粉末，并通过激光激发诱导产生磷光信号，基于磷光信号的温度相关性则可以进一步获得温度分布信息。瑞利散射方法并不直接测量温度，而是通过瑞利散射光强测算气体分子数密度，再基于气体状态方程计算温度分布。由于气体分子数密度同时与压强及各组分浓度有关，所以瑞利散射测温方法需要借助标准火焰的测量结果进行标定校正。

1.3.4 颗粒测量

针对颗粒的接触式测量方法同样需要先借助采样方法进行采样，再采用光学显微镜、扫描电镜和透射电镜等仪器对样品进行分析，从而获取颗粒尺寸、表面特征等信息。而非接触式的测量方法主要通过干涉米氏成像(interference Mie imaging，IMI)和纹影成像(schlieren)等方法来获得颗粒尺寸和空间分布信息。然而，受限于相机的空间分辨率和衍射极限，这种直接成像法对于小直径(尤其是百纳米以下)的颗粒分辨能力较弱。激光诱导炽光(laser-induced incandescence，LII)利用激光将固体颗粒加热到一定温度，使其发出强烈的黑体辐射从而进一步得到颗粒物的空间分布、粒径及浓度信息。但是，激光诱导炽光对于较小的碳烟颗粒(10nm 量级)的分辨效果较差，因此燃烧状况较好时可以采用激光弹性散射技术定性测量碳烟颗粒的空间分布。

此外，对于液体颗粒，激光粒度仪主要利用激光对喷雾颗粒的衍射实现针对颗粒粒径分布的测量，由于其可测量粒径范围广，测量精度高，所以是当前喷雾表征的重要手段之一。相位多普勒干涉法也是常见的粒度测量技术，基于干涉原理统计多束激光小空间交点上通过液滴的直径、速度方向与通过频率。另外，利用米散射信号强度与液滴直径近似成二次方关系获得粒径分布。以上测试技术受液滴稠密区多重散射干扰显著，可行的抗干扰技术是平面结构光照明成像(structured laser illumination planar imaging，SLIPI)，对于液滴的测量，本书不作介绍。

1.4 燃烧诊断的硬件基础

实现燃烧场光学测量的实验系统通常由激光器、光学分光系统和光电探测器三大部分组成，下面对其分别介绍。

1.4.1 激光器

相对传统光源而言，激光具有亮度高、相干性好的优点。同时，激光束的发射角极小，一般在毫弧度量级，因此是高度准直的光束，是实现远距离、无扰动测量的理想光源。

1. 工作介质

根据激光器工作介质的不同可以分为气体激光器、液体(染料)激光器、固体激光器及半导体激光器。

(1)气体激光器：气体激光器的工作介质为气体。气态物质通过与电子碰撞直接进入激发态，或者通过与其他气体分子碰撞获得能量间接进入激发态。气体激光器的出射波长覆盖了从紫外到远红外光谱波段。然而，气体激光器的发射波长通常较单一且不连续。常见的氦氖激光器具有非常高的光谱纯度，单纵模激光带宽可低至 0.002nm，远比发光二极管的光谱宽度窄 10000 倍以上。随着固体激光器的发展，气体激光器趋向于被固体激光器取代，但准分子激光器和 CO_2 激光器至今仍广泛使用。

(2)固体激光器：固体激光器通常使用掺杂了提供能量跃迁效应的离子晶体作为工作介质，常用的掺杂介质包括 Nd^{3+}、Yb^{3+}、Er^{3+} 和 Ti^{3+} 等，如世界上第一台固体激光器就是由红宝石(铬掺杂的刚玉)制成的。这类激光器通常使用二极管激光器或弧光灯、闪光灯对激光介质晶体进行光学泵浦。一般来说，固体激光器出射波长的范围为红光和近红外光。实际上，当电场强度非常高时，物质对光的电磁激励不再是线性响应，从而导致新的波长产生，这些非线性效应因材料的性质而异。因此，利用非线性光学器件可以将固体激光器出射的红光和近红外光的波长转换为可见光和紫外光。常见的 Nd:YAG 激光器输出的基频波长为 1064nm，相应的二、三、四倍频波长分别为 532nm、355nm 和 266nm。

(3)液体激光器：液体激光器通常以染料激光器为代表，在较高功率的气体或固体激光器泵浦下，利用溶解在有机溶剂中的染料或染料混合物作为增益介质，实现宽波长范围的可调谐激发输出。其出射波长通常为可见光，可连续覆盖大约 50nm 的区域，这种输出光谱的宽增益特性极大地提高了它的应用范围和效率。在使用染料激光时，染料液体需要在染料池中不断循环，以避免光辐射对染料的降解。

(4)半导体激光器：半导体激光器也称为半导体激光二极管，或简称为激光二极管，通常不将其归类为固体激光器。半导体激光器以半导体材料做工作物质，通过一定的激励方式，在半导体物质导带与价带之间或半导体物质的能带与杂质能级之间实现非平衡载流子的粒子数反转，当处于粒子数反转状态的大量电子与空穴复合时，便产生受激发射。半导体激光器的输出波长取决于所选半导体材料，其范围可以覆盖从紫外至红外波段，波长范围在 300nm 至十几微米。目前，激光二极管也常作为其他激光器的种子光源。半导体激光器的缺点是发射光束的空间质量较差且其本身不能以脉冲模式输出。

2. 工作方式

根据激光器功率输出在时间上是连续或是脉冲模式，可将激光器分为连续激光和脉冲激光。当然，也可以某种频率对正常输出的连续激光在时间上进行调制，从而产生光脉冲，这类方式称为"调制"或"脉冲"连续激光器。

3. 工作原理

激光器主要由两个基本元素组成，分别是泵浦系统和增益介质，构成激光器的主要组件如图 1.1 所示。泵浦系统提供必要的能量来创建光受激和放大的条件。增益介质通过受激辐射过程来放大激光光束，可以是气体、液体、固体或等离子体。

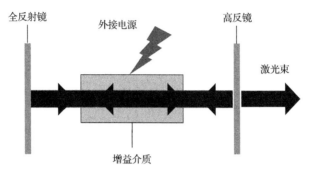

全反射镜　　　外接电源　　　　　　高反镜

激光束

增益介质

图 1.1　激光振荡器工作原理示意图

大多数激光器还包含光学谐振腔，将两片反射镜放置在激光工作介质的两端，使激光在腔内来回反射，通过这种方式对激光能量进行放大。其中，一片反射镜为高反镜，另一片反射镜为全反镜，激光从高反镜一端出射。实际激光器中还包含许多附加元件以限制光束的性质，如偏振、波长和模态等。

在激光运行过程中，吸收、自发辐射和受激辐射这三种机制总是同时存在。增益介质吸收泵浦能量，将一些原子/分子激发至具有更高能量的量子态。增益介质将放大通过它的任何光子，而无论光子的传播方向如何，只有在受激辐射情况下，光子与激发其发生受激辐射的光子具有相同的出射方向和能量。为了实现激光输出，必须满足粒子数反转这一条件，即处于激发态的原子/分子数比处于基态的原子/分子数更多。事实上，在达到热力学平衡时，根据玻尔兹曼定律，上能级原子数 N_2 总是小于下能级原子数 N_1。因此，粒子数反转需要通过"泵浦"的过程来提供额外能量，以便将足够的原子/分子激发到较高能级。

4. 激光技术进展

激光技术经过 60 多年的发展，从理论、技术到制造工艺逐步走向成熟。激光技术与原子分子物理、电子学、光学等技术紧密结合，一直保持较快的发展势头。下面简要介绍几种在燃烧诊断中发展潜力较大的新型激光器。

（1）量子级联激光器（quantum cascade laser，QCL）：量子级联激光器本质上是一种可调谐激光器，在一定范围内可以连续改变激光输出波长。其工作原理是基于半导体耦合量子阱子带间的电子跃迁进而产生一种单极性光源，通过调整有源区量子阱的厚度即可改变子带的能级间距，实现对波长的"裁剪"。级联的意思是有源区上一子带的输出是下一子带的输入，一级接一级串联在一起。量子级联激光器具有波长覆盖范围广、输出功率高、尺寸较小等优点，其波长可以覆盖中远红外波段，在军事、通信、气体检测等领域具有重要应用价值[31]。

(2)超快激光器：超快激光是指输出激光的脉冲宽度在 10^{-12}s 即皮秒级别或小于皮秒级别的脉冲激光。皮秒激光器、飞秒激光器及阿秒激光器均属于超快激光的范畴。其特点是脉冲峰值功率高，通常会导致包括空气在内的各种材料发生非线性相互作用。一般来说，可以利用锁模技术获得超短脉冲，利用啁啾脉冲放大技术获得高脉冲功率，其中涉及的核心部件包括振荡器、展宽器、放大器和压缩器等。超快激光器常用于研究具有高速时域演变特征的现象或快速化学反应等过程。

(3)超高重频激光器：近年来，基于湍流燃烧研究的需求，超高重频激光器发展较快，脉冲宽度从 250fs～50μs，能量最高可达 2J/脉冲，重复频率高达 5MHz，输出波长覆盖深紫外到近红外[32]。超高重频激光器结合高速相机为各种高帧频诊断技术奠定了基础，可以获得具有时间分辨的物理量信息。高帧频测量越来越多地应用于高超声速流动、爆炸、湍流燃烧等研究中，如超燃冲压发动机燃烧过程等。

(4)光纤激光器：在单模光纤中由全内反射而产生光波导的固体激光器或激光放大器称为光纤激光器。光纤既是激光增益介质又是光的导波介质，因此泵浦光的泵浦效率相当高。光纤的纤芯直径小，容易实现高功率密度，此外通过延长光纤长度和增加光纤数量可以提高增益，因此较容易实现高峰值功率。光纤激光器可以在很宽的光谱范围内(455～3500nm)设计运行，易于系统集成，性价比高，使用方便。

1.4.2 光学分光系统

分光系统包括光谱仪和单色仪等，主要作用是将入射光按照波长差异进行色散，并透射到相应的探测单元，最终形成光谱测量分析能力。分光系统中常用的色散元件包括棱镜和光栅两类。其中，光栅可以进一步分为透射光栅和反射光栅，二者都可以通过对入射光波振幅和相位的空间周期性调制来实现空间分光功能，光栅的色散能力主要由焦平面距离 f 和刻线密度决定。棱镜则主要基于介质(如光学玻璃)对不同波长光束的折射率差异来实现空间分光，常见的色散棱镜包括三棱镜、贝林-布洛卡棱镜和阿贝棱镜等。

1.4.3 光电探测器

在燃烧诊断过程中，为了捕捉火焰自发的光信号或在激光激发条件下产生的光信号，需要使用光电探测器。本节针对常用的光电探测器及其相关技术参数进行介绍。

1. 光电倍增管

光电倍增管(photomultiplier，PMT)属于光电发射探测器，具有高增益、低噪声、高频率响应和宽动态响应范围等特征。典型的光电倍增管是一种真空管，主要由入射窗口、光电阴极、电子倍增极、聚焦极和阳极组成。如图 1.2 所示，光首先经过入射窗口到达光电阴极并激励阴极向真空释放光电子，光电子经过倍增系统得到放大再由阳极输出。通过选择不同的入射窗口材料及光电阴极材料，光电倍增管可以实现对紫外、可见光到红外光谱波段的有效探测能力。其中，光电阴极常采用以碱金属为主要成分的半导体化合物，而典型的光学窗口材料包括 MgF_2 晶体、蓝宝石及合成石英等。

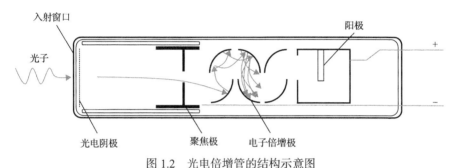

图 1.2　光电倍增管的结构示意图

2. CCD 传感器

目前，主流的光学图像探测器包括电荷耦合器件(charge coupled device，CCD)和互补金属氧化物半导体(complementary metal-oxide semiconductor，CMOS)。CCD 和 CMOS 传感器的光电转化原理相同，制造工艺相似。其中，组成 CCD 的探测器大多集成在半导体单晶材料上，而 CMOS 则更多地集成在金属氧化物半导体(MOS)上。CCD 根据其构型不同，一般可以分为线阵 CCD 和面阵 CCD 两大类。而面阵 CCD 又可以细分为全帧型 CCD、帧转移 CCD 和行间转移型 CCD 等。基于 CCD 传感器集成的 CCD 相机一般仅通过一个或几个输出节点读取 CCD 电荷耦合器存储的电荷信息，读取过程依赖于时钟控制电路和三组不同电源的互相配合。CCD 传感器的主要优点是其各个单元信号输出的一致性较好，但控制电路较为复杂，制造成本高。

3. CMOS 传感器

CMOS 传感器可以理解为 MOS 的阵列，其与 CCD 传感器最主要的差别是在 CMOS 传感器实现了在单个像元上集成前置放大器和所需电路，单个像元结构如图 1.3 所示。CMOS 相机所有的像素可以同时曝光并单独读出，从而实现更高的拍摄帧数。基于 CMOS 传感器的工作原理，CMOS 相机常需要配备内置大容量内存。此外，基于 CMOS 传感器多像素可同步读出的特性，可以在每个像素点上搭载 RGB 三色的 CMOS 像元，从而获得彩色图像信息。此外，CMOS 相机成像的线性度不如 CCD 相机，芯片自身的噪声干扰相对较高。但近年来，随着 CMOS 传感器相关技术的革新，这一差距正在逐步缩小。

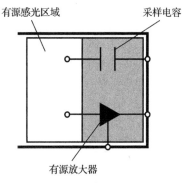

图 1.3　CMOS 像元结构示意图

4. 像增强器

通过像增强器中的集成信号放大器和快门，一方面减弱了读出噪声对探测信号的影响程度，另一方面实现了对曝光时间的控制。类似于光电倍增管的原理，像增强器也基于光电效应的原理，结构如图 1.4 所示，主要包含光电阴极、微通

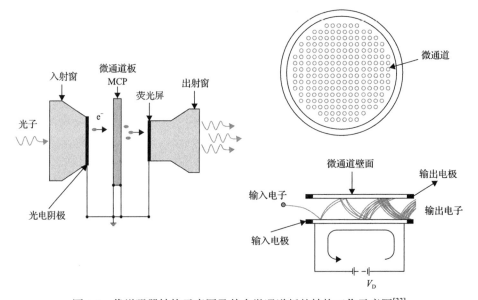

图 1.4　像增强器结构示意图及其中微通道板的结构工作示意图[33]

道板和荧光屏。像增强器的输出可以通过光纤或光学镜片与传统 CCD 或 CMOS
直接匹配。采用光纤耦合可以实现整体的紧凑布局，不会产生光学畸变的问题。
高效率的光纤耦合也可以保证图像足够高的动态范围。而采用光学镜片的方式可
以使像增强器独立，实现对 CCD 或 CMOS 的单独使用。

像增强器的波长响应范围由光电阴极材料决定，典型的量子效率（quantum
efficiency）随入射波长的变化曲线如图 1.5 所示，效率越高，响应越灵敏。常见的
像增强器在紫外和可见光波段有较好的响应能力。一般而言，像增强器常集成于
CCD 相机内部以 ICCD（intensified CCD）形式工作；此外，也可以与高速 CMOS
相机同步集成。像增强器调节的重要参数为增益，它决定了增强器的放大倍数，
但增益值越高，图像噪声越显著。

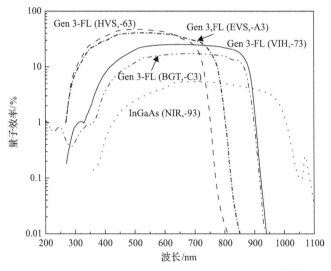

图 1.5　像增强器第三代光电阴极的量子效率对比[34]

5. 基本技术参数

无论是上述哪种光电探测器，在实际选择时，为了应对不同的环境和要求，
除需要考虑入射光波长范围外，通常还需要关注以下技术参数，以实现最佳的探
测灵敏度。

（1）量子效率（η）：用以描述传感器感光后的响应能力，η 越大，探测效率越
高。事实上，由于入射光子可能在芯片表面被反射及吸收，所以不是所有进入感
光区域的光子都能产生电子，即量子效率 $\eta \leqslant 1$。因此，传感器在不同波段的量子
效率是描述相机对特定波长感光能力最直接有效的参数。图 1.6 为某款相机感光
元件的量子效率图，从图中可以看出其在近紫外和可见光波段的量子效率较高。

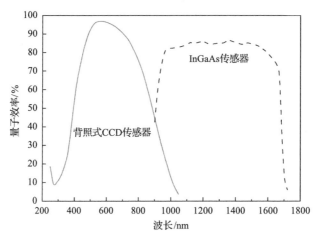

图 1.6　CCD 相机芯片和常见光电二极管阴极材料的量子效率对比[35]

(2)暗电流和读出噪声：传感器中进行光电转换的基本结构是光电二极管，即使在没有光照时，也会有极其微弱的反向电流，称为暗电流。显然，暗电流的存在直接影响了探测灵敏度，暗电流越大，背景噪声越强。实验中，降低暗电流最有效的方式是冷却探测器，这是由于随温度的降低暗电流呈指数下降。此外，在光电转换后的读出阶段，模数转换或信号放大都会引入新的误差，也称为读出噪声，读出噪声随读出速度的增加而显著增加。因此，更低的暗电流和更小的读出噪声是实现高灵敏度测量的关键。

(3)动态范围：用以描述最大和最小可测量光强度的比值。动态范围越大，所能表现的层次越多，同时记录的暗部细节和亮部细节也越丰富。

参 考 文 献

[1] bp Energy Outlook. https://www.bp.com/content/dam/bp/business-sites/en/global/corporate/pdfs/energy-economics/energy-outlook/bp-energy-outlook-2020.pdf, 2020.

[2] Obert E F. Internal combustion engines: Analysis and practice. Scranton: International Textbook Company, 1944.

[3] Gaydon A G. The Spectroscopy of Flames. London: Chapman and Hall, 1957.

[4] Eckbreth A C. Laser Diagnostics for Combustion Temperature and Species. Philadelphia: Gordon and Breach Publishers, 1988.

[5] Kohse-Höinghaus K, Jeffries J B. Applied Combustion Diagnostics. New York: Taylor and Francis, 2002.

[6] Linne M A. Spectroscopic Measurement: An Introduction to the Fundamentals. Cambridge: Academic Press, 2002.

[7] Hanson R K, Spearrin R M, Goldenstein C S. Spectroscopy and Optical Diagnostics for Gases. New York: Springer, 2016.

[8] Cheskis S. Quantitative measurements of absolute concentrations of intermediate species in flames. Progress in Energy and Combustion Science, 1999, 25: 233-252.

[9] Barlow R S. Laser diagnostics and their interplay with computations to understand turbulent combustion. Proceedings of the Combustion Institute, 2007, 31: 49-75.

[10] Alden M, Bood J, Li Z S, et al. Visualization and understanding of combustion processes using spatially and temporally resolved laser diagnostic techniques. Proceedings of the Combustion Institute, 2011, 33: 69-97.

[11] Hanson R K. Applications of quantitative laser sensors to kinetics, propulsion and practical energy systems. Proceedings of the Combustion Institute, 2011, 33: 1-40.

[12] Hanson R K, Davidson D F. Recent advances in laser absorption and shock tube methods for studies of combustion chemistry. Progress in Energy and Combustion Science, 2014, 44: 103-114.

[13] Bolshov M A, Kuritsyn Y A, Romanovskii Y V. Tunable diode laser spectroscopy as a technique for combustion diagnostics. Spectrochimica Acta Part B-Atomic Spectroscopy, 2015, 106: 45-66.

[14] Dreizler A, Böhm B. Advanced laser diagnostics for an improved understanding of premixed flame-wall interactions. Proceedings of the Combustion Institute, 2015, 35: 37-64.

[15] Qi F. Combustion chemistry probed by synchrotron VUV photoionization mass spectrometry. Proceedings of the Combustion Institute, 2013, 34: 33-63.

[16] 贾良元, 周忠岳, 李玉阳, 等. 基于同步辐射光电离质谱的燃烧与能源研究新方法. 中国科学: 化学, 2013, 43: 1686-1699.

[17] Wolfrum J. Lasers in combustion: From basic theory to practical devices. Symposium (International) on Combustion, 1998, 27: 1-41.

[18] Lavoisier A L. Essays Physical and Chemical. Philadephia: Routledge, 1970.

[19] Swan W. On the prismatic spectra of the flames of compounds of carbon and hydrogen. Proceedings of the Royal Society of Edinburgh, 1857, 3: 376-377.

[20] Kirchhoff G, Bunsen R. Chemical analysis by observation of spectra. Annalen der Physik Und der Chemie, 1860, 110: 161-189.

[21] Meyer A. The combustion gas turbine: Its history, development, and prospects. Proceedings of the Institution of Mechanical Engineers, 1939, 141: 197-222.

[22] Tswett M S. On a new category of adsorption phenomena and on its application to biochemical analysis. Proceedings of the Warsaw Society of Naturalists, 1905, 14: 20-39.

[23] Yokley C, Ferguson R. Separation of the products of cool flame oxidation of propane. Combustion and Flame, 1958, 2: 117-128.

[24] Poddar N B, Thomas S, Wornat M J. Polycyclic aromatic hydrocarbons from the co-pyrolysis of 1,3-butadiene and propyne. Proceedings of the Combustion Institute, 2013, 34: 1775-1783.

[25] Eltenton G C. The study of reaction intermediates by means of a mass spectrometer Part I. Apparatus and method. Journal of Chemical Physics, 1947, 15: 455-481.

[26] 齐飞. 同步辐射真空紫外单光子电离技术及其应用. 中国科学技术大学学报, 2007, 37: 414-425.

[27] Jiao F, Li J, Pan X, et al. Selective conversion of syngas to light olefins. Science, 2016, 351: 1065-1068.

[28] Hu J, Yu L, Deng J, et al. Sulfur vacancy-rich MoS_2 as a catalyst for the hydrogenation of CO_2 to methanol. Nature Catalysis, 2021, 4: 242-250.

[29] Biordi J C. Molecular beam mass spectrometry for studying the fundamental chemistry of flames. Progress in Energy and Combustion Science, 1977, 3: 151-173.

[30] Biordi J C, Lazzara C P, Papp J F. Molecular beam mass spectrometry applied to determining the kinetics of reactions in flames. I. Empirical characterization of flame perturbation by molecular beam sampling probes. Combustion and Flame, 1974, 23: 73-82.

[31] Goldenstein C S, Spearrin R M, Jeffries J B, et al. Infrared laser-absorption sensing for combustion gases. Progress

in Energy and Combustion Science, 2017, 60: 132-176.

[32] Slipchenko M N, Meyer T R, Roy S. Advances in burst-mode laser diagnostics for reacting and nonreacting flows. Proceedings of the Combustion Institute, 2021, 38: 1533-1560.

[33] Snelling D R, Sawchuk R A, Parameswaran T. Noise in single-shot broadband coherent anti-Stokes Raman spectroscopy that employs a modeless dye laser. Applied Optics, 1994, 33: 8295-8301.

[34] Stevens R, Ewart P. Single-shot measurement of temperature and pressure using laser-induced thermal gratings with a long probe pulse. Applied Physics B-Lasers and Optics, 2004, 78: 111-117.

[35] Hemmerling B, Kozlov D N, Stampanoni-Panariello A. Temperature and flow-velocity measurements by use of laser-induced electrostrictive gratings. Optics Letters, 2000, 25: 1340-1342.

第 2 章　光谱基本理论

分子光谱是研究分子结构和能量状态最重要的手段之一，迄今为止绝大多数已知的分子结构信息都来自分子光谱学的研究成果。由于光谱的本质是光子与分子间的相互作用与能量转移，该过程受分子本身能级结构和周围环境(如温度、压力等)的影响。因此，准确的光谱测量和分析能够帮助我们"指纹式"地识别分子组分和环境特征，这也是利用分子光谱学知识测量复杂或极端环境(如燃烧等高温过程)的理论依据和实验指导。本章主要介绍与燃烧诊断学研究密切相关的光谱基础知识、基本概念和定律，并对燃烧诊断学中与分子光谱相关的物理参数和热力学参数测量进行介绍，为下面将要开展的基于吸收、发射、散射光谱测量法提供必需的知识储备。

2.1　分子的运动与光谱

在一般的物理和化学变化中，原子核始终处于最低的能量状态并保持不变，即基态。这样，在考虑一般性的物理化学变化中的分子运动时，通常忽略原子核内部运动，仅包括整体的平动与转动、原子核之间的振动及电子的运动。由于这些运动的特征时间(即运动周期)相差甚远，因此可以应用运动分离的原则，将分子的总能量看作这些运动的能量之和，即

$$E = E_e + E_v + E_r + E_T \tag{2.1}$$

式中，E_e、E_v、E_r、E_T 分别为分子的电子能、振动能、转动能和平动能。通常，由于平动能量间隔很小，故通常将其视为经典的连续分布，而振动、转动和电子运动的量子化特征明显，并且均属于分子内部运动，因此将其统称为"内部运动能"。

当分子吸收或发射一个频率为 ν 的光子时，内部运动的能态发生相应变化，从能态 E'' 跃迁至能态 E'，并满足玻尔模型的频率条件，即

$$\Delta E = E' - E'' = h\nu = hc / \lambda \tag{2.2}$$

式中，h 为普朗克常数(Planck constant，$h = 6.6261 \times 10^{-34}$ J·s)；E'' 和 E' 分别为跃迁前后始态和终态的能量；λ 为波长；c 为光速。

由于平动能不参与分子跃迁，因此可以忽略跃迁前后平动能的变化，这样由

式(2.1)可以看出,跃迁频率为

$$\nu = \nu_e + \nu_v + \nu_r \tag{2.3}$$

式中,ν_e、ν_v、ν_r 分别为电子态、振动态及转动态的跃迁频率。由于 E_e、E_v 和 E_r 的量子态能级间隔通常有数量级的差别(表 2.1),所以上述三部分的频率顺序依次为 $\nu_e > \nu_v > \nu_r$,即一个电子态可以包含多个振动能级,而一个振动能级可存在多个转动能级。

表 2.1　分子能级间隔和光谱组成

能级间隔	波长分区	波长范围	能量范围尺度/eV	光谱组成
E_e 能级间隔	紫外和可见光区	200~800nm	10^0	电子光谱
E_v 能级间隔	近红外和中红外区	0.8~50μm	10^{-2}	振动光谱
E_r 能级间隔	远红外和微波区	50μm~10cm	10^{-4}	转动光谱

通常在实验上,分子的光谱测量可以提供两方面主要信息:谱线位置和谱线强度。前者对应跃迁能级之间的能量差,而后者则取决于跃迁强度,两者相辅相成,共同作用形成了分子独特的"光谱指纹"信息。

2.2　谱 线 位 置

考虑到分子内部运动的各能级间隔差异较大,所以当电子态能量发生变化时,通常也会伴随振动和转动能的改变,从而导致电子态光谱中形成许多振转结构。一般来说,分子的电子光谱波长位于紫外和可见光区(200~800nm)。当电子态不变而振动态改变时,常伴随转动能级的跃迁,产生的振动光谱表现为"带光谱"。振动光谱波长在红外区域(0.8~50μm),这也是通常人们把振动光谱直接称为"红外光谱"的原因。如果只有转动能级发生改变,即对应转动光谱,其波长为 50μm~10cm,位于远红外和微波区。

由于电子态、振动和转动跃迁的叠加,所以分子光谱极为复杂,因此常将电子光谱分为若干谱系,而每个谱系又包含多个谱带,分别对应不同的能级跃迁。

2.2.1　转动光谱

转动光谱对应分子内部转动能级之间的光学跃迁。相对双原子分子仅有一个转动方向(绕质心)来说,多原子分子在空间中存在 x、y、z 三个方向的转动投影,较为复杂。为此,常采用三个惯量主轴来区分分子的转动方向,并在此基础上分别讨论(惯量主轴方向的运动之间是正交的)。这里,从最简单的双原子分子开始讨论。

双原子分子的转动可以用最简单的刚性转子模型加以描述，即将分子看作一根没有质量的刚性杆，两端分别连接质量为 m_a 和 m_b 的质点，两点之间距离固定为 d。此时，由于分子势能为常数，处于 J 量子数（J 取整数值，如 $0, 1, 2, \cdots$）的转动能级能量可以表示为

$$E_r = J \cdot (J+1) \cdot h^2 \big/ \left(8\pi^2 \cdot \mu \cdot d^2\right) \tag{2.4}$$

式中，μ 为折合质量，$\mu = m_a \cdot m_b \big/ \left(m_a + m_b\right)$；$\mu \cdot d^2$ 为转动惯量（常记为 I）。通常在转动光谱中，采用转动项 $F(J) = E_r / hc$（单位：cm^{-1}）来表示能量，即

$$F(J) = E_r / hc = B \cdot J \cdot (J+1) \tag{2.5}$$

式中，B 为转动常数，$B = h \big/ \left(8\pi^2 Ic\right)$。由于分子的转动较振动等核间运动要慢得多，故常对核运动间距取平均，即平衡核间距，$d = R_e$。这样，转动常数 B 记为 B_e，式（2.5）可改写为

$$F(J) = B_e \cdot J \cdot (J+1) \tag{2.6}$$

上式常用作实验光谱测量分子核间距和转动惯量的理论依据。由式（2.6）可知，分子转动状态表现为一系列分立的能级，其能量随 J 的上升按平方规律增大。

按照经典电动力学的观点，分子内运动只有伴随偶极矩变化时才能引起光的辐射。因此，对于刚性转子，只有在垂直于转动轴的方向上具有永久偶极矩的分子才能引起光的辐射。基于此，异核双原子分子具有永久偶极矩，可以吸收或发射红外光子，而同核双原子分子（如 N_2、O_2 等）的偶极矩为零，不同的振动能级之间不能发生跃迁，没有红外发射或吸收光谱。当然，考虑到同核双原子分子具有较大的四极矩，可以引起红外吸收和发射，因此在吸收和发射光谱中也可能观测到同核双原子分子较微弱的贡献。

按照经典理论，当转子在两个转动能级（上、下能级量子数分别记为 J' 和 J''）之间跃迁时，必须满足跃迁选择定则 $\Delta J = J' - J'' = \pm 1$。考虑当 $\Delta J = 1$ 时，吸收或发射光子的波数则为

$$\nu = F(J') - F(J'') = 2B_e \cdot (J'' + 1) \tag{2.7}$$

显然，刚性转子的转动光谱由一组等距离的谱线组成，相邻谱线的间距为 $2B_e$。

2.2.2　振动光谱

我们知道，$n\,(n \geqslant 2)$ 个原子构成的分子简正振动模式数目为 $3n{-}5$（线性构型）

或 $3n–6$（非线性构型）个。因此，双原子或多原子分子的振动都可以被简化分解为若干个沿简正振动模式的独立谐振子的运动，并且各振动模式之间的耦合在大多数情况下可以忽略。因此，这里首先处理双原子分子的简谐振动。

双原子分子仅有一个振动模式，特征频率记为 ω_e：

$$\omega_e = \frac{1}{2\pi}\left(\frac{k_e}{\mu}\right)^{1/2} \tag{2.8}$$

式中，k_e 为力常数。这样，各量子化的振动能级能量为

$$E_v = h\omega_e(v+1/2) \tag{2.9}$$

式中，v 为振动量子数（$v=0, 1, 2, \cdots$）。显然，相邻振动能级间隔为 $h\omega_e$。特别需要注意的是，能量最低的态（$v=0$）相应的振动能量不是零，是 $h\omega_e/2$。我们通常称为"零点振动能"或"零点能"。类似于对转动光谱的处理，通常在振动光谱中采用振动项 $G(v) = E_v/hc$（单位：cm^{-1}）来表示能量，即

$$G(v) = v_e(v+1/2) \tag{2.10}$$

式中，$v_e = \omega_e/c$。

按照量子力学理论，谐振子在两振动能级（上、下能级振动量子数分别记为 v' 和 v''）间跃迁时，必须满足跃迁选择定则 $\Delta v = v' - v'' = \pm 1$。考虑当 $\Delta v = 1$ 时，吸收或发射光子的波数则为

$$\Delta G(v) = G(v') - G(v'') = v_e \tag{2.11}$$

即谐振子的振动光谱由一组等距离的谱线组成，相邻谱线间距为 v_e。需要补充说明的是，在不严格谐振子的分子系统中，也可能出现 $\Delta v > 1$ 的跃迁，不过相对强度一般较弱。

考虑到真实双原子分子的振动与简谐振动有所偏离，尤其是高振动量子数处的偏差更为明显，所以常采用定态微扰理论处理振动运动的薛定谔方程，从而进行能量修正，修正后的振动能量为

$$G(v) = v_e(v+1/2) - \omega_e\chi_e(v+1/2)^2 + \omega_e\gamma_e(v+1/2)^3 \tag{2.12}$$

$\omega_e\chi_e$ 和 $\omega_e\gamma_e$ 分别代表非谐振二次和三次修正系数，当略去三次及更高次项时，各吸收谱带间距（$\Delta v = v' - v'' = 1$）为

$$\Delta G(v) = G(v') - G(v'') = v_e - 2\omega_e\chi_e - 2\omega_e\chi_e v'' \tag{2.13}$$

显然，间距随振动量子数的增加越来越小，谱线逐渐紧密。进一步考虑二次逐差为

$$\Delta^2 G(v) = -2\omega_e \chi_e \tag{2.14}$$

可见，二次逐差为常数，可以直接得到非谐性的量度 $\omega_e \chi_e$。

2.2.3　振动-转动光谱

当分子沿原子核连心线方向存在振动时，显然这偏离了刚性转子的限制。此时，必须同时考虑这一振动对转子转动的影响，即非刚性转子。在这样的系统中，离心力使核间距及转动惯量随转动的加快而增大，此时转动项式(2.6)可以修改为

$$F(J) = B_e \cdot J \cdot (J+1) - D_e \cdot J^2 \cdot (J+1)^2 \tag{2.15}$$

式中，常数 D_e 与分子振动频率 ω_e 有关，是离心力影响的量度。ω_e 越小，离心力影响越明显，即 D_e 越大。

$$D_e = 4B_e^3 / \omega_e^2 \tag{2.16}$$

从数值上看，D_e 一般仅是 B_e 的 $10^{-5} \sim 10^{-6}$。考虑到真实分子的振动和转动可以同时发生，这里采用振子转子模型描述相应的能级，即不同振动态的转动常数 B_e 略有不同，在一级近似下，引进修正系数 α_e：

$$B_v = B_e - \alpha_e (v+1/2) \tag{2.17}$$

同时，考虑离心力的影响，常数 D_v 可通过一次系数 β_e 修正：

$$D_v = D_e + \beta_e (v+1/2) \tag{2.18}$$

这样，应用前述的振动和转动光谱项，可以很容易地得到非刚性转子的振动转动项为

$$T = G(v) + F_v(J) = v_e(v+1/2) - \omega_e \chi_e(v+1/2)^2 + B_v J(J+1) - D_v J^2(J+1)^2 \tag{2.19}$$

忽略高次项的贡献，振动跃迁 $v'' \to v'$ 伴随的转动谱线位置(单位：cm^{-1})分别为

$$\Delta v = 1，\ \Delta J = 1时(R 支，\ J''=0,1,2,\cdots)，$$

$$v_R = v_e + 2B_{v'} + (3B_{v'} - B_{v''})J'' + (B_{v'} - B_{v''})J''^2 \tag{2.20}$$

$$\Delta v = 1，\ \Delta J = -1时(P 支，\ J''=1,2,3,\cdots)，$$

$$\nu_P = \nu_e - (B_{\nu'} + B_{\nu''})J'' + (B_{\nu'} - B_{\nu''})J''^2 \tag{2.21}$$

相应的跃迁能级图如图 2.1 所示。显然，R 支的第一条谱线是 R(0)，而 P 支则是 P(1)。对同一电子态而言，当 $\nu' > \nu''$，$B_{\nu'} < B_{\nu''}$ 时，P 支公式右侧后两项始终为负值，即随着 J 的增加，P 支谱线间隔越来越大。而 R 支则不然，当 J 值较小时，谱线间隔明显，当 J 增大到一定程度时，R 支会出现反转(reversal)，即 R 支谱线向低波数端排列，即形成所谓"带头"(band head)。

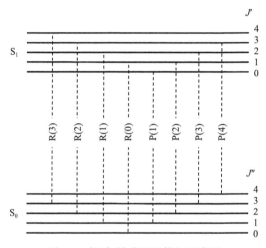

图 2.1 振动-转动跃迁能级示意图

以 HCl 双原子分子为例，其典型的振动-转动光谱图如图 2.2 所示。很显然，谱图中左侧系列吸收峰由 $\nu'' = 0$、J''($J'' = 1, 2, 3, \cdots$) 到 $\nu' = 1$、$J' = J'' - 1$ 的跃迁 ($\Delta J = -1$) 引起，即 P 支；而右侧系列峰对应 $\nu'' = 0$、J''($J'' = 1, 2, 3, \cdots$) 到 $\nu' = 1$、$J' = J'' + 1$ 的跃迁($\Delta J = +1$)，即 R 支。此外，由于 ^{35}Cl(天然丰度 75.5%) 和 ^{37}Cl(天然丰度 24.5%)同位素的转动惯量不同，故峰出现了分裂。

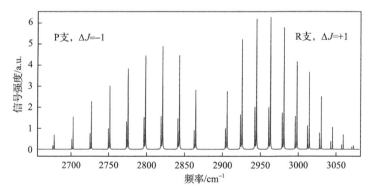

图 2.2 HCl 分子基态振动能级向第一振动激发态跃迁($\nu'' = 0 \rightarrow 1$)的振动-转动光谱图[1]

2.2.4　电子光谱

　　以上对振转光谱的讨论都是在同一电子态下进行的，反映了该电子态下原子核的运动情况。我们知道如果分子只由原子核组成，那么一定是互相排斥的，正是由于电子的存在才将原子核维系在一起。分子中的电子能量取决于核间距 r，对于不同的电子态来说这种依赖关系并不相同。当原子核的位置改变时，电子能量也随之改变，所以在改变原子核位置时需要同时克服原子核的库仑斥力和电子能量而做功。也就是说，原子核的库仑势能和电子能量之和可以看成一种使原子核运动的势能 $U(r-r_e)$。当核间距发生变化时，若势能有极小值，则表示该电子态为稳定态；如果势能没有极小值，则该电子态为排斥态。

　　在讨论分子的电子跃迁时通常将这个随着核间距变化的势能最小值作为该电子态的电子能量 E_e，将分子最低电子态的极小值作为该分子能量标度的零点。分子在各电子态下因振动和转动产生的能量是叠加在电子态最小能量之上的，就像式 (2.1) 表示的那样，分子的总内能为电子能、振动能和转动能之和。这里，用项值表示为

$$U = E / (hc) = T_e + G(v) + F(J) \tag{2.22}$$

式中，T_e 为电子态的能量；$G(v)$ 和 $F(J)$ 分别为振动和转动的能量，表达式在式 (2.12) 和式 (2.15) 中已分别给出。利用式 (2.23)，可以求出对应的两个电子态之间的跃迁谱线波数为

$$U' - U'' = \left(T_e' - T_e''\right) + G(v') - G(v'') + F(J') - F(J'') \tag{2.23}$$

　　对于特定的电子态跃迁，$T_e' - T_e''$ 为常数，通常称为带系的基线（即 $v'' = 0$，$J'' = 0 \to v' = 0$，$J' = 0$，实验中并不一定能实际观测到），可变部分 $G(v') - G(v'') + F(J') - F(J'')$ 的形式同振转光谱的形式相似。两者的主要不同在于电子态跃迁中的 $G(v')$ 和 $G(v'')$ 为不同电子态的振动谱项，其中的 v_e 和 $\omega_e\chi_e$ 不同。同样，$F(J')$ 和 $F(J'')$ 也处于不同电子态的转动谱项，但其中的 B_e 和 α_e 是完全不同的。

　　考虑到分子中的每个电子状态都可以采用量子数 n、l 和 λ 来描述，其中，n 为主量子数，表示电子距原子核的径向距离，取值为 0，1，2，…；l 为电子轨道角动量，取值为 0，1，2，…，$n-1$；λ 与电子轨道角动量沿核间轴的量子化分量有关，记为 $\lambda = |m_l|$，m_l 取整数 1，$l-1$，…，$-l$。此外，考虑到电子自旋角动量 m_s 的贡献，人们常用 $\vec{J} = \vec{l} + \vec{s}$ 来描述，其中 $\vec{l}$ 和 $\vec{s}$ 分别为轨道角动量向量和自旋向量。由于存在多个电子的共同贡献，因此对于一定的电子构型的分子而言，其电子状态可以存在多种可能。通常，人们采用量子数 Λ 和 S 来描述某个电子态，

其中 $\varLambda$ 为总轨道角动量量子数 $\varLambda = |M_l|$，取值为 $0, 1, 2, \cdots$，对应的电子态分别记为 Σ、Π、Δ、Φ 等，M_l 为总电子轨道角动量沿核间轴的量子化分量。当 $\varLambda \neq 0$ 时，考虑电子运动与分子转动的相互作用，简并被消除，每个转动能级分裂为两个宇称相反的子能级，称为 $\varLambda$ 型双重分裂，采用右上标 +（对称）和 –（反对称）表示；S 为分子的总自旋角动量，该值决定了能态的多重性 $M = 2S + 1$，常采用左上标 M 来标注电子多重性，这样电子态通常的标注记为 $^M\varLambda$。

2.3 谱线强度

吸收光谱和发射光谱强度的表达形式是不同的。由爱因斯坦辐射系数和波动力学可以推知：在非简并能级 m 和 n 态间，发射光谱谱线（频率为 v_{nm}）强度为 $I_{em}^{nm} \propto v_{nm}^4 |R^{nm}|^2$，而吸收光谱谱线强度为 $I_{ab}^{nm} \propto v_{nm} |R^{nm}|^2$，其中，$R^{nm}$ 为跃迁矩阵元。显然，吸收光谱和发射光谱强度与谱线频率 v_{nm} 的关系是不同的。

事实上，无论是吸收光谱还是发射光谱，其谱线强度不仅与跃迁概率和频率有关，还与初始态的分子数有关，即正比于跃迁下能级的布居数和跃迁矩积分的平方。依照麦克斯韦-玻尔兹曼（Maxwell-Boltzmann）分布，体系中能量处于 $E \sim E + \Delta E$ 的分子数 ΔN_E 正比于 $\mathrm{e}^{-E/kT} \Delta E$，其中 k 为玻尔兹曼常数，T 为绝对温度。

2.3.1 转动光谱强度

由于 R^{nm} 跃迁矩阵元对谱带中的所有转动谱线基本相同，因此转动光谱中的谱线强度主要取决于转动能级的热分布强度。对于总角动量为 J 的系统，在没有外场作用时每个态都是 $(2J+1)$ 度简并的，所以在温度 T 下，最低振动态的转动能级 J 中的分子数为

$$N_J \propto (2J+1)\mathrm{e}^{-BJ(J+1)hc/kT} \tag{2.24}$$

此分子转动能级布居数有最大值，即

$$J_{\max} = \sqrt{kT/2Bhc} - 1/2 \tag{2.25}$$

对于较高的振动能级在 v 振动态下 J 转动能级的分子数为

$$N_J \propto (2J+1)\mathrm{e}^{-(G(v)+F(J))hc/kT} \tag{2.26}$$

其中，因子 $\mathrm{e}^{-G(v)hc/kT}$ 与转动无关，可以分离出来。也就是说，分子在转动能级之间的分布是相同的，但其绝对分子数即其所处振动能级的分子数是按照 $\mathrm{e}^{-G(v)hc/kT}$

显著递减的。

虽然，R^{nm} 跃迁矩阵对谱带中的所有转动谱线基本相同，与 J 和 ΔJ 的关系不大，但若把依赖关系考虑进去，可用上能级和下能级的简并度之和 $(J'+J''+1)$ 来近似代替 $(2J+1)$。若精确考虑跃迁强度与 J 的关系时可以用 Hönl-London 公式[2]求得，这里对此不做过多讨论。

所以，在一级近似下，吸收光谱的转动谱线强度为

$$I_{ab} \propto v_{nm}(J'+J''+1)\mathrm{e}^{-B''J''(J''+1)hc/kT} \tag{2.27}$$

而发射光谱的转动谱线强度为

$$I_{em} \propto v_{nm}^4(J'+J''+1)\mathrm{e}^{-B'J'(J'+1)hc/kT} \tag{2.28}$$

如果在未能分辨的谱带中还能辨别出 P 支和 R 支的最大值并测定其间距，那么可以根据分子的转动常数来估算温度。

$$\Delta v_{PR}^{\max} = \sqrt{8BkT/hc} \tag{2.29}$$

2.3.2 振动光谱强度

相比于转动布居数随温度先增加后下降不同，振动谱带强度是单调递减的，在一级近似下，吸收光谱的振动光谱强度为

$$I_{ab} \propto v_{nm}\left|R^{nm}\right|^2 \mathrm{e}^{-G(v)hc/kT} \tag{2.30}$$

而发射光谱的振动谱线强度为

$$I_{em} \propto v_{nm}^4\left|R^{nm}\right|^2 \mathrm{e}^{-G(v)hc/kT} \tag{2.31}$$

式中，$\left|R^{nm}\right|^2$ 为从 $|m\rangle$ 态跃迁至 $|n\rangle$ 的跃迁矩阵元，在同一电子态的振动跃迁中 $\Delta v=\pm1$ 为最强，$\Delta v=\pm2,\pm3,\pm4$ 的跃迁强度迅速减小。

2.3.3 电子光谱强度

在一个电子态中有许多振动态，每个振动态又包括许多转动态，所以在给定的两个电子态跃迁中，谱带的振动、转动强度受电子跃迁概率的影响。

对于电子谱带的振动强度分布，Franck 和 Dymond 在 1926 年给出了经典解释[3]，1928 年 Condon 又进一步做出了量子力学的解释[4]。这个思想的主要内容是：考虑分子的电子跃迁(约 10^{-16}s)比振动周期(约 10^{-13}s)要快得多，因此在刚发生电

子跃迁时，两个原子核仍然具有与跃迁前几乎相同的相对位置和速度。换言之，在电子势能面中，竖直向上或竖直向下的跃迁概率最大，这一原理称为弗兰克-康登(Franck- Condon)原理。

这个原理可以用量子力学定量地表示：在波函数为 ψ' 和 ψ'' 的两个态之间的跃迁概率正比于电偶极矩相应矩阵元的平方：

$$R = \int \psi'^* d\psi'' \mathrm{d}\tau \qquad (2.32)$$

这里，可以将电偶极矩矢量 $\boldsymbol{d}$ 分解为与电子有关的 $\boldsymbol{d}_e$ 和与原子核有关的 $\boldsymbol{d}_n$ 两部分：

$$\boldsymbol{d} = \boldsymbol{d}_e + \boldsymbol{d}_n \qquad (2.33)$$

同时，在考虑振动结构强度时可以不涉及转动波函数，所以总的波函数近似表示为 $\Psi = \psi_e \psi_v$，由于振动波函数为实函数，即 $\psi_v = \psi_v^*$，因此可以得到

$$R = \int \boldsymbol{d}_e \psi_e'^* \psi_v' \psi_e'' \psi_v'' \mathrm{d}\tau + \int \boldsymbol{d}_n \psi_e'^* \psi_v' \psi_e'' \psi_v'' \mathrm{d}\tau \qquad (2.34)$$

由于 $\boldsymbol{d}_n$ 与电子坐标无关，所以式 (2.34) 中的第二项可以写成 $\int \boldsymbol{d}_n \psi_v' \psi_v'' \mathrm{d}\tau_n$ $\cdot \int \psi_e'^* \psi_e'' \mathrm{d}\tau_e$，$\mathrm{d}\tau_n$ 和 $\mathrm{d}\tau_e$ 分别为原子核坐标空间和电子坐标空间的体积元。由于不同电子态的电子本征波函数是正交的，所以 $\int \psi_e'^* \psi_e'' \mathrm{d}\tau_e = 0$。即式 (2.34) 第二项为 0，于是得到

$$R = \int \psi_v' \psi_v'' \mathrm{d}r \int \boldsymbol{d}_e \psi_e'^* \psi_e'' \mathrm{d}\tau_e \qquad (2.35)$$

振动本征函数只与核间距 r 有关，所以上式使用 $\mathrm{d}r$ 代替了 $\mathrm{d}\tau$。由于不同电子态的振动波函数一般不正交，故式 (2.35) 不为零。公式中的第二个积分为电子跃迁矩 R_e。由于电子本征函数与核间距具有一定关系，所以 R_e 在一定程度上依赖于核间距，不过这种依赖关系并不明显，我们可以使用一个平均值 $\bar{R}_e$ 来代替 R_e。这样，就可以得到从 v' 到 v'' 跃迁的概率：

$$\left| R^{v'v''} \right|^2 = \bar{R}_e^2 \left| \int \psi_v' \psi_v'' \mathrm{d}r \right|^2 \qquad (2.36)$$

式中，$\left| \int \psi_v' \psi_v'' \mathrm{d}r \right|^2$ 为 Franck-Condon 因子，正比于较高和较低的两振动态本征函数的乘积积分。由于其在给定的两个电子态跃迁时的 $\bar{R}_e^2$ 相同，所以在比较强度时

可忽略该部分。这样，从一个电子态向不同电子态跃迁时 $\bar{R}_e{}^2$ 将成为一个最重要的强度因子。

同时，考虑爱因斯坦系数、跃迁基态分子布居数和跃迁偶极矩，得到吸收光谱的电子谱带强度为

$$I_{ab} \propto v_{nm}\mathrm{e}^{-G(v'')hc/kT}\bar{R}_e{}^2\left|\int\psi'_v\psi''_v\mathrm{d}r\right|^2 \tag{2.37}$$

发射光谱的电子谱带强度为

$$I_{em} \propto v_{nm}^4\mathrm{e}^{-G(v')hc/kT}\bar{R}_e{}^2\left|\int\psi'_v\psi''_v\mathrm{d}r\right|^2 \tag{2.38}$$

在电子谱带的大多数振动支中，振动谱线强度的改变方式与同一电子态中的各支谱线强度的改变方式基本相同。

2.4　跃迁选择定则

分子光谱谱线的起因在于不同电子、振动和转动能级之间的跃迁。然而，并非所有跃迁均是可能的。从前述对谱线强度的讨论中可以看出，跃迁仅在某些自旋和对称性合适的量子态间是允许的。一般的选择定则如下。

(1)总角动量 $\Delta J = 0$，±1，并且两个 $J = 0$ 的能态之间的跃迁禁阻，即 $J = 0 \nleftrightarrow J = 0$。

(2)总角动量沿轴间线分量 $\Delta \varLambda = 0$，±1，即 $\Sigma\text{-}\Sigma$、$\Sigma\text{-}\Pi$、$\Pi\text{-}\Delta$ 等是允许跃迁，而 $\Sigma\text{-}\Delta$、$\Sigma\text{-}\Phi$、$\Pi\text{-}\Phi$ 等是禁阻跃迁。

(3)总自旋角动量 $\Delta S = 0$，即具有相同多重度的能态间的跃迁是允许的，反之，则为禁阻跃迁。

此外，振动量子数选择定则一般为 $\Delta v = 0$，±1，±2，$\cdots$，而前面对同一个电子态转动模型的选择定则在讨论时使用的是简单转子模型，假设整个分子绕原子核连线转动的转动惯量为零，但实际上存在一些电子绕两个原子核旋转使绕原子核连线的转动惯量并不准确为零。这就使转动角动量和电子角动量的合角动量并不垂直于核间轴。当然，到目前为止，在双原子分子的基电子态红外光谱中只在一氧化氮分子(NO)中观测到了电子有绕核间轴的角动量，所以前面没有强调。但在电子激发态中时常出现总角动量在轴间连线分量 $\varLambda$ 不为零的情况，当 $\varLambda \neq 0$ 时，红外光谱的选择定则为 $\Delta J = 0$，±1，总结起来，转动跃迁定则如下。

(1) $\varLambda = 0$ 时，$\Delta J = \pm1$，此时不存在 Q 支(即 $\Delta J = 0$ 对应的跃迁)。

(2) $\varLambda \neq 0$ 时，$\Delta J = 0$，±1，即存在较强的 Q 支。

考虑到电四极辐射的影响，转动量子数的变化还可以为 $\Delta J = \pm2$，即相应的

光谱跃迁称为 S 支（$\Delta J = +2$）和 O 支（$\Delta J = -2$），当然这两支谱线强度一般较弱。

除此之外，在双原子分子(或线性多原子分子)的电偶极跃迁中还需要满足宇称改变的选择规则。事实上，宇称常用来描述双原子分子波函数的特征，即在坐标反演下的行为。由于在玻恩-奥本海默近似中，分子的总波函数可以表示为电子和核运动的波函数乘积。其中，双原子分子的电子波函数依照对称中心的反演本征值为+1 或–1，即电子坐标相对分子固定轴的反演为对称或反对称，为了区分两者，常在谱项右下角对应处以 g 或 u 代替；类似地，为了区分电子和核坐标相对空间固定轴的反演为对称或反对称，常在谱项右上角注以+或–。习惯上，当除核自旋外的分子总波函数为偶宇称时，转动能级记为(+)，反之为(–)。此时，除了前述的跃迁选择定则外，通常相应的电偶极跃迁还需满足 + ↔ –、+ ↮ +、– ↮ –，同核双原子分子还需遵守跃迁选择定则 g ↔ u、g ↮ g、u ↮ u。

2.5　谱　线　线　宽

尽管前述的每对分子能级跃迁所发射或吸收的辐射都是单频率的，但实际中吸收光谱或发射光谱不可能是无限窄的"谱线"。通常，这些谱线总是有一定的频率宽度，称为"谱线线宽"。人们常用谱峰的半高宽(full width at half maximum，FWHM)表示。事实上，这种谱线加宽的现象直接影响了跃迁光谱信号的强度和谱峰形状，进而影响测量分辨(即测量精度)，因此明确谱线线宽和产生的物理本质对于加深对分子光谱的了解至关重要。

在不考虑外场作用的前提下，常见的谱线线宽来自不同的原因，主要有如下加宽类型：自然加宽、多普勒加宽和碰撞加宽等及其混合加宽，如 Voigt 线型。

2.5.1　自然加宽

根据量子力学海森堡不确定性原理，在无辐射场作用下分子中某量子态能级的能量差 ΔE_m 和寿命 τ_m 满足 $\Delta E_m \cdot \tau_m \approx \hbar$。因此，对应的跃迁频率产生了不确定值，即

$$\Delta v_{mn} = \frac{1}{h}\left(\Delta E_m + \Delta E_n\right) = \frac{1}{2\pi}\left(\frac{1}{\tau_m} + \frac{1}{\tau_n}\right) \tag{2.39}$$

应用狄拉克辐射场理论可以证明，对于寿命分别为 τ_m 和 τ_n 的两个量子态间的跃迁，产生的谱线理论线型为洛伦兹线型，一般形式为

$$f\left(v - v_{\mathrm{D}}\right) = \frac{a}{\left(v - v_{\mathrm{D}}\right)^2 + b^2} \tag{2.40}$$

式中，v_D 为中心频率；a、b 均为常数，$a = \dfrac{1}{4\pi^2}\left(\dfrac{1}{\tau_m} + \dfrac{1}{\tau_n}\right)$、$b = \dfrac{1}{4\pi}\left(\dfrac{1}{\tau_m} + \dfrac{1}{\tau_n}\right)$。这样，谱线的半高宽为"自然线宽"，如式(2.41)所示：

$$|\Delta v| = 2b = \frac{1}{2\pi}\left(\frac{1}{\tau_m} + \frac{1}{\tau_n}\right) \tag{2.41}$$

对比式(2.39)，显然这就是跃迁频率的不确定值，因此"自然线宽"也称为"测不准线宽"。如果跃迁下态为基态，$\tau_n = \infty$，则自然线宽 Δv_N 为

$$|\Delta v_N| = \frac{1}{2\pi\tau_m} = \frac{A_{m\to n}}{2\pi} = \frac{32\pi^3 v_{mn}^3}{3hc^3}|d_{mn}|^2 \tag{2.42}$$

式中，d_{mn} 为 m 和 n 态间的跃迁矩。显然，自然线宽 Δv_N 仅与发射或吸收辐射的分子的自身性质有关。一般而言，自然线宽的绝对值相对较小，在可见或紫外光谱中为 $10^{-5} \sim 10^{-6}\,\mathrm{cm}^{-1}$，在红外光谱中为 $10^{-6} \sim 10^{-9}\,\mathrm{cm}^{-1}$。

2.5.2 多普勒加宽

根据多普勒效应，朝观察者方向运动的分子辐射的实际频率较高，反之，则向低频方向移动，即 $v = v_0\left(1 - o_x/c\right)$，其中 v_0 为分子不动时的频率，o_x 为分子沿观测方向的速度分量。这样，分子的热运动显然会导致频率偏差。利用 Maxwell-Boltzmann 速度分布，可以计算得到多普勒加宽的线型为高斯线型，一般形式为

$$f(v - v_0) = \left(\frac{mc^2}{2\pi kTv_0^2}\right)^{1/2} \cdot \exp\left[\frac{-mc^2(v - v_0)^2}{2kTv_0^2}\right] \tag{2.43}$$

则半高宽为

$$|\Delta v_D| = \frac{v_0}{c}\sqrt{\frac{8kT\ln 2}{m}} \tag{2.44}$$

显然，多普勒加宽与体系的温度和分子质量有关，温度越高，分子质量越小，则分子运动速度越快，线宽越宽。因此，多普勒加宽有时也称为"温度加宽"，这也是实际中常用多普勒线宽来确定温度的理论依据。常温下，可见光区域为 $10^{-2} \sim 10^{-3}\,\mathrm{cm}^{-1}$。

2.5.3 碰撞加宽

前述的定态能量均是在孤立分子条件下推导的，然而实际中，分子间总存在

各种相互作用，这使定态能量连续变化，从而导致谱线加宽。此外，从能级寿命来看，分子间的碰撞使激发态的寿命较自然寿命缩短，从而加宽了谱线宽度。利用热运动的统计处理方法，可以得到碰撞加宽的谱形函数为洛伦兹线型，一般形式为

$$f(v - v_0) = \frac{K}{4\pi^2 (v - v_0)^2 + 1/\tau^2} \tag{2.45}$$

式中，K 为常数；τ 为碰撞时间间隔，$\tau = \dfrac{2}{nD^2} \sqrt{\dfrac{m}{\pi kT}}$，其中 n 为分子数密度，D 为分子直径。

这样，碰撞加宽的半高宽为

$$|\Delta v| = \frac{1}{\pi \tau} = \frac{nD^2}{2} \sqrt{\frac{kT}{\pi m}} \tag{2.46}$$

显然，Δv 与 n 成正比，即与气体压力成正比。在常温常压下，碰撞加宽比多普勒加宽大，而在常温低压（小于几个托）下，则比多普勒加宽小。在火焰中由于温度较高，碰撞加宽效应更加显著。

2.5.4　Voigt 线型

在多普勒加宽和碰撞加宽都不占优势的情形下，其组合构成了如下谱线函数形式，称为 "Voigt 线型" [5, 6]，即

$$f(v - v_0) = 2\sqrt{\frac{\ln 2}{\pi}} \cdot \frac{V(a, x)}{\Delta v_{\mathrm{D}}} \tag{2.47}$$

式中，$V(a, x)$ 即为 Voigt 分布函数，即 $V(a, x) = \dfrac{a}{\pi} \displaystyle\int_{-\infty}^{+\infty} \dfrac{\mathrm{e}^{-y^2}}{a^2 + (x - y)^2} \mathrm{d}y$，其中，$a = \sqrt{\ln 2} \dfrac{\Delta v_{\mathrm{C}}}{\Delta v_{\mathrm{D}}}$，$x = \sqrt{\ln 2} \dfrac{v - v_0}{\Delta v_{\mathrm{D}}}$，$v_0$ 为中心频率。当 Voigt 参数 a 处于 $(0, 1)$ 时，Voigt 线型就转变为以高斯型为主导的谱形。随着压强增加，该线型向两端延伸，当 a 达到 2 时，谱形就转变为洛伦兹线型。

2.6　分子光谱模拟

如前所述，分子光谱数据库包括微波谱数据库、红外光谱数据库、可见和紫

外光谱数据库等。然而，温度、压强、光谱仪分辨等诸多因素均可导致在相同条件下的光谱表现不同，因此常见的小分子数据库仅限于微波和红外光谱谱线位置信息，而相对强度仅供参考。当前比较公认的光谱数据库主要有 HITRAN[7]、NIST[8]等。

在不同的实际条件下，常采用计算机模拟分子光谱，并与实验数据对比，从而获得温度分布等重要信息。分子光谱模拟涉及的理论光谱项在前面已经做了较详细的介绍，这里不再赘述。目前已有不少公认的计算机程序可以实现相应的光谱模拟，如针对双原子分子的光谱拟合程序 LIFBASE[9]，针对多原子分子光谱拟合的程序 PGOPHER[10]和 SpectView[11]等，虽然原始程序较复杂，但基于前述的光谱原理，选择合适的 Hamilton 作用得到理想的模拟光谱并不是十分困难的工作。这里，仅以实际过程中最常使用的羟基(OH)光谱为例，展示其主要特征。

图 2.3 显示了从低温(10K)到高温(2000K)变化时，OH 自由基在 308nm 附近的吸收光谱，对应 $A^2\Sigma^+(v'=0) \leftarrow X^2\Pi(v''=0)$ 的跃迁。由于 OH 自由基的上能级为电子激发态 $^2\Sigma^+$，其中 $\Lambda=0$，$S=1/2$，为典型的洪特规则 Hund(b)类型，此时电子自旋与分子转动的耦合较强，$\vec{J}=\vec{N}+\vec{S}$ ($\vec{N}$ 为分子核转动角动量)，即 $J=N\pm1/2$ ($N=0, 1, 2, \cdots$)。这样，每个 J (或者 N)值对应的转动能级分裂为 $F_1(N)$ 和 $F_2(N)$ 两个能级，并且这种分裂随 N 值增加呈线性增大。OH 自由基的下能级为电子基态 $X^2\Pi$，$\Lambda=1$，$S=1/2$，电子自旋与轨道耦合强，与核运动耦合弱，满足洪特规则 Hund(a)类型，此时 $\vec{J}=\vec{N}+\vec{\Omega}=\vec{N}+\vec{\Lambda}+\vec{\Sigma}$ ($\vec{\Sigma}$ 为 $\vec{S}$ 在分子轴向的投影)，即 $J=\Omega, \Omega+1, \Omega+2, \cdots$。这样，$^2\Pi$ 电子态在强的自旋-轨道耦合作用下分裂为 $^2\Pi_{1/2}$ 和 $^2\Pi_{3/2}$ 两支，$^2\Pi_{1/2}$ 支的 J 量子数从 1/2 开始计数，$^2\Pi_{3/2}$ 支的 J 则从 3/2 开始。图 2.4 为考虑自旋-轨道耦合后的分裂能级示意图。

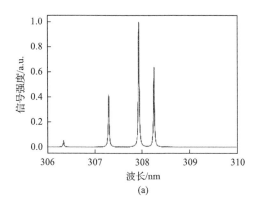

(a)

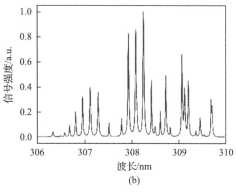

(b)

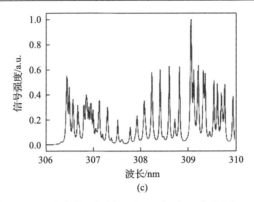

图 2.3　OH 自由基 $A^2\Sigma^+(v'\!=\!0)\leftarrow X^2\Pi(v''\!=\!0)$ 在 (a) 10K、
(b) 273K 和 (c) 2000K 下的模拟吸收光谱

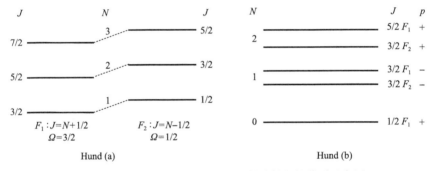

图 2.4　Hund (a) 和 Hund (b) 情形下转动能级的分裂示意图

按照前述的跃迁选择定则，以 $A^2\Sigma^+(v'=0)\leftarrow X^2\Pi(v''=0)$ 中 $N''\!=\!13$ 转动能级开始的跃迁为例，允许的跃迁如图 2.5 所示。

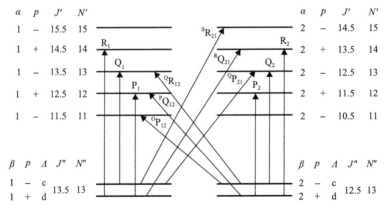

图 2.5　OH 自由基 $A^2\Sigma^+(v'=0)\leftarrow X^2\Pi(v''=0)$ 中 $N''=13$ 转动能级的允许跃迁

图 2.5 中，由于考虑了下能级的 $\Lambda\neq 0$，存在 Λ 分裂，故总共存在 12 支可能

的转动跃迁，分别是 P_1、Q_1、R_1，P_2、Q_2、R_2、$^OP_{12}$、$^PQ_{12}$、$^QR_{12}$、$^QP_{21}$、$^RQ_{21}$、$^SR_{21}$，这些转动跃迁对应的量子数变化如下。

(1) P_1：$J'' = 13.5$，$\Delta J = -1$，$\Delta N = -1$，$- \rightarrow +$；

(2) Q_1：$J'' = 13.5$，$\Delta J = 0$，$\Delta N = 0$，$+ \rightarrow -$；

(3) R_1：$J'' = 13.5$，$\Delta J = +1$，$\Delta N = +1$，$- \rightarrow +$；

(4) P_2：$J'' = 12.5$，$\Delta J = +1$，$\Delta N = +1$，$- \rightarrow +$；

(5) Q_2：$J'' = 12.5$，$\Delta J = 0$，$\Delta N = 0$，$+ \rightarrow -$；

(6) R_2：$J'' = 12.5$，$\Delta J = +1$，$\Delta N = +1$，$- \rightarrow +$；

(7) $^OP_{12}$：$J'' = 12.5$，$\Delta J = -1$，$\Delta N = -2$，$+ \rightarrow -$；

(8) $^PQ_{12}$：$J'' = 12.5$，$\Delta J = 0$，$\Delta N = -1$，$- \rightarrow +$；

(9) $^QR_{12}$：$J'' = 12.5$，$\Delta J = +1$，$\Delta N = 0$，$+ \rightarrow -$；

(10) $^QP_{21}$：$J'' = 13.5$，$\Delta J = -1$，$\Delta N = 0$，$+ \rightarrow -$；

(11) $^RQ_{21}$：$J'' = 13.5$，$\Delta J = 0$，$\Delta N = +1$，$- \rightarrow +$；

(12) $^SR_{21}$：$J'' = 13.5$，$\Delta J = +1$，$\Delta N = +2$，$+ \rightarrow -$。

现在，可以从理论上预测以上 12 支谱线的位置，如图 2.6 所示，显然，其中部分谱线严重重叠。因此，在实际的光谱测量(尤其是高温条件下)中很难区分单一转动跃迁谱线。这一点在图 2.3 的高温谱图中得到了验证。具体操作中，需要通过对比实验光谱和拟合光谱后确定合适的谱线再进行分析，进而得到相应的温度和压强分布。

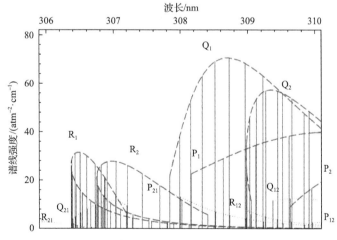

图 2.6　2000K 下 OH 自由基 $A^2\Sigma^+(v'=0) \leftarrow X^2\Pi(v''=0)$ 吸收光谱谱线位置示意图

参 考 文 献

[1] Tipler P A, Llewellyn R. Modern Physics. 3rd ed. San Francisco: W. H. Freeman, 1999.

[2] Hönl H, London F. Über die intensitäten der bandenlinien. Zeitschrift für Physik, 1925, 33: 803-809.

[3] Franck J, Dymond E G. Elementary processes of photochemical reactions. Transactions of the Faraday Society, 1926, 21: 536-542.

[4] Condon E U. Nuclear motions associated with electron transitions in diatomic molecules. Physical Review, 1928, 32: 858-872.

[5] Mitchell A C G, Zemansky M W. Resonance Radiation and Excited Atoms. Cambridge: Cambridge University Press, 1971.

[6] Falcone P K, Hanson R K, Kfuger C H. Tunable diode laser absorption measurements of nitric oxide in combustion gases. Combustion Science and Technology, 1983, 35: 81-99.

[7] Gordon I E, Rothman L S, Hargreaves R J, et al. The HITRAN2020 molecular spectroscopic database. Journal of Quantitative Spectroscopy and Radiative Transfer, 2022, 277:107949.

[8] Linstrom P J, Mallard W G. NIST Chemistry WebBook. Gaithersburg: National Institute of Standards and Technology, 2024. Online access.

[9] Luque J, Crosley D R. LIFBASE: Database and spectral simulation program(version 1.5). SRI international report MP. 1999, 99.

[10] Western C M. PGOPHER: A program for simulating rotational, vibrational and electronic spectra. Journal of Quantitative Spectroscopy and Radiative Transfer, 2017, 186:221-242.

[11] Stakhursky V, Miller T A. SPECVIEW: Simulation and fitting of rotational structure of electronic and vibronic bands. 2001.

第3章　基于吸收光谱的燃烧诊断

3.1　简　　介

吸收光谱是一种较常见的燃烧诊断方法，可用于定量测量燃烧过程中组分浓度、温度及流速等信息，其原理是基于物质对特定波长辐射的选择性吸收。吸收光谱的主要优点是易操作、选择性强、定量准确和灵敏度高。

吸收光谱对应原子/分子能级跃迁的能级差，在频域上覆盖紫外波段至红外波段。而目前在燃烧诊断相关研究中，吸收光谱测量常见于近红外至中红外波段，该波段一般对应分子的振动/转动能级跃迁，相应的吸收峰一般称为气体组分的指纹吸收峰且不涉及电子能级跃迁。因此，在本章的后续讨论中，针对吸收光谱的讨论主要在近中红外波段展开。

基于吸收光谱的燃烧诊断研究始于 20 世纪 70 年代[1]。可调谐二极管激光器 (tunable diode laser, TDL) 因结构简单，可在近红外波段产生稳定辐射，故较早应用于燃烧诊断中[2]。TDL 属于半导体激光器的一类，随着技术迭代及其在中红外波段测量能力的拓展，激光吸收光谱的可探测组分种类、测量精度和测量灵敏度都得到了极大提升。本章主要聚焦基于半导体激光器的激光吸收光谱方法，同时结合一些前沿研究和先进光源系统，阐述吸收光谱的基本原理及其在燃烧诊断中的应用。

3.2　理　论　基　础

一般而言，吸收光谱测量结果中包含光谱谱线位置、强度及线宽等信息，这些物理量同时受温度、压强、组分浓度、吸收光程长度等实验因素的影响。其中，谱线位置由所测分子的能级结构决定，受压强影响存在谱线漂移的现象；谱线强度既取决于分子本身的性质也受温度的影响；而谱线线宽受多种环境因素的影响，较常见的谱线加宽方式为压强展宽和受温度影响的多普勒展宽等。

3.2.1　光谱模型

对于一束单色光源，当通过一段均匀的吸收介质时，其出射光强 I_t 与入射光强 I_0 满足 Beer-Lambert 定律，即

$$\left(\frac{I_t}{I_o}\right)_v = \exp(-k_v L) \tag{3.1}$$

式中，k_v 为在波数为 v 时的光谱吸收系数；L 为有效吸收光程。上式通常仅在测量光程上吸收介质的温度、压强等特性恒定且相同的情况下成立，即 k_v 在测量光程上可视为常量。考虑空间上吸收系数的不均匀性，还可以通过空间积分得到吸光度 α_v，即

$$\alpha_v = \int_L k_v(s)\mathrm{d}s \tag{3.2}$$

式中，α_v 为无量纲量。在假设吸收介质空间分布一致的前提下，可以得到

$$\alpha_v = \sum_j S_j(T)PX\phi_j(v,T,P,X)L \tag{3.3}$$

式中，积分下标 j 表示不同且分立的吸收峰；$S_j(T)$ 为与温度 T 相关的谱线强度；P 为压强；X 为组分浓度；而 ϕ_j 则代表了线型函数。典型的线型函数如第 2 章所述，包括考虑碰撞展宽的 Lorentzian 线型、考虑多普勒展宽的高斯线型及结合二者作用机制的 Voigt 线型等。此外，诸如 Rautian 线型[3]、Galatry 线型[4]在内的一系列线型函数在一些特定的温度压力范围可以更精确地表征光谱特性。这些线型函数的共同特点在于其频域积分恒定，即

$$\int \phi(v)\mathrm{d}v = 1 \tag{3.4}$$

另外，谱线强度 $S(T)$ 可进一步展开为

$$S(T) = S(T_0)\frac{Q(T_0)}{Q(T)}\frac{T_0}{T}\exp\left[-\frac{hcE''}{k_B}\left(\frac{1}{T}-\frac{1}{T_0}\right)\right]\left[1-\exp\left(\frac{-hcv_0}{k_B T}\right)\right]\left[1-\exp\left(\frac{-hcv_0}{k_B T_0}\right)\right]^{-1} \tag{3.5}$$

式中，$T_0 = 298\,\mathrm{K}$ 为参考温度；Q 为待测组分的配分函数，用以描述组分在某一温度下处于各能级分子的整体状态；h 为普朗克常数；c 为光速；E'' 为吸收峰对应基态能级的能量；v_0 为吸收峰对应的能级跃迁能量。对于两个独立的吸收峰，对其峰面积进行求解并计算峰面积比值 R，即

$$R = \frac{S_1(T)PXL\int \phi_1(v)\mathrm{d}v}{S_2(T)PXL\int \phi_2(v)\mathrm{d}v} \tag{3.6}$$

利用式 (3.4) 和式 (3.5) 进一步简化可以得到

$$T = \frac{\dfrac{hc}{k_B}(E_2'' - E_1'')}{\ln(R) + \ln\left(\dfrac{S_2(T_0)}{S_1(T_0)}\right) + \dfrac{hc}{k_B}\dfrac{(E_2'' - E_1'')}{T_0}} \tag{3.7}$$

即温度测量可以通过两个吸收峰的峰面积比值得到。式 (3.6) 中，$\int \phi_1(v)dv = \int \phi_2(v)dv = 1$，因此该方法的最大优点在于不需要选择对应的线型函数，并且不需要了解线型函数计算的相关参数信息，避免了谱线展宽信息的不确定性对温度测量的影响。

此外，可以通过定义温度敏感性参数 [式 (3.8)] 来评估选择作为温度测量的吸收峰组合，CO_2 在 2743nm [$R(28)$] 及 2752nm [$R(70)$] 吸收峰的峰面积比及温度敏感系数如图 3.1 所示。

$$\frac{dR/R}{dT/T} \approx \left(\frac{hc}{k_B}\right)\frac{E_1'' - E_2''}{T} \tag{3.8}$$

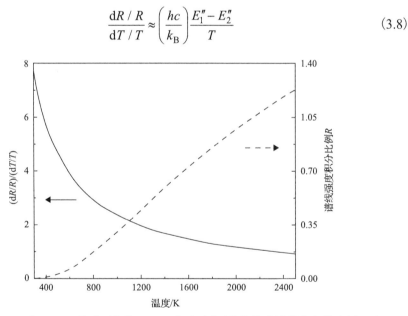

图 3.1　CO_2 在 2743nm [$R(28)$] 及 2752nm [$R(70)$] 吸收峰的谱线强度积分比例 R 及温度灵敏度随温度变化曲线

值得注意的是，上述理论模型推导假设每一个特征吸收峰都相互独立，互不干扰。该前提在大部分情况下都成立。然而，在高压气相氛围中，由于碰撞展宽使分立谱线之间开始互相干扰，此时分立线型的理论模型不能准确地描述实际观测的吸收光谱特征。这时通常需要考虑谱线混合效应 (line-mixing)，通过引入碰撞系数矩阵 (G-matrix) 的方法来计算光谱[5-7]。

3.2.2 光谱数据库

在上述吸收光谱的计算中，除温度、压强、光程长度等随实验变化的物理量外，如谱线强度、谱线位置及碰撞展宽系数等物理量一般取决于组分种类及其涉及的能级结构，因而可以构建相应的光谱数据库。对于燃烧诊断涉及的气体分子而言，当分子的原子数相对较少，振动-转动光谱谱线的可分辨度较高时，最常见的光谱数据库包括 HITRAN/HITEMP[8-12]、GEISA[13-16]和 CDSD[17-19]等，这些数据库一般可以通过实验直接测量并结合理论计算得到。其中，CDSD 数据库专门针对 CO_2 分子，如 CDSD-4000 数据库[18]适用的温度范围在 2500～5000K，在 226～8310cm^{-1} 波数范围内共包含了 628324454 条谱线信息。相比之下，HITRAN/HITEMP 数据库包含的气体组分种类更广泛，如 HITRAN 2020 数据库[12]包含了 H_2O、CO_2、CO、CH_4 等 55 种气体分子，每种气体分子还按照自然界的富集度涵盖了其几种常见同位素的光谱信息，图 3.2 为 HITRAN 数据库计算所得的几种常见气体组分在 1～15μm 波段的吸收峰特征。在 HITRAN 数据库中，中低温区一些光谱强度较弱的谱线被忽略，随着温度升高，处于高能级的分子数增加，更全面的谱线信息则被补充到 HITEMP 数据库当中。一般对于同一气体组分，使用 HITRAN 或 HITEMP 数据库的温度适用范围还取决于气体组分本身，如 CH_4 分子在 HITRAN 数据库中的适用温度范围在 2000K 以内，而 HITEMP 数据库一般的适用温度范围在 296～4000K。除此之外，在实际应用中，还需要考虑因新增光谱信息所增加的数值计算时间。

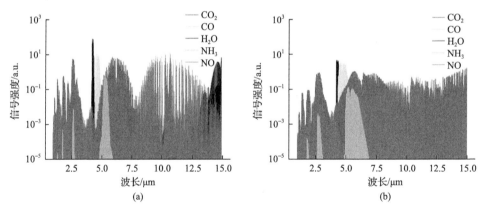

图 3.2　HITRAN 计算得到在(a)300K 及(b)1500K 温度下几种气体组分(H_2O、NH_3、CO_2、CO、NO)的特征吸收峰[20](彩图扫二维码)

3.3　实　验　方　法

吸收光谱测量在硬件层面通常包括辐射源、激光传输单元(光纤或光学镜片)

和信号探测器等模块。按照技术手段分类，吸收光谱可以分成直接吸收光谱（direct absorption spectroscopy，DAS）和波长调制吸收光谱（wavelength modulation spectroscopy，WMS）两大类，前者通常适用于吸光度较高的情景，其优点在于光谱信息直接明了且测量对设备要求较低；而后者更常见于吸光度较低的条件，其主要优点在于光谱抗噪音及抗干扰能力较强。此外，腔增强吸收光谱方法也属于直接吸收光谱方法，但该方法本身具有一定代表性，因而本节将区别于传统 DAS 方法进行单独讨论。

3.3.1　实验硬件

对于大部分基于半导体激光器及连续固体激光器的吸收光谱方法，作为辐射源的激光器通常需要在频域上扫描吸收谱线。因此，需要窄线宽输出和较大的波长可调谐范围。在 760nm～2.5μm 近红外波段，常采用分布反馈式（distributed feedback，DFB）激光器，激光输出功率在 5～25mW，线宽通常在 5MHz 左右，在固定温度下，通过改变驱动电流，DFB 激光器的可调谐带宽一般为 1～10cm^{-1}，高频的电流/波长扫描则会减小激光器的可调谐带宽[21]。带间级联激光器（interband cascade laser，ICL）和量子级联激光器（quantum cascade laser，QCL）可以将吸收光谱的测量波段扩展到中远红外波段。通常 ICL 的运行波长介于传统的 DFB 激光器与 QCL 之间，在 2.9～5.7μm 波段[22]，该范围涵盖了如 CO_2、CO、NO 等气体分子基态振动态的吸收光谱信息，这一波段的谱线强度一般较近红外波段的谱线强度高 2～4 个数量级，因而可以获得更高的信噪比和测量精度。QCL 的发光原理与传统的 DFB 激光器和 ICL 不同，其输出波长不受限于半导体材料的能带带宽，因而可实现 2～100μm 波长输出[23]。

在近红外波段，最常用的探测器采用硅（Si）或铟镓砷（InGaAs）材料。Si 探测器的响应波长在 200～1100nm，而 InGaAs 探测器的响应波长在 800nm～2.6μm。这两类探测器都可以在常温下运行，因而不需要外部冷却，同时探测器的响应速率快（GHz），适用于高频测量。除此之外，在近红外波段可用的探测器还可以使用锗（Ge）、锑化铟（InSb）、碲镉汞（MCT）等材料，但这类探测器一般需要进行外部冷却。在中红外波段，InSb 探测器和 MCT 探测器的应用较广泛。其中，InSb 光伏探测器的响应波段一般在 1.0～5.5μm，并且需要在液氮冷却条件下运行；而 MCT 探测器可通过半导体制冷器冷却，响应波段在 2.0～15.0μm。MCT 探测器的结构一般较 InSb 探测器更紧凑，也更适合于复杂环境下的测量，但 InSb 探测器在 3.0～5.0μm 具有更高的信噪比。

3.3.2　直接吸收光谱

直接吸收光谱（DAS）方法可分为固定波长直接吸收光谱和变波长直接吸收光

谱方法。

对于固定波长直接吸收光谱方法，激光输出波长设置为吸收峰的中心波长，在忽略非吸收损失的前提下，可获得峰值吸光度。通过对比两个独立吸收峰的峰值吸光度，可以计算得到温度信息。该方法的主要优势在于可以获得极高的测量频率，因而常应用于一些反应过程剧烈、对测量时间分辨率要求较高的情境，典型的应用场景包括激波管[24]和爆震发动机[25]等。然而，固定波长直接吸收光谱方法进行温度测量通常受谱线展宽的影响，在无法提前知晓压强、气体组分信息的前提下将存在较大误差。另外，激光波长漂移和非吸收性损失等问题严重制约了该方法的实际应用。

变波长直接吸收光谱方法目前在燃烧诊断中的应用十分广泛。其基本原理是通过改变半导体激光器的驱动电流，在吸收峰中心波长附近扫描激光输出波长并获得完整的光谱信息，最常用的电流扫描波形为锯齿波波形。为了获得温度信息，对于单一激光器，通常一次波长扫描需要涵盖至少两个独立吸收峰；而对于多台激光器组合测量，则可以减小对单台激光器扫描带宽的需求。一般来说，扫描带宽随扫描频率的增加而减小，因此多台激光器组合的方法可以在一定程度上提高变波长直接吸收光谱方法的测量频率。在对实验测得数据进行分析处理的过程中，一般还需要无吸收的背景信号（基线），其获得方法主要包括以下两种方式：①对于实验测得的信号，选取无吸收的数据点，通过多项式拟合的方式获得无吸收背景，如图3.3所示；②通过分光等手段进行双路测量，同步测量基线信号。

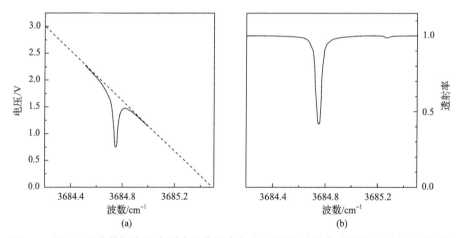

图3.3　基于无吸收数据点的多项式基线拟合方法示意图(a)及实验测得透射光强(实线)与拟合得到基线光强(虚线)(b)计算所得透射率[26]

其中，对于拟合获得基线的方法，一般需要足够数量及合理分布的无吸收数据点，当光谱信息密集或光谱展宽较大而导致无吸收数据点较少时，拟合得到的基线通常存在较大误差。而通过双路测量方法获得的基线信号则需要保证分光光路的压强、温度等条件与主光路条件基本一致，同时需要考虑不同探测器之间响应效率的差异。除此之外，还可以通过迭代背景拟合[26]、倒频谱分析[27]、正弦波扫描[28]等方法来获得更准确的基线信号。

3.3.3　波长调制吸收光谱

波长调制吸收光谱（WMS）常与频率调制吸收光谱（frequency modulation spectroscopy，FMS）共同讨论，二者都利用高频调制电流在吸收峰中心波长附近调制激光器波长，从而过滤低频噪声干扰，常见的低频噪音包括机械振动、湍流扰动、光学散射等因素造成的信号噪声。借助锁相放大器和高次谐波分析方法，可以极大地提高吸收光谱测量的灵敏度。而 WMS 与 FMS 的区别在于，FMS 的调制频率一般大于吸收峰展宽对应的半宽半高（half width at half maximum，HWHM），而 WMS 的调制频率则低于展宽的 HWHM 且较 FMS 有更大的调制幅度（0.1～1.0cm^{-1}）。一般情况下，也可以将 FMS 和 WMS 统称为 WMS 方法。另外，需要将 WMS 中的波长调制与前文所述的激光波长扫描进行区分，虽然二者都是通过改变激光器驱动电流来改变激光输出波长，但一般波长调制频率 f_m 都远大于波长扫描频率 f_s。

WMS 同样可以进一步分为固定波长 WMS 和扫描波长 WMS。在固定波长 WMS 中，只对激光器加载高频调制信号，而不加载低频扫描信号，调制波形常采用正弦波。对于扫描波长 WMS 而言，则对激光器同时加载高频调制信号和低频扫描信号。图 3.4 为扫描波长 WMS 方法实验原理图。

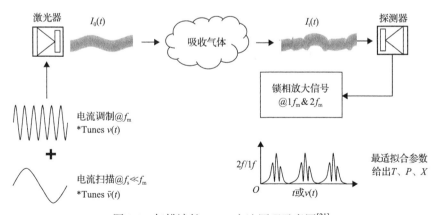

图 3.4　扫描波长 WMS 方法原理示意图[21]

WMS 通常需要结合锁相放大器和高次谐波分析的方法处理实验数据。简单来说，当对激光器驱动电流施加频率为 f 的高频调制信号后，激光器输出波长和光强都会受到高频调制的影响。而通过探测器对获得的原始信号进行低频滤波等后处理或借助锁相放大器直接采集，可以获得基于调制波长的高次谐波信号（1f，

$2f$, $3f$, …）。一次谐波信号（$1f$）中一般包括激光光强信息，而二次谐波信号（$2f$）中则包括与吸光度有关的信息，因而一种免除背景信号标定的数据分析方法即是通过 $2f/(1f)$ 来消除背景光强波动的扰动[29-31]。

为了更好地解释 WMS 方法的原理，下面简要介绍其数学模型[32]，当激光器驱动电流被施加频率 f 的正弦波调制信号后，激光器的输出波数可以表征为

$$v(t) = \bar{v}_0 + a\cos(\omega t) \tag{3.9}$$

式中，$\bar{v}_0$ 为激光器在一个调制周期内的平均输出波数，对于扫描波长 WMS，$\bar{v}_0$ 随扫描频率呈周期性变化；$\omega = 2\pi f$ 为调制频率；a 为波数调制幅度。同时，输出光强也受波长调制的影响，一般可以用二阶傅里叶级数的形式展开

$$I_0(t) = \bar{I}_0\left[1 + i_1\cos(\omega t + \varphi_1) + i_2\cos(2\omega t + \varphi_2)\right] \tag{3.10}$$

同样，$\bar{I}_0$ 为调制周期内的时均激光输出光强；i_1 和 i_2 分别为一阶和二阶光强调制幅度；φ_1 和 φ_2 为相较于波长调制的相位差。

探测器探测信号为透射光强，因而可以写作

$$I_t(t) = I_0(t)\exp\left[-\alpha(\bar{v}_0 + a\cos(\omega t))\right] \tag{3.11}$$

结合公式（3.9）与公式（3.10），采用锁相放大器对原始信号进行后处理，例如，探测器信号$\times\cos(2\omega t)$ 可以得到 $2f$ 信号的 X 分量，探测器信号$\times\sin(2\omega t)$ 可以得到 $2f$ 信号的 Y 分量，最终不难发现 $2f/(1f)$ 信号的表达式可以通过以下形式给出[33-35]，即

$$2f/(1f) = S(T)\times N_i\times L\times F(\phi(v)) \tag{3.12}$$

式中，$S(T)$ 为谱线强度；N_i 为分子数密度；L 为吸收光程；$F(\phi(v))$ 为光谱线型函数在调制周期内的积分。如图 3.5 所示，WMS 方法在测量组分低浓度的条件下相对于 DAS 方法可以获得更高的信噪比。

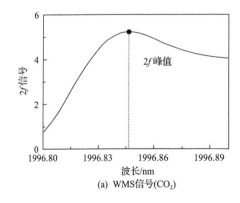

(a) WMS信号(CO_2)

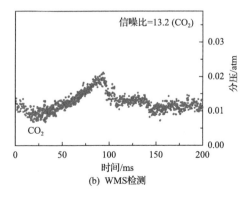

(b) WMS检测

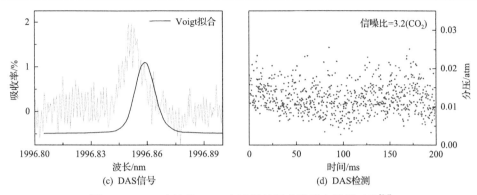

(c) DAS信号　　　　　　　　(d) DAS检测

图 3.5　WMS 方法和 DAS 方法测量及光谱拟合结果对比[36]

对于固定波长 WMS，通过测量两个独立吸收峰的信号并比对即可计算得到温度信息，再将温度代入任意吸收峰的 $2f/(1f)$ 信号计算公式中即可获得浓度信息。对于扫描波长 WMS，通过线型函数拟合也可以基于单一吸收峰的 WMS 信号计算得到温度、浓度等信息。图 3.6 为 H_2O 在 7185.59cm^{-1} 吸收峰的 WMS-$2f/(1f)$ 测量信号及光谱拟合结果。

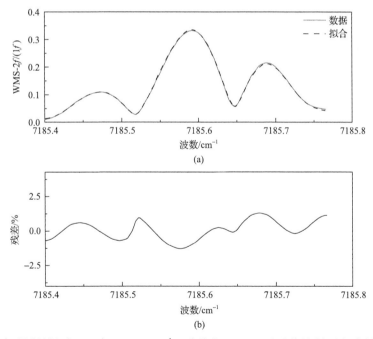

图 3.6　实验测量得到 H_2O 在 7185.59cm^{-1} 吸收峰的 WMS-$2f/(1f)$ 信号(a)及拟合结果(b)[31]

3.3.4　腔增强吸收光谱

在实验层面，提高吸收光谱信号强度及信噪比最直接有效的方式就是选择较强的吸收谱线或延长有效吸收光程。吸收谱线强度上限取决于组分本身的特性，而对于增加有效吸收光程，理论上则可以通过构造光学腔体的形式实现。

在燃烧诊断研究中，常采用的腔增强吸收光谱方法包括光腔衰荡光谱(cavity ring down spectroscopy，CRDS)和腔增强吸收光谱(cavity-enhanced absorption spectroscopy，CEAS)。CRDS 和 CEAS 方法的原理如图 3.7 所示。

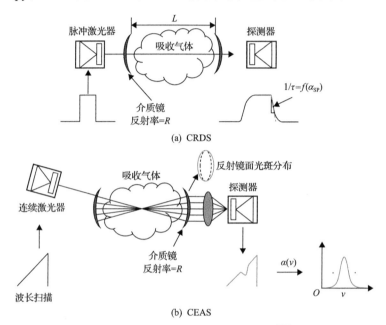

(a) CRDS

(b) CEAS

图 3.7　CRDS 和 CEAS 方法示意图[20]

对于 CRDS，一般采用固定激光波长输出，腔体由两块镀介质膜的高反射镜组成，入射激光在腔体中心进行轴向多次反射，探测器探测腔体出射光信号，由于激光在腔体内重复反射的过程会被气体介质连续吸收，因而通过记录出射激光光强随时间的变化关系，即可得到气体吸光度等信息。其中，出射光强与入射光强的关系可以写作

$$I_{\mathrm{t}}(t) = I_0 \exp\left\{-\left[(1-R)+\alpha_{\mathrm{SP}}(v)\right]ct/L\right\} \tag{3.13}$$

式中，R 为镜片反射率；L 为腔体长度；α_{SP} 为在单次穿过腔体(光程 L)时的吸光度。CRDS 方法可以极大地延长吸收光程长度至数十到数百公里，因而可以测量痕量组分的浓度。然而，CRDS 方法需要将激光传播过程中的非吸收损失控制到最低，对激光的横向模态、镜片表面的洁净度等条件都有较高要求，在比较恶劣的燃烧环境较难使用。

CEAS 方法一般采用非同轴分布的光路布置。在 CEAS 方法中，可以采用扫描波长来获得完整频谱的吸收光谱信息，其测量光信号可以表示为

$$I_t = I_0 / (1 + G\alpha_{SP}(v)) \tag{3.14}$$

式中，G 为腔体反射镜造成的衰减系数。相比于 CRDS，CEAS 的入射激光不需要与谐振腔中心轴重叠，激光波长可连续扫描，测量结果为连续光谱随时间分辨的光强信号。因此，CEAS 在燃烧诊断应用中具有更高的时间分辨率[37]。

3.4　应用实例

前面介绍了在吸收光谱测量中，通常可以利用吸收峰的峰面积比（DAS）或 $2f/(1f)$ 比值（WMS）计算温度，由此进一步得到组分浓度等信息。然而，这些计算是在假设温度空间均匀分布的前提下成立的。在实际应用中，除气体标定池等特定环境外，即使对于一些标准火焰而言，如 Hencken 标准火焰，都需要考虑温度的空间不均匀分布，公式 (3.3) 相应地可以改写为

$$\alpha_v = \sum_j \int_0^L S_j(T) PX\phi_j(v, T, P, X) \mathrm{d}l \tag{3.15}$$

由于温度 T 的空间不均匀分布，谱线强度 $S_j(T)$ 也与空间位置相关，峰面积比与温度的关系一般无法进一步写作公式 (3.6) 和式 (3.7) 的形式。为此，需要预先了解并假设谱线强度 $S_j(T)$ 或温度 T 的空间分布函数。Goldenstein 等[38]提出当谱线强度 $S_j(T)$ 与温度符合线性关系时，即可写作 $S_j(T) = aT + b$ 的形式，此时依然可以用光程平均温度来表征系统的整体温度，并继续采用峰面积比的方式计算该平均温度。例如，当温度范围在高温区时，并且所选取谱线基态能级的能量较小，那么谱线强度与温度的关系就可以近似为线性关系。

预设温度分布函数的方法一般对于一些较简单的平面火焰有较好效果。Ma 等[39]通过 CFD 分析等方式预设了 McKenna 炉平面火焰的温度分布函数（图 3.8），

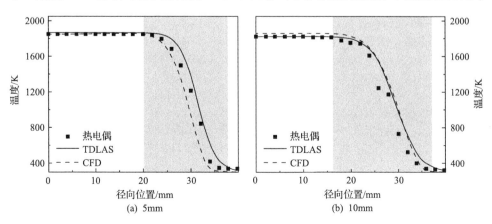

(a) 5mm

(b) 10mm

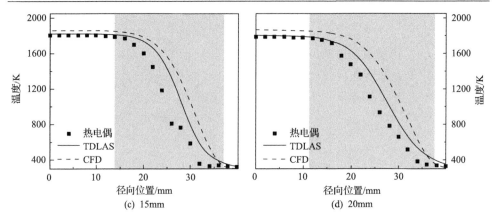

图 3.8 McKenna 炉平面火焰在不同高度上通过吸收光谱
测量径向空间温度分布与热电偶测温、CFD 计算结果比对[39]

该温度分布函数可以模拟温度的整体变化趋势，而温度的绝对值及变化幅度等参数则通过光谱拟合计算获得。

参 考 文 献

[1] Sulzmann K G P, Lowder J E L, Penner S S. Estimates of possible detection limits for combustion intermediates and products with line-center absorption and derivative spectroscopy using tunable lasers. Combustion and Flame, 1973, 20: 177-191.

[2] Hanson R K, Kuntz P A, Kruger C H. High-resolution spectroscopy of combustion gases using a tunable IR diode laser. Applied Optics, 1977, 16: 2045-2048.

[3] Rautian S G, Sobel'man I I. The effect of collisions on the Doppler broadening of spectral lines. Soviet Physics Uspekhi, 1967, 9: 701-716.

[4] Galatry L. Simultaneous effect of Doppler and foreign gas broadening on spectral lines. Physical Review, 1961, 122: 1218-1223.

[5] Rodrigues R, Jucks K W, Lacome N, et al. Model, software, and database for computation of line-mixing effects in infrared Q branches of atmospheric CO_2—I. Symmetric isotopomers. Journal of Quantitative Spectroscopy and Radiative Transfer, 1999, 61: 153-184.

[6] Lamouroux J, Tran H, Laraia A L, et al. Updated database plus software for line-mixing in CO_2 infrared spectra and their test using laboratory spectra in the 1.5~2.3 μm region. Journal of Quantitative Spectroscopy and Radiative Transfer, 2010, 111: 2321-2331.

[7] Lamouroux J, Hartmann J M, Tran H, et al. Molecular dynamics simulations for CO_2 spectra. Ⅳ. Collisional line-mixing in infrared and Raman bands. Journal of Chemical Physics, 2013, 138: 244310.

[8] Rothman L S, Gamache R R, Goldman A, et al. The HITRAN database: 1986 edition. Applied Optics, 1987, 26: 4058-4097.

[9] Rothman L S, Gordon I E, Barbe A, et al. The HITRAN 2008 molecular spectroscopic database. Journal of Quantitative Spectroscopy and Radiative Transfer, 2009, 110: 533-572.

[10] Rothman L S, Gordon I E, Barber R J, et al. HITEMP, the high-temperature molecular spectroscopic database.

Journal of Quantitative Spectroscopy and Radiative Transfer, 2010, 111: 2139-2150.

[11] Hargreaves R J, Gordon I E, Rothman L S, et al. Spectroscopic line parameters of NO, NO₂, and N₂O for the HITEMP database. Journal of Quantitative Spectroscopy and Radiative Transfer, 2019, 232: 35-53.

[12] Gordon I E, Rothman L S, Hargreaves R J, et al. The HITRAN2020 molecular spectroscopic database. Journal of Quantitative Spectroscopy and Radiative Transfer, 2022, 277: 107949.

[13] Jacquinet-Husson N, Scott N A, Chédin A, et al. The 2003 edition of the GEISA/IASI spectroscopic database. Journal of Quantitative Spectroscopy and Radiative Transfer, 2005, 95: 429-467.

[14] Jacquinet-Husson N, Crepeau L, Armante R, et al. The 2009 edition of the GEISA spectroscopic database. Journal of Quantitative Spectroscopy and Radiative Transfer, 2011, 112: 2395-2445.

[15] Jacquinet-Husson N, Armante R, Scott N A, et al. The 2015 edition of the GEISA spectroscopic database. Journal of Molecular Spectroscopy, 2016, 327: 31-72.

[16] Delahaye T, Armante R, Scott N A, et al. The 2020 edition of the GEISA spectroscopic database. Journal of Molecular Spectroscopy, 2021, 380: 111510.

[17] Tashkun S A, Perevalov V I, Teffo J L, et al. CDSD-1000, the high-temperature carbon dioxide spectroscopic databank. Journal of Quantitative Spectroscopy and Radiative Transfer, 2003, 82: 165-196.

[18] Tashkun S A, Perevalov V I. CDSD-4000: High-resolution, high-temperature carbon dioxide spectroscopic databank. Journal of Quantitative Spectroscopy and Radiative Transfer, 2011, 112: 1403-1410.

[19] Tashkun S A, Perevalov V I, Gamache R R, et al. CDSD-296, high resolution carbon dioxide spectroscopic databank: Version for atmospheric applications. Journal of Quantitative Spectroscopy and Radiative Transfer, 2015, 152: 45-73.

[20] Goldenstein C S, Spearrin R M, Jeffries J B, et al. Infrared laser-absorption sensing for combustion gases. Progress in Energy and Combustion Science, 2017, 60: 132-176.

[21] Rein K D, Roy S, Sanders S T, et al. Multispecies absorption spectroscopy of detonation events at 100 kHz using a fiber-coupled, time-division-multiplexed quantum-cascade-laser system. Applied Optics, 2016, 55: 6256-6262.

[22] Vurgaftman I, Weih R, Kamp M, et al. Interband cascade lasers. Journal of Physics D: Applied Physics, 2015, 48: 123001.

[23] Vitiello M S, Scalari G, Williams B, et al. Quantum cascade lasers: 20 years of challenges. Optics Express, 2015, 23: 5167-5182.

[24] Hanson R K, Davidson D F. Recent advances in laser absorption and shock tube methods for studies of combustion chemistry. Progress in Energy and Combustion Science, 2014, 44: 103-114.

[25] Sanders S T, Baldwin J A, Jenkins T P, et al. Diode-laser sensor for monitoring multiple combustion parameters in pulse detonation engines. Proceedings of the Combustion Institute, 2000, 28: 587-594.

[26] Weisberger J M, Richter J P, Parker R A, et al. Direct absorption spectroscopy baseline fitting for blended absorption features. Applied Optics, 2018, 57: 9086-9095.

[27] Goldenstein C S, Mathews G C, Cole R K, et al. Cepstral analysis for baseline-insensitive absorption spectroscopy using light sources with pronounced intensity variations. Applied Optics, 2020, 59: 7865-7875.

[28] Du Y, Peng Z, Ding Y. High-accuracy sinewave-scanned direct absorption spectroscopy. Optics Express, 2018, 26: 29550-29560.

[29] Peng Z, Ding Y, Che L, et al. Calibration-free wavelength modulated TDLAS under high absorbance conditions. Optics Express, 2011, 19: 23104-23110.

[30] Sun K, Chao X, Sur R, et al. Analysis of calibration-free wavelength-scanned wavelength modulation spectroscopy

for practical gas sensing using tunable diode lasers. Measurement Science and Technology, 2013, 24: 125203.

[31] Goldenstein C S, Strand C L, Schultz I A, et al. Fitting of calibration-free scanned-wavelength-modulation spectroscopy spectra for determination of gas properties and absorption lineshapes. Applied Optics, 2014, 53: 356-367.

[32] Supplee J M, Whittaker E A, Lenth W. Theoretical description of frequency modulation and wavelength modulation spectroscopy. Applied Optics, 1994, 33: 6294-6302.

[33] Bolshov M A, Kuritsyn Y A, Romanovskii Y V. Tunable diode laser spectroscopy as a technique for combustion diagnostics. Spectrochimica Acta Part B: Atomic Spectroscopy, 2015, 106: 45-66.

[34] Li H, Rieker G B, Liu X, et al. Extension of wavelength-modulation spectroscopy to large modulation depth for diode laser absorption measurements in high-pressure gases. Applied Optics, 2006, 45: 1052-1061.

[35] Rieker G B, Jeffries J B, Hanson R K. Calibration-free wavelength-modulation spectroscopy for measurements of gas temperature and concentration in harsh environments. Applied Optics, 2009, 48: 5546-5560.

[36] Rieker G B. Wavelength-modulation spectroscopy for measurements of gas temperature and concentration in harsh environments. Stanford: Stanford University, 2009.

[37] Sun K, Wang S, Sur R, et al. Sensitive and rapid laser diagnostic for shock tube kinetics studies using cavity-enhanced absorption spectroscopy. Optics Express, 2014, 22: 9291-9300.

[38] Goldenstein C S, Schultz I A, Jeffries J B, et al. Two-color absorption spectroscopy strategy for measuring the column density and path average temperature of the absorbing species in nonuniform gases. Applied Optics, 2013, 52: 7950-7962.

[39] Ma L H, Lau L Y, Ren W. Non-uniform temperature and species concentration measurements in a laminar flame using multi-band infrared absorption spectroscopy. Applied Physics B, 2017, 123: 83.

第4章 基于发射光谱的燃烧诊断

4.1 简 介

处于高能级的原子或分子向低能级跃迁时会发射光子，因此对发射光子进行光谱分析可以获得作为发射源的原子或分子所处的热物理状态。在燃烧诊断研究中，按照原子或分子达到高能级的方式，发射光谱又可以分为自发发射和受激发射两种形式。对于自发发射光谱，原子或分子达到高能级的能量来源于燃烧过程本身，不需要借助外界干预；而对于受激发射光谱，一般通过激光辐射等方式对原子或分子进行激发。相比于受激发射光谱，对自发发射光谱的测量过程一般较为简单，但在组分选择性、测量精度及空间分辨能力等方面自发发射光谱通常不如受激发射光谱。本章将介绍几类典型的发射光谱方法。

4.2 火焰化学自发光

火焰化学自发光的研究最早可以追溯到火焰焰色反应。碱金属原子(如钠、钾等)在火焰中带有特征颜色的发光特性被直观地应用于元素识别。随着光谱分析技术的发展，人们对火焰发射谱进行了更细致的解析，并基于化学自发光谱探测更多种类的组分信息。

4.2.1 基本原理

化学自发光的产生主要包括激发态分子或自由基的形成(R1)和辐射跃迁(R2)两个步骤。需要强调的是，并非所有激发态分子(自由基)都会产生自发辐射，如反应 R3，激发态组分可以通过碰撞或与其他组分发生反应，并以非辐射跃迁的形式释放能量。

$$A+B \longrightarrow R*+其他 \tag{R1}$$

$$R* \longrightarrow R+h\nu \tag{R2}$$

$$R*+M \longrightarrow R+M \tag{R3}$$

式中，A、B 和 R 为不同的分子或自由基；R*为激发态分子或自由基；M 为第三种组分，一般是不参与反应的惰性气体或器壁。研究表明，典型碳氢燃料火焰的自发光主要包括四个激发态组分 OH*、CH*、C_2* 和 CO_2* 的自发辐射[1, 2]。如图 4.1 所示，甲烷火焰在紫外至可见光波段的发射光谱中，来自 OH*、CH* 和 C_2* 等自由基的不同电子能级间的跃迁构成了火焰发射谱的主要特征。其中，OH* 辐射的峰值波长为 308nm，CH* 辐射的峰值波长为 431nm。相比之下，C_2* 最强的发射强度呈现在 470~550nm，称为天鹅带，而 CO_2* 呈现出 240~800nm 的连续宽带辐射。显然，CH* 和 C_2* 的自发光是碳氢火焰表现为蓝色的主要原因。此外，相对于 C_2* 和 CO_2* 宽波段发射的特征而言，OH* 和 CH* 的自发光因辐射带宽较窄，易与其他组分或背景光区分开来，因此广泛用作自发光测量。一般而言，OH* 和 CH* 结果的比较可以用来表征全局当量比。

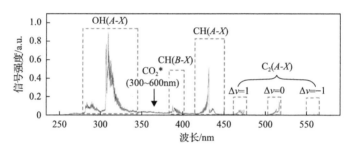

图 4.1 甲烷/空气预混火焰紫外-可见光波段发射光谱[3]

除紫外-可见光波段的自发辐射光谱外，火焰中大量存在的振动激发态组分也可以通过热辐射的形式发光，对应的火焰发射光谱主要处于红外波段。图 4.2 为典型碳氢火焰在红外波段的发射光谱，从图中可以清楚地观测到燃烧反应物 CH_4 及产物 H_2O、CO、CO_2 的振转光谱。由于这些分子相对稳定，其振转态布居在火焰中一般认为处于热平衡状态，因此通过对观测的红外发射振转光谱进行拟合，可以得到相应组分的浓度和火焰温度等信息。

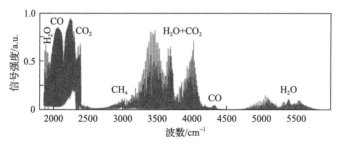

图 4.2 甲烷/空气预混火焰红外波段的发射光谱[3]

4.2.2 实验技术

火焰化学自发光的实验装置相对简单，如图 4.3 所示，主要包括 ICCD 相机、镜头和滤光片等。由于各分子或自由基自发光的波长范围不同，故可以通过滤光片消除其他光信号的干扰。例如，OH*自发光主要存在于紫外波段（280～350nm），故可以采用 310nm 中心波长的滤光片来实现滤光。但应该注意的是，火焰自发光，尤其是碳烟导致的黄色波段自发光的强度很高，即使通过滤镜也可能在相机上形成强烈的信号，所以需要在测试中进行相应考虑。此外，通过布置多角度多台相机也可以基于层析重建技术获得更高空间分辨能力的三维火焰自发光信息。

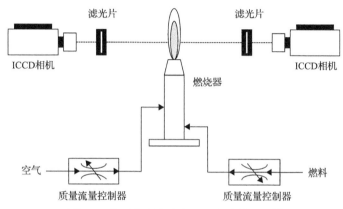

图 4.3 典型化学自发光测量实验装置图[4]

一般来说，火焰化学自发光所获得的信号为视线积分信号，需进行反演运算推导自发光信号的实际空间分布。对于一些结构对称的火焰，可以利用阿贝尔逆变换进行反演，得到其对称面上的火焰结构分布。

4.2.3 应用实例

火焰中的自由基常处于非热平衡状态，其被激发到高能级所需的能量主要源于燃烧过程中剧烈的化学反应所释放的热量，所以化学自发光常用于标识火焰的反应区及全局释热率[5]。另外，不同自由基的自发光强度对于火焰当量比的变化也非常敏感，因此也可以用于测量火焰全局当量比[6]。

如图 4.4 所示，采用化学自发光诊断技术可以清楚地显示出旋流火焰中 OH*和 CH*分布的异同点。随着当量比 Φ 的增加，OH*和 CH*分布在水平和垂直方向

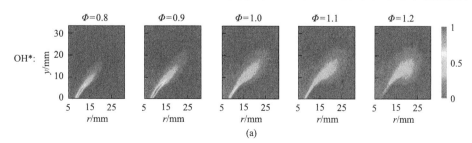

(a)

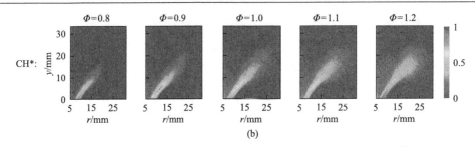

图 4.4 不同当量比条件下单旋流火焰的 OH*(a) 和 CH*(b)分布[2]

的面积均显著增加,表明火焰具有径向和轴向扩散的趋势。当量比小于 1.0 时,CH*比 OH*的分布面积略小,并且更多地集中在燃烧器出口上游附近。当量比大于 1.0 时,随着燃料的增加,火焰下游明显出现了一个扩大的反应区,火焰面积显著增大。

4.3 激光诱导荧光

激光诱导荧光测量技术在燃烧的基础研究和实际应用中十分常见,主要包括激光激发和荧光信号探测这两个过程。近年来,随着高频高能量激光光源和高速探测模块的不断发展,人们已经实现了高达 100kHz 重复频率的高速 PLIF 测量[7],并结合高速三维扫描[8]和立体三维重建[9, 10]等方法实现了对湍流燃烧过程等复杂燃烧场的三维高帧频测量。因此,针对荧光光强进行分析可以进一步获得火焰组分、温度等信息。

4.3.1 基本原理

激光诱导荧光是原子或分子通过吸收特定波长的光子,被激发至高能级后再通过自发辐射的方式向低能级跃迁并辐射光子(即荧光信号)的物理过程。如图 4.5

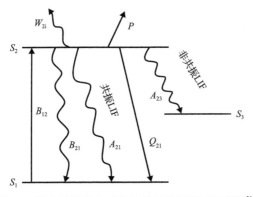

图 4.5 激光诱导荧光过程涉及的能级跃迁示意图[11]

所示,当分子吸收光子跃迁至上能级 S_2 时,可以通过辐射返回初始能级 S_1,辐射的荧光波长与激发波长一致,即为共振荧光;如果跃迁终态 S_3(一般为同一电子能级不同的振动能级)非初始能级,辐射的光子能量略低于激发光,即为非共振荧光。一般情况下,在常见的 LIF 激发-探测机制中,仅检测非共振荧光,从而避免激发光对荧光信号的干扰。值得注意的是,从图 4.5 还可以看出,除荧光辐射外,处于激发态的分子淬灭(又称退激发)的途径还包括分子碰撞 Q_{21}、光电离 W_{2i} 及预解离 P 等,这些途径显然是荧光辐射的竞争过程。

基于量子力学的双能级系统速率方程可以得到处于某一能级中组分浓度随时间的变化,包含自发辐射、受激辐射和受激吸收概率的基本关系式。一般来说,LIF 信号强度和激光光强的关系可以被划分为线性及饱和两个区间,如图 4.6 所示。

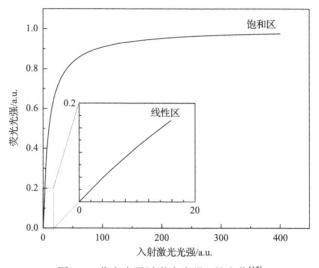

图 4.6 荧光光强随激光光强 I 的变化[12]

在线性区间,LIF 信号强度(S)和激光光强(I)的关系可以近似表示为

$$S \propto NI \frac{A_{21}}{A_{21} + Q_{21}} \frac{B_{12}}{c} \tag{4.1}$$

式中,N 为被测组分浓度;A_{21} 和 B_{12} 分别为自发辐射和受激辐射爱因斯坦系数;Q_{21} 为碰撞淬灭速率;c 为光速。

式(4.1)中,项 $A_{21} / (A_{21} + Q_{21})$ 为荧光产率。在一般情况下,$A_{21} \ll Q_{21}$,故在线性区间内可以通过测量 LIF 信号获得组分浓度的定量信息。需要指出的是,这个过程需要对 Q_{21} 进行准确定量,然而 Q_{21} 同时也受温度、压力及燃烧组分浓度等因素的影响。一般而言,在准稳态的火焰系统中,Q_{21} 可以通过测量 LIF 信号的衰减速率得到[13];对于特定组分,如 OH,Q_{21} 可以通过已有模型计算得到[14, 15]。

但在实际湍流燃烧环境下，对 Q_{21} 的定量较困难，特别是在当火焰温度及组分浓度梯度变化较大时，荧光产率随空间位置变化，这些因素均增加了 LIF 方法定量分析的难度。

与此同时，在饱和区间，S 和 I 的关系可以近似表示为

$$S \propto A_{21} N \frac{B_{21}}{B_{12} + B_{21}} \tag{4.2}$$

可以看出，饱和 LIF 信号强度与碰撞淬灭速率 Q_{21} 无关，只与待测组分浓度相关。此外，在大部分情况下，需要汇聚光强在单点空间位置上才能够实现饱和 LIF 测量。

通常来说，LIF 信号的散射截面和散射强度远高于瑞利和拉曼散射信号。除米氏散射信号外，激光诱导荧光信号一般比瑞利散射和拉曼散射信号高数个量级，所以 LIF 技术能够用于探测低浓度组分，其点测量的灵敏度一般能够达到 ppb 量级，成像测量的灵敏度也能够达到 ppm 量级。

LIF 技术在大部分情况下用于组分场测量，通过双波长（双线）激发/探测等方式还可以实现对温度场的测量。在双线 LIF 测温中，一般利用两束波长不同的激光分别激发对温度敏感的跃迁线，其对应的 LIF 信号强度之比 R 能够反映其对应基态振转能级布居数，该布居数与温度 T 直接相关，具体表达为

$$R \propto \frac{I_1}{I_2} \exp\left(-\frac{E_2 - E_1}{k_B T}\right) \tag{4.3}$$

式中，I_1 和 I_2 分别为两束激光激发产生的荧光光强；E_1 和 E_2 分别为对应被激发的两个转动跃迁的基态能级能量；k_B 为玻尔兹曼常数。由式 (4.3) 可见，在保证其 LIF 信号强度的同时，能级差 $E_2 - E_1$ 较大的两个跃迁之间的 LIF 信号强度之比对温度更敏感。OH 和 NO 是最常用的两个双线 LIF 测温组分。对于 OH 双线 LIF 测温而言，由于 OH 自由基主要集中于火焰锋面，所以限制了 OH 双线温度测量适用的空间范围。相对而言，NO 可在燃烧区和燃尽区广泛存在，从而在一定程度上弥补了 OH 测温的不足。然而，未燃区的 NO 含量较少，因此常需要人为掺混一定浓度的 NO 至燃烧环境，这样的掺混方法可能会导致 NO 参与燃烧反应，并且 NO 具有一定的毒性，因此双线 NO 测温技术的应用也具有一定的局限性。

4.3.2　实验技术

以 OH-PLIF 为例，其典型实验装置如图 4.7 所示。激发 OH 电子能级跃迁所需要的 283nm 光源可以通过泵浦光源结合染料激光器生成；利用透镜组合可以生成激光光片，进而激发产生二维荧光信号；探测端则由高速相机加像增强器组成，

一般通过带通滤波片的方式降低火焰自发光、激光散射光等因素对荧光信号的干扰。实际应用中，为了修正激光光片的空间非均匀性，并考虑激光光强的漂移和波动，可以用分光法取一部分激光光强入射到标准火焰或比色皿中，同步测量荧光分布并用于 PLIF 图像标定。

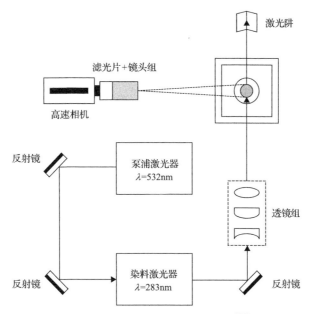

图 4.7　OH-PLIF 测量实验装置图[16]

　　对于双线温度测量，则需要用不同的激光波长激发两个不同的能级跃迁。通常，这两个激光脉冲依次发射，对应的荧光跃迁具有一定延时。对两个像增强相机进行门控，对荧光信号进行相应积分，从而获得两个荧光信号并将其用于温度的计算。最近，Liu 等采用单个激光器和单个相机实现了 20kHz 双波长 CH_2O-PLIF 测温技术[17]，由此降低多激光器/相机造成的测量误差。

　　虽然，二维图像可以提供丰富的结构信息，但湍流火焰具有三维立体的流动特征。因此，如果将激光扩束形成体积光并激发待测的燃烧区域，通过多台相机多视角同步成像，则可以得到目标组分在三维空间的分布。此外，PLIF 方法可以与其他测量手段联用，多物理量同步测量对于充分描述所观测的体积元内的热力学参数、理解不同组分浓度之间的相关性及其可能的局部变化具有重要意义。

　　表 4.1 列举了在燃烧诊断中常用的重要组分的荧光光谱激发和探测波长。在涉及多组分荧光信号同步测量时，需要考虑避免不同组分的荧光信号及与激发激光之间的相互干扰。另外，由于不同分子对应的荧光信号波长范围存在差异，并且荧光信号的寿命较短（一般为若干纳秒），所以当多个组分的荧光信号在光谱上存在重叠而无法被滤光片完全区分时，也可以通过错开激光时序的方式来分辨不

同组分的荧光信号。由于这种纳秒量级的时域差别相比湍流的时间尺度而言一般可以忽略不计，因此认为是近似同步瞬态测量。

表 4.1　在燃烧诊断中常见的荧光光谱测量组分及对应的激发和探测波长[3]

	测量组分	激发波长/nm	探测波长/nm
单光子激发	OH	283	～309
	CH_2O	355	360～600
	CH	387	431
	HCO	259	280～400
	CN	359	～387
	NH_2	385.7	400～450
	NH	303	336
	NO	225.5	230～400
	甲苯	248	260～340
	丙酮	266	360～550
双光子激发	H	2×205	486
		2×243	656
	O	2×226	845
	N	2×211	870
	NH_3	2×305	550～575
	CO	2×230	400～725

4.3.3　应用实例

在湍流燃烧研究中，LIF 方法常通过对 CH、OH、NO、CH_2O 等重要燃烧中间产物的测量来标识反应区和火焰面，并用于计算混合分数[18]、空燃比[19]、组分浓度及温度等。

在 LIF 测量最常用的几种目标组分中，OH 自由基是氢气和碳氢燃料燃烧最重要的中间产物，一般存在于火焰面和后火焰区；CH 自由基是燃料热解重要的中间产物，位于火焰锋面燃料一侧；HCO 是碳氢化合物在燃烧过程中氧化的重要自由基，是衡量燃料消耗率的指标；此外，OH 和 CH_2O 的乘积可用于表征火焰释热率的空间分布。

图 4.8 为在典型湍流旋流火焰中的 OH-PLIF 和 CH_2O-PLIF［图 4.8(a)和图 4.8(c)］的原始测量图像。通过比色皿校正后的 OH-PLIF 和 CH_2O-PLIF 图像分别如图 4.8(b)和图 4.8(d)所示。不难发现，OH 广泛分布在火焰锋面下游区域和燃烧器中心线附近的再循环区域，而 CH_2O 分布在靠近火焰锋面未燃侧的狭窄区域。而 OH-和 CH_2O-PLIF 之间的乘积所反映的火焰释热区与火焰锋面位置基本重合。

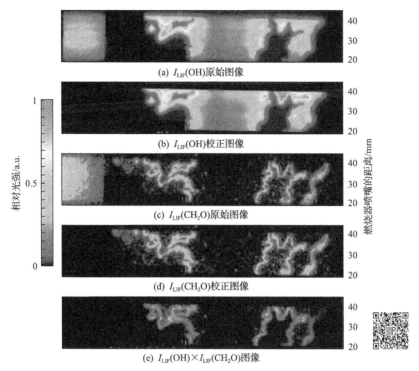

图 4.8　当量比 $\Phi = 0.8$ 时 CH_4/空气火焰中 OH 和 CH_2O-LIF 的原始图像和激光光强校正后的图像及计算得到的热释率分布[20]（彩图扫二维码）

图 4.9 显示了一组以 7.5kHz 重复频率同步测量 $CH_4/O_2/N_2$ 火焰的 CH_2O-PLIF

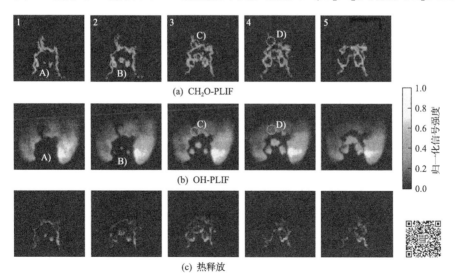

图 4.9　以 7.5kHz 拍摄的归一化的 PLIF 图像系列
（相邻两张图像之间的时间间隔为 133μs）[21]（彩图扫二维码）

和 OH-PLIF 图像。从图中可以看出，OH-PLIF 信号在火焰锋面处生成，并因不断消耗在更远的下游而逐渐减弱。检测到的 CH_2O-PLIF 信号出现在靠近火焰锋面反应区一侧的薄区域内。将这两个信号相乘表征热释放区域，如图 4.9(c) 所示，可以看出，火焰锋面具有明显的褶皱，由火焰膨胀将导致火焰锋面的局部熄灭。

综上所述，PLIF 可以实现在宽的压力和温度范围内，以高的时空分辨率进行组分浓度、温度的二维成像测量。但是，实现定量 PLIF 测量仍具有挑战性，主要是因为在信号分析中必须考虑碰撞淬灭的影响。

4.4　激光诱导磷光

一些稀土或过渡金属掺杂的发光材料在受特定波长激光激发后会发射磷光信号，磷光信号的寿命一般与环境温度相关，基于这一特性可以实现对温度的测量。在燃烧诊断研究中，该方法也称为激光诱导磷光法 (laser induced phosphorescence, LIP)。LIP 通常用于固体表面测温，通过在气体中注入磷光粒子，实现对气相环境的 LIP 温度测量[22-24]。

4.4.1　基本原理

磷光的产生过程常与荧光混淆，图 4.10 为二者的主要区别。荧光有一个相对简单的发生机制，即当一个电子从激发态 S_2 跃迁到一个较低的能态 S_1 时，即发射一个光子。与荧光不同，磷光发射需要被激发电子通过系间窜越从单重态 S_2 跃迁到三重态 T_2 并改变自旋模式，才能发射光子。

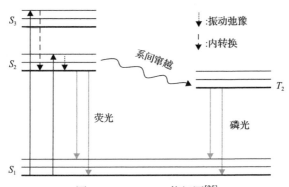

图 4.10　Jablonski 能级图[25]

磷光粒子的类型多样，其释放的磷光信号寿命、强度及光谱特征都与温度相关。大多数用于燃烧诊断研究的磷光粒子都是由掺杂一种或多种稀土离子的陶瓷晶格组成[25]，这类磷光粒子具备耐高温能力，可测量的最高温度达 2000K[23]。在受到外界激光激发后，磷光粒子主晶格中的离子被激发到更高的能态，它们弛豫到基态的同时伴随磷光信号辐射和信号淬灭的过程。磷光信号的淬灭速率一般随温度升高而加剧，进而导致磷光信号的寿命一般随温度升高而降低。

温度除了影响磷光信号寿命，还会影响磷光光谱特征和磷光光强。例如，锌活性氧化锌(zinc activated zinc oxide，ZnO:Zn)是一种典型的磷光粒子材料，其磷光信号的谱线随温度升高发生红移，如图 4.11(a)所示。此外，其磷光寿命也随温度升高而降低，如图 4.11(b)所示。

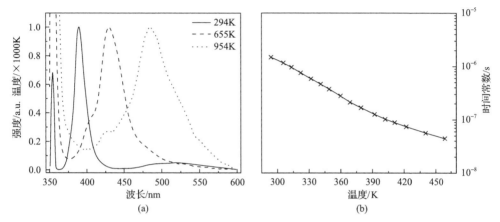

图 4.11　(a)ZnO:Zn 光谱随温度的变化，低温下，在 510nm 处可以看到一个小的发射峰，随着温度的升高，紫外线发射红移越来越明显；(b)ZnO:Zn 在 510nm 处的发射寿命随温度的变化[26]

因此，使用热成像磷光体进行测温主要有两种方法，即磷光寿命测温法和光谱强度比测温法[27]。对于不同的应用和特定的磷光温度响应，可以选取不同的方法。

1. 磷光寿命测温法

图 4.12 为不同磷光材料的寿命随温度变化的曲线[27,28]，几种常见的磷光材料及其磷光寿命[29]见表 4.2。从图 4.12 可以看出，大部分温敏磷光材料的发射寿命在几纳秒至几毫秒，然而有些特殊磷光材料的磷光寿命可以长达数小时。

外部激发源常使用脉冲式或连续式紫外光、可见光或粒子束，甚至火焰中的热激发等。若被脉冲激光激发，大多数磷光材料发射的磷光强度具有单指数衰减特性，即

$$I(t) = I_0 \mathrm{e}^{-t/\tau} \tag{4.4}$$

式中，I_0 为初始发光强度；t 为时间；τ 为磷光寿命，即信号强度衰减至 I_0 的 $1/\mathrm{e}$ 时所持续的时间[30]。时间特征信号 $I(t)$ 对温度的依赖特性可简化为特征时间 τ 对温度的依赖。

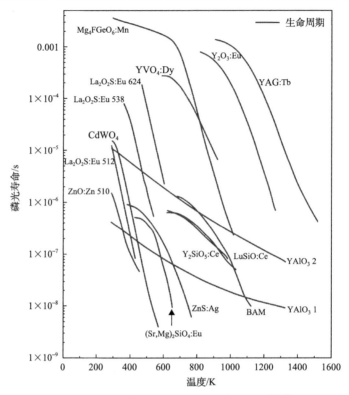

图 4.12　部分磷光材料的温度敏感性对比[27, 28]

表 4.2　常见的几种磷光材料及其磷光寿命[29]

磷光材料	温度范围/K	磷光寿命/s
AlN:Pr	170～800	$1\times10^{-5}\sim1\times10^{-7}$
Al_2O_3:Cr (ruby)	77～973	$5\times10^{-3}\sim4\times10^{-7}$
Al_2O_3:Dy	1115～1425	$5\times10^{-4}\sim2\times10^{-5}$
Al_2O_3:Tm	1157～1425	$1\times10^{-5}\sim1\times10^{-6}$
Al_2O_3:Cr,Dy	300～1425	—
Al_2O_3:Cr,Tm	300～1375	—
$BeAl_2O_4$:Cr (alexandrite)	200～1000	$1\times10^{-3}\sim1\times10^{6}$
BaFCl:Sm	100～470	$8\times10^{-4}\sim5\times10^{-7}$
$BaMg_2Al_{10}O_{17}$:Eu	600～1100	$2\times10^{-6}\sim1\times10^{-8}$
$(Ba_{0.75}Sr_{0.25})Al_2Si_2O_8$:Dy	1270～1700	$6\times10^{-4}\sim1\times10^{-7}$
$(Ba_{0.75}Sr_{0.25})Al_2Si_2O_8$:Eu	770～1270	$2\times10^{-6}\sim1\times10^{-7}$
$(Ba_{0.75}Sr_{0.25})Al_2Si_2O_8$:Tb	770～1670	—

续表

磷光材料	温度范围/K	磷光寿命/s
CaFCl:Sm	100~300	5×10^{-5}~2×10^{-7}
Ca$_2$Gd$_8$Si$_6$O$_{26}$:Eu	300~1070	—
CaMoO$_4$:Eu	600~1000	3×10^{-4}~4×10^{-7}
CaTiO$_3$:Pr	300~620	5×10^{-5}~3×10^{-8}
CdWO$_4$	300~550	1×10^{-5}~5×10^{-9}
GaN:Eu	100~290	2×10^{-4}~1×10^{4}
Eu(PO$_3$)$_3$	80~690	5×10^{-4}~3×10^{-5}
GdAlO$_5$:Dy	1170~1470	3×10^{-4}~4×10^{-6}
GdAlO$_3$:Tb	1070~1500	2×10^{-3}~1×10^{-7}
GdAl$_3$(BO$_3$)$_4$:Cr	270~340	2×10^{-4}~1×10^{-4}
Gd$_3$(Gas,Al$_5$)$_5$O$_{12}$:Ce	290~400	5×10^{-8}~1×10^{-8}

　　温度可以根据磷光寿命衰减曲线进行测量。图 4.13 为 CdWO$_4$ 在不同温度下的磷光寿命，其强度衰减非常接近单指数，并且磷光寿命随温度的上升而下降。通过使用非线性最小二乘法进行优化，将测量信号强度衰减与理论模型进行拟合来确定磷光寿命 τ，理论上该种测量方法的误差小于 1%。如果激发光源是连续的且使用正弦波进行幅度调制，则受激辐射信号因其寿命而有延迟，所以信号相对于激励调制存在相移，在辐射延迟的同时也会失去对比度。此时，可以根据辐射信号的相移或对比度损失计算磷光寿命，这一结果与通过衰减曲线计算所得的结果是一致的。

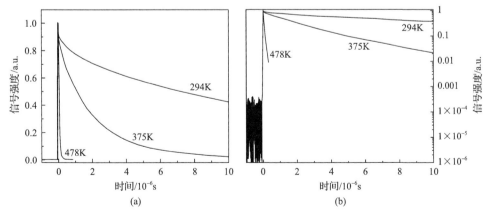

图 4.13　CdWO$_4$ 在 294K、375K 和 478K 时归一化的 PMT 信号强度随时间的变化，相应的磷光寿命为 15.8ms、2.26ms 和 55.6ns(a) 和 y 轴使用对数时磷光信号呈近似线性衰减[31](b)

2. 光谱线型强度比测温法

对于特定的磷光材料，可以利用两条或两条以上磷光发射谱线强度比进行温度计算。例如，磷光粒子 YAG:Dy 在 458nm 和 493nm 处有两个发射谱线，其在两个波长下发射强度比与温度的关系如图 4.14 所示。

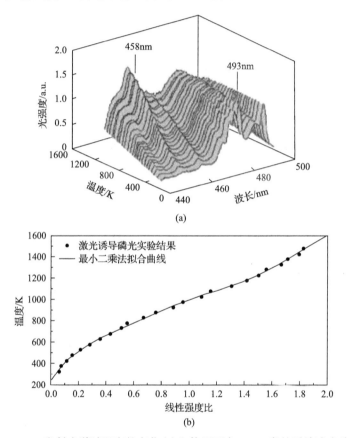

(a)

(b)

图 4.14　YAG:Dy 发射光谱随温度的变化(a)和使用两个 10nm 宽的干涉滤光片分别测量 458nm 与 493nm 发射线的光强比与温度的关系[32](b)

磷光材料受激后，辐射强度可以表达为

$$S_j = C_j T_e \eta_j I_{laser} \exp\left(-\frac{hcE_j}{k_B T}\right) \tag{4.5}$$

式中，C_j 为探测器的探测效率；T_e 为探测器曝光时间；η_j 为光学传输效率；I_{laser} 为激光脉冲强度；h 为普朗克常数；c 为光速；E_j 为辐射能级的能量；k_B 为玻尔兹曼常数。随着温度的变化，LIP 材料的多峰结构也会发生较大变化，一些磷光粒子随温度的升高谱线加宽，而另一些磷光粒子会发生较大的谱线偏移。由于不同谱线随温度变化的特性并不相同，所以根据两种能态下的辐射强度比值可以消去其中一些变量，得到两条不同谱线下的信号比值，即

$$R = \frac{S_j}{S_{j+1}} = C_\mathrm{s} \exp\left(-\frac{hc\Delta E}{k_\mathrm{B} T}\right) \tag{4.6}$$

式中，R 独立于激发光强度和磷光材料密度，仅与温度相关；ΔE 为两能态之间的能量差；C_s 为由实验确定的系数。

对于光谱强度比值方法而言，需要借助滤波片来提取不同波段的磷光信号强度，并基于磷光强度比值计算温度，相应地，滤光片的透射率、带宽等参数都会影响磷光强度比值。以 ZnO 为例，当使用 387nm 和 420nm 两种类型的滤光片进行光谱强度比测量时，其所包含的磷光光谱如图 4.15 所示。探测器拍摄到的双波长磷光强度需要根据滤波片的特性参数进行归一化校正后才能用来评估温度参数。

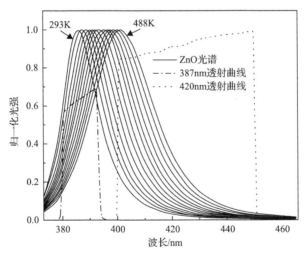

图 4.15　使用 5mJ/cm² 激光光强记录的归一化 ZnO 光谱(曲线之间的温度间隔为 15K)

在磷光寿命测温法和谱线相对强度比测温法两种磷光测温实现方式的基础上，寿命法多用于单点测量而不适合于复杂的应用场合，环境适用性不佳。2013年，Fuhrmann 等系统比较了两种测温方法[33]，认为磷光寿命测温法在测温准确度、精确度及温度敏感性方面优于谱线相对强度比方法，尤其在高温条件下，如图 4.16 所示。但由于磷光寿命相对过长，故需要较长的测量时间，因此寿命测温法对于快速移动的物体表面并不适用，在流体中二维温度场测量常采用谱线强度比的方法。

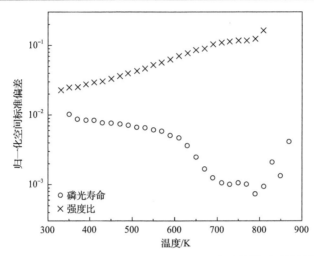

图 4.16 在等温校准环境中，基于 Mg_4FGeO_6:Mn 测量温度的单帧测量结果标准偏差（相对于光谱强度比法，磷光寿命方法在 650K 以上的温度测量中标准偏差明显降低[29]）

4.4.2 实验技术

LIP 的主要实验装置大体可以分为两类：LIP 表面测温装置和热磷光流场/测温装置。LIP 表面测温装置如图 4.17(a) 所示，将发光涂料涂覆在被测表面制成温度敏感涂层，用脉冲光源照明，然后检测脉冲激发后的磷光信号，并记录磷光光谱或整体磷光信号强度随时间衰减过程，从而得出表面温度，该方法主要用于固体表面测温。另一种是在被测流体中植入磷光粒子，利用热成像磷光粒子示踪法来测量气体或液体中的温度场分布，如图 4.17(b) 所示。在后一种方法中，磷光粒子也可以同时作为速度示踪粒子，再结合 PIV 技术可以同时获得速度场和温度场。

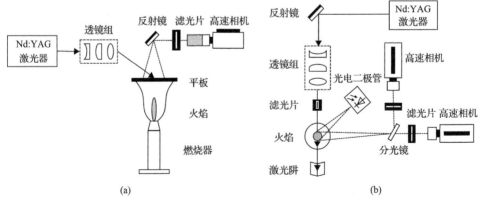

图 4.17 典型的 LIP 测温实验装置图：(a) LIP 表面测温[34]；
(b) 热成像磷光粒子示踪法的流场/温度测量[35]

　　选取不同的磷光材料能实现对不同范围的温度测量。虽然大多数磷光材料可以被紫外激光激发，如 Nd:YAG 激光器的四倍频 266nm，但短波长会使金属或玻璃表面发光，或者致使燃料中存在的其他组分发光或光解离。因此，近可见光波段的激发波长应作为首选，例如，Nd:YAG 激光器的三次谐波 355nm 可以避免产生燃料和固体表面的荧光。图 4.18 研究对比了两种常用的磷光材料，从图中可以明显看出，ZnO 的温度灵敏度更高。在相同的粒子数密度、激光光强、收集效率和空间分辨率条件下，ZnO 的温度测量精度可以提高三倍。

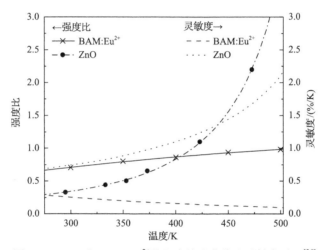

图 4.18　ZnO 和 BAM:Eu^{2+}的温度校准曲线和灵敏度对比[36]

　　激发过程是磷光发射的关键。入射激光脉冲的波长、线宽、辐照度和持续时间会影响发光特性，如发射强度、光谱、上升时间和衰减时间等。磷光信号强度对入射激光光强的非线性依赖会给温度测量结果带来潜在误差。在入射激光强度高于 10mJ/cm^2 时，磷光信号强度呈现出饱和特征，因此在实际测量过程中可以通过提高激光强度来消除其非线性效应的影响。

　　进一步，磷光信号强度随温度的相对变化关系也与激光光强有关。如图 4.19所示，如果将每条曲线归一化为室温下的强度比，则在不同激光光强下测得曲线之间的最大温度偏差为 7.2K。因此，在计算温度时需要根据入射激光光强进行校准。

　　发光材料的磷光光谱产生机理较为复杂，目前难以对其进行定量计算。使用双色测温法实现定量测量的关键步骤是对比进行标定，主要包括两部分，即相机强度响应标定和不同磷光强度谱线对温度的响应曲线标定。前者获得实际的磷光信号强度与相机输出信号强度之间的关系，后者需要通过对已知温度的物质进行测量来获得磷光光谱不同谱线发光强度比随温度变化的曲线。此外，对于成像而

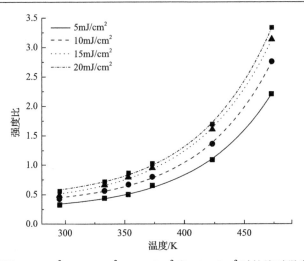

图 4.19　激光光强为 $5mJ/cm^2$、$10mJ/cm^2$、$15mJ/cm^2$ 和 $20mJ/cm^2$ 时的绝对强度比及其拟合曲线

言，还要进行背景校准和空间分布校正。因此，磷光的温度响应曲线标定实质上是对整个成像系统进行标定，将各元件光学传输效率耦合为一个整体的参数进行统一标定。使用上述测量方法进行标定的温度测量精度取决于磷光的温度敏感性，通常在 5%～10%[31]。

4.4.3　应用实例

对于燃烧室内某些复杂的外形结构，传统的热敏元件测温方法难以实现动态测量，而基于黑体辐射的表面测温技术对于较低温度也无法进行有效测量。LIP 测温技术作为新型的高精度半侵入式表面温度测量手段，在国内外已有其应用案例[29, 35]。

为了研究火焰蔓延的物理机制，将热像磷光颗粒（$Mg_4FGeO_6:Mn$）分散在低密度纤维板表面，并垂直放置在高速分幅相机的焦平面上[37]。然后，用波长为 266nm 的激光以 10Hz 重复频率激发磷光涂层，磷光信号被中心波长为 632nm（带宽 10nm）的干涉滤光片滤波后再次被摄像机检测。图 4.20 为低密度纤维板火焰蔓延过程中的二维表面温度分布，温度测量精度优于 5K。

此外，热成像磷光技术已经成功应用于液滴和喷雾测温[38]，图 4.21 为二维双色温度测量在喷雾中的应用。从图中可以很清楚地区分不同初始液相温度下的喷雾温度。在喷嘴处热电偶测得的初始液相温度分别为 T=296K、343K 和 393K 时，图 4.21(a) 为 150 次激光激发（660nm 发射线）后的平均喷雾磷光强度图像。从图中观察到左右强度不对称是由喷嘴的质量流量不均匀造成的。图 4.21(b) 显示了温度计算的结果，在喷嘴出口下游，各工况的温度分布相对均匀，不同初始温度获得的温度图像也明显不同。

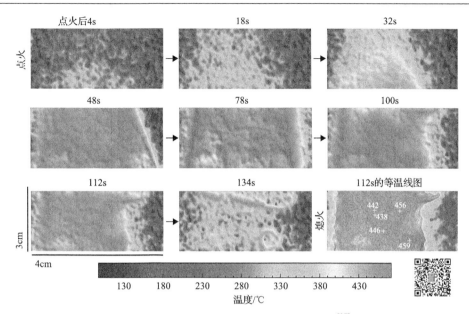

图 4.20　低密度纤维板在火焰蔓延过程中的二维表面温度[37](彩图扫二维码)

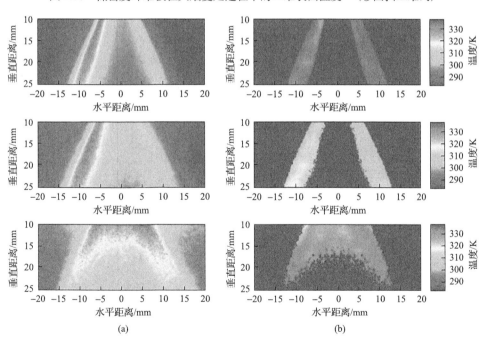

(a) 　　　　　　　　　　　　　(b)

图 4.21　基于 150 张图像的平均相对磷光强度图 (a) 和平均温度图 (b) (初始液相温度
T=296K(上图)、T=343K(中图) 和 T=393K(下图),原点对应于喷嘴出口[38])

综上所述,磷光测温技术已经成功应用于固体表面及液滴或颗粒的温度测量。相对于其他激光测量技术,LIP 测温技术具有高精度、高信号产生率、无碰撞淬灭现象、无多普勒加宽效应等特点，已广泛应用于固体表面或燃烧室内壁面的温度测量。

4.5　激光诱导炽光

激光诱导炽光是一种常用的针对燃烧过程中生成的碳烟颗粒进行检测的手段[39-41]。该技术的原理简单，实验操作易行，可实现对碳烟颗粒平面或多维度的瞬态测量，在燃烧科学研究中广泛用于碳烟颗粒体积分数和粒径分布的测量。该技术也可用于气溶胶颗粒和金属纳米颗粒的非干扰测量，但相关实际工程应用仍处于发展中。

4.5.1　基本原理

当一束激光照射在碳烟颗粒上时，碳烟颗粒的温度快速升高，最高可升至约4500K，这个温度远高于火焰温度。图 4.22 简要描绘了激光诱导炽光的基本物理过程。根据普朗克定律，被激光加热的高温碳烟颗粒通过热辐射和热传导的形式向周围环境辐射能量，该热辐射接近于黑体辐射，并被称为激光诱导炽光。

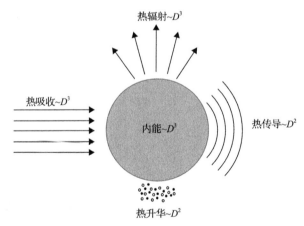

图 4.22　LII 的简要物理过程及各过程与碳烟颗粒粒径的关系[42]

(1) 热吸收：作为近黑体辐射的颗粒，碳烟对宽波段的激光辐射具有吸收作用。通常认为火焰中的初生碳烟颗粒直径约几十纳米，远小于常用的激光波长（几百纳米至微米），因此碳烟颗粒的吸收系数近似正比于碳烟颗粒直径的三次方（D^3，D 为碳烟颗粒粒径），并且正比于折射率吸收系数 $E(m)$，与入射激光波长成反比。

(2) 热辐射：被激光照射后碳烟颗粒特征温度远高于火焰温度，所以 LII 信号的光谱特征显著区别于火焰中碳烟颗粒的自发光，即 LII 信号较碳烟颗粒自发光存在蓝移，其信号强度正比于被加热碳烟颗粒直径的三次方（D^3），这是利用 LII

技术测量颗粒体积分数的基础。

(3)热传导：颗粒表面与周围气体分子碰撞发生热交换，其强度近似正比于碳烟颗粒直径的平方（D^2，即表面积），该物理过程也跟环境压强和温度相关，是相对复杂的物理过程。

(4)热升华：当碳烟颗粒处于高温时，会因质量耗散而损失能量。同时，伴随的能量消耗过程还有颗粒表面的氧化反应、热离子化等，该过程的强度近似正比于碳烟颗粒直径的平方（D^2，即表面积），但通常认为该过程是相对次要的能量损耗过程。

在一定的近似条件下，根据颗粒能量和质量守恒，简单的 LII 理论模型可将以上过程简要地描述为[43-45]

$$\dot{Q}_{int} = \dot{Q}_{abs} - \dot{Q}_{cond} - \dot{Q}_{sub} - \dot{Q}_{rad} \tag{4.7}$$

式中，$\dot{Q}_{int}$ 为颗粒内能的时间变化率；$\dot{Q}_{abs}$ 为通过颗粒吸收激光而导致的能量增加速率；$\dot{Q}_{cond}$ 为颗粒因热传导造成的能量损耗速率；$\dot{Q}_{sub}$ 为颗粒因热升华质量损耗引发的能量损耗速率；$\dot{Q}_{rad}$ 为颗粒因热辐射产生的能量损耗速率，该项与 LII 信号相关。式(4.7)中的各项均有相应的详细表达式，与颗粒粒径大小及分布、颗粒温度及其颗粒聚合度等物理量直接相关，此处不详细展开。对式(4.7)进行数值解析可以得到颗粒质量、温度和直径随时间变化的函数，进而模拟 LII 信号强度及其随时间的变化。

LII 信号是受热粒子的黑体辐射，由于不是真正的黑体，因此需要通过修改普朗克函数中发射率 ε_λ 对每个初生粒子的信号强度 S 进行计算，以解决其与理想黑体的偏差。考虑到 Σ_λ 是与波长有关的检测系统效率的函数，因此 S 可以表达为

$$S = \Omega \pi d_p^2 \int \varepsilon_\lambda \frac{2\pi hc^2}{\lambda^5 \left(e^{hc/\lambda k_B T} - 1 \right)} \Sigma_\lambda d\lambda \tag{4.8}$$

式中，λ 为发射波长；Ω 为检测立体角；h 为普朗克常数；c 为光速；k 为玻尔兹曼常数。发射率可以通过下式给出，即

$$\varepsilon_\lambda = \frac{4\pi d_p E(m)}{\lambda} \tag{4.9}$$

式中，$d_p \ll \lambda$；m 为复数折射率；$E(m)$ 为与吸收相关的折射率函数。

不同的激光光强对 LII 信号有明显的影响。图 4.23 为在大气压条件下，同轴扩散火焰中的碳烟被1064nm波长激发时获得的碳烟温度和脉冲LII信号随时间的

变化曲线。从图中可以看出，碳烟颗粒温度升高和激发脉冲之间有时间延迟，LII信号的衰减随入射激光光强的增加呈现出强烈的非线性相关。在低的入射激光光强条件下[图 4.23(a)]，在整个激光脉冲中，颗粒温度都会升高，直到加热速率与其他冷却机制的速率达到平衡为止。在激光脉冲结束后，炽光信号开始衰减。在高的入射激光光强条件下[图 4.23(b)]，激光脉冲过程中的粒子升华，LII信号衰减率主要受质量损失率控制，而该质量损失率取决于激光光强密度。另外，当激光光强增加时，由于粒子峰值温度与环境温度之间的差异增加，激光脉冲后的信号衰减速率变快，一旦粒子到达升华点，信号衰减速率就随激光光强的升高而大幅增加，从而导致 LII 信号峰值在测量时间上的提前。

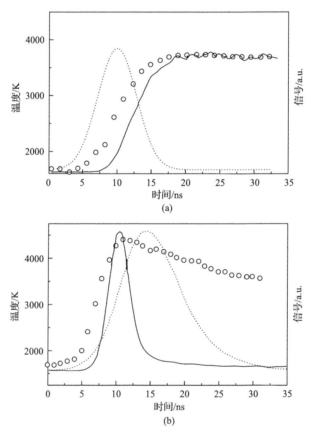

图 4.23　激光脉冲持续时间（虚线）、碳烟颗粒温度（圆点）和 LII 信号（实线）关系：
(a) 入射激光光强为 0.1J/cm²； (b) 入射激光光强为 1.45J/cm²[40]

　　LII 信号对入射激光光强呈非线性响应，如图 4.24 所示，在线性区，忽略激光加热过程中的冷却机制，粒子达到的最高温度近似线性地取决于入射激光光强。在高的激光光强照射下，粒子温度达到了接近升华的温度，LII 峰值信号趋于饱和。

碳烟体积分数测量通常在饱和区域进行，这是由于 LII 信号强度对激光光强变化的敏感性降低。

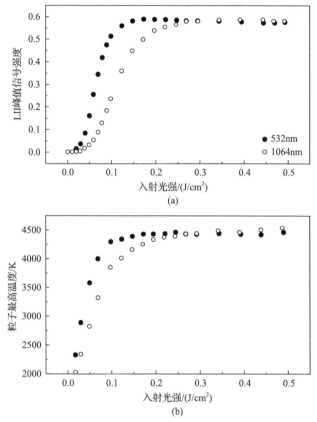

图 4.24　在两种激光波长激发下 LII 峰值信号强度 (a)
和粒子最高温度随入射激光光强的变化[46] (b)

4.5.2　实验技术

LII 技术涉及利用高功率的脉冲或连续激光器将碳烟颗粒加热到足够高的温度，并发出可测量的准黑体辐射，通过门控检测技术或时间分辨的检测方法来探测 LII 信号。图 4.25 为典型的 LII 实验装置简图。脉冲 LII 和连续 LII 的物理过程基本相同，但实验和数据分析不同。本书仅以脉冲 LII 为例进行讲解。

Nd:YAG 脉冲激光器的基频光 (1064nm) 通常用作加热光源，激光脉冲持续时间一般约为 10ns。为了实现二维平面测量，激光光束被整形为片光源。碳烟颗粒吸收激光能量，温度快速升高至约 4500K，并辐射出炽光。LII 光谱范围较宽，其短波长可低至 400nm。利用配备有像增强器的门控相机，在相机镜头前加装适当

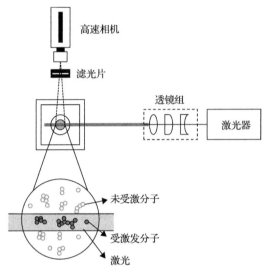

图 4.25　典型激光诱导炽光的实验装置图

的滤光片，对炽光信号进行二维成像。相机的布置与激光传播方向正交，以便得到颗粒分布的二维空间信息。

虽然 LII 实验技术比较简单，但应用中通常需注意以下实验细节。

(1)激光波长：避免选择可见光波段或紫外波段作为激发光源。因为短波段光源也可以激发火焰中多环芳香烃而产生荧光，进而干扰 LII 信号。紫外波长将导致碳氢化合物、多环芳烃和碳烟的光解离，而不是加热颗粒并产生炽光，因此通常优选红外波长作为激发波长。

(2)激光光强：针对 10ns 左右的激光脉冲而言，激光光强一般控制在 0.2～1.0J/cm^2。在这个能量范围内，颗粒可以被加热至最高温度范围，此时炽光信号强度及其衰减特性不受激光光强抖动的影响，从而便于对单脉冲的瞬时测量。同时，也要避免更高的能量强度，防止因颗粒热升华而导致的信号强度的明显下降。

(3)信号波长：碳烟测量中最突出的光谱干扰是由 C_2 在 468nm、516nm、550nm 和 580～620nm 处激发的信号。一般应用 400～500nm 带通滤光片记录短波段信号，从而避免火焰自发光的干扰。这一点在火焰温度较高和火焰体积较大的情况下尤其需要注意。

(4)信号积分时间：因为不同颗粒大小将导致不同的炽光衰减速率，所以一般选择即时 LII 信号，例如，从激光脉冲初始时间至 30ns 以内的信号，从而避免不同颗粒大小对碳烟体积分数测量的影响。

(5)干扰特性：碳烟颗粒吸收激光光强，其物理特性如体积、形貌、发光特性等可能发生变化，并且吸收的能量随后耗散于火焰中，因此 LII 并不是一种绝对非干扰的光学测量技术，尤其是当采用较高脉冲能量时，需要注意避免碳烟颗粒的升华。

　　因为炽光信号正比于碳烟颗粒直径的三次方，故可以进一步通过标定二维图像的强度得到碳烟颗粒的体积分数。标定炽光强度以实现碳烟颗粒体积分数的定量测量是 LII 应用中的一个重要环节。因此，测量的精度受校准方法的影响。原则上，对于脉冲 LII 测量的校准，以下两种方法都可行。第一种校准方法是在不改变光学设置的情况下将标准稳态燃烧器放置在检测空间中，利用信号与碳烟颗粒体积分数成比例的半定量关系，将脉冲 LII 测量结果与标准炉的结果进行比较，从而获得未知燃烧器中的碳烟信息。另一种校准方法使用不同的技术对同一个检测对象进行测量，如激光消光法，将实际实验工况条件下的测量结果进行独立评估并比较。但是，消光法取决于碳烟折射率，在不同的实验之间，碳烟的折射率可能会有显著差异[47]。两种校准策略都不是完全理想的，将它们进行组合可以进一步减少两种校准方法各自的不确定性。

　　当 LII 与其他光学技术结合时，应该特别注意由该技术产生的干扰，包括高能激光脉冲对碳烟颗粒和火焰的破坏性干扰及炽光信号对其他光学信号的潜在干扰。因此，在多方法同步测试时，LII 技术一般作为光学测量时序的最后一项。同时，该破坏性干扰也是高重复频率 LII 技术中特别值得注意的。

4.5.3　应用实例

　　碳烟颗粒在燃烧中的生成过程具有较长的时间尺度，可至毫秒量级，该过程与燃烧的其他过程紧密耦合在一起，包含混合分数、温度、流场及碳烟前驱物多环芳香烃的分布等。与此同时，碳烟颗粒的氧化过程是一个较快的化学过程，与燃烧中的氧化组分 OH、O_2 和 O 原子等分布联系紧密。因此，为了理解燃烧过程中碳烟颗粒的生成和氧化过程，特别是在湍流火焰中，LII 技术通常与其他光学诊断技术结合应用，可以通过多参数的瞬时同步测量来研究多物理量在碳烟生成机制中的耦合作用[48, 49]。

　　Sun 等[45]测量了火焰中碳烟颗粒的分布，如图 4.26 所示。在激光脉冲后，用高速相机记录四幅炽光信号，并结合模拟得到信号衰减速率，从而得到颗粒大小的分布。该结果可以直观地揭示碳烟颗粒的大小在火焰中不均匀分布的特性及其与碳烟颗粒体积分数的相互关系。

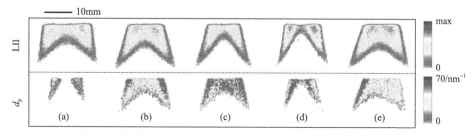

图 4.26　五种典型工况条件下 (a) ~ (e) 火焰中 LII 信号 (第一行) 和颗粒直径分布 (第二行)[45]

Michael 等使用 100kHz 脉冲串 Nd:YAG 激光进行了湍流射流火焰中碳烟颗粒分布的 LII 成像[50]，证实了碳烟颗粒体积分数高速二维测量的可行性。进一步，在局部湍流燃烧研究中，Meyer 等将脉冲串激光器进行扩束，获得具有高时间分辨率和高重复频率(10kHz 或更高)的激光光束，并激发三维空间内的 LII 信号，实现了跟踪湍流火焰中碳烟体积分数的三维演变[51]，图 4.27 是在 10kHz 时拍摄的湍流射流扩散火焰中碳烟体积分数的三维体积成像。

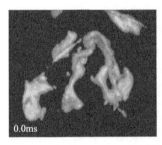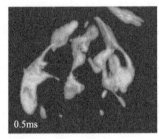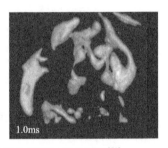

图 4.27　10kHz 拍摄的湍流射流扩散火焰中三维碳烟体积分数随时间的演变[51]

综上所述，LII 已经成为测定燃烧中碳烟体积分数和质量浓度的主要探测手段，并不断地扩展到新的应用领域，如纳米颗粒火焰合成等[52]。近年来，对碳烟生成详细机理的认识已经取得了可观进展。然而，LII 技术的不确定性限制了其在某些条件下的可靠性和定量使用，需要进一步深入研究，以提高该技术的使用范围和测量精度。

4.6　激光诱导击穿光谱

激光诱导击穿光谱(laser induced breakdown spectroscopy，LIBS)技术是一种基于原子发射光谱和激光等离子体发射光谱的分析技术，该技术通过高能量的脉冲激光聚焦样品形成等离子体，通过对等离子体发射光谱进行分析从而确定样品成分及含量等参数[53]。近年来，LIBS 技术可应用于测量燃烧过程中的燃料浓度、当量比和温度等[54]。

4.6.1　基本原理

在 LIBS 测量中，一束聚焦的激光束入射到固体、液体样品的表面或气体、液体和气溶胶样品内部，产生等离子体羽流。等离子体中被激发的原子发出一组独特的谱线，这种光学发射可被收集和分析，进而确定样品的化学组成、相对或绝对浓度等信息。

等离子体的起始、形成和衰变的物理和化学过程非常复杂[55]，主要包含三个阶段，如图 4.28 所示。第一个阶段是激光烧蚀过程，在 LIBS 测量中，短激光脉冲(通常从纳秒到飞秒的时间尺度)聚焦到待测样品上，样品表面温度大幅升高，使原子电离，这时一个高温、高电子密度的等离子体在相应的辐照区形成，通常称为击穿现象。由于等离子体的形成，少量的物质被汽化，形成等离子体羽流并在垂直于目标表面的方向上发展传播。在第二阶段，如果在真空中诱导等离子体，则等离子体羽流发生绝热膨胀；如果周围介质是气体或液体，则羽流将压缩周围介质并产生冲击波，在这种情况下，等离子体羽流是来自蒸发材料和环境气体的原子和离子的混合物。在等离子体膨胀和冷却的过程中，电子的温度和密度发生变化，等离子体在冷却过程中发生辐射。同时，等离子体发展后具有光学厚度，可以直接吸收激光辐射，并通过电子碰撞增加电离和温度。LIBS 羽流沿激光入射方向扩展时通常是椭球状的，因此羽流的不透明度是不对称的。等离子体寿命的最后阶段对于 LIBS 测量的意义不大，被烧蚀成的颗粒材料产生冷凝蒸汽，烧蚀的原子变冷并在等离子体的重组过程中产生纳米颗粒。

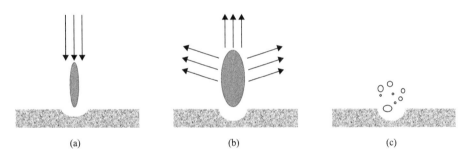

(a)　　　　　　　　　　　　(b)　　　　　　　　　　　　(c)

图 4.28　等离子体形成过程：(a)激光烧蚀和等离子体产生；
(b)等离子体羽流膨胀和冷却；(c)颗粒喷射和冷凝[53]

　　如果等离子体羽流的元素组成与目标材料相同，则可以探测等离子体发出的电磁辐射并对其进行光谱分析，以获取样品的局部元素组成[56,57]。从 LIBS 光谱的谱线位置可以判断样品的组成元素，谱线的强度和线宽依赖于发射原子的环境。对于较低的等离子体密度，由海森堡不确定性导致的自然展宽和多普勒展宽决定了其线型形状[58]；对于较高的等离子体密度，快速移动的电子和缓慢移动的离子使等离子体中的原子受到电场的影响，谱线变宽、强度和线型均发生了改变，这种影响在密集等离子体的线型中占主导因素。这种线型展宽、谱线强度和线型函数可用于确定等离子体的参数，如电子温度、压力和电子密度等[59,60]，这些参数可以提供有关其物理状态的信息。不同的背景气体对等离子体温度、电子密度等的影响不同，进而导致不同的发射强度和峰值分辨率，极大地影响 LIBS 光谱。

　　然而，与所有其他技术一样，LIBS 也有局限性，它受激光火花和等离子体变化的影响,重复性较差。LIBS 目前面临的另一个挑战是提高气相组分的检测极限,由于气体分子数密度低,与激光的相互作用较弱,因此需要更高的激光光强才能实现气体的电离。另外,LIBS 测量过程中存在信号干扰,包括等离子体本身的连续发射、共存的分子和原子发射及来自探测器的噪声等,这些都对 LIBS 的信噪比及测量精度提出了挑战[61],目前 LIBS 测量的准确度通常优于 10%,精度通常优于 5%。

4.6.2　实验技术

LIBS 的典型实验装置一般由激光器、透镜、光谱仪和探测器等几个部分组成[62],如图 4.29 所示。激光器输出的光束由透镜聚焦在待测物体表面,形成等离子体。等离子体发射的光谱信号由另一块石英透镜在垂直于激光传播的方向进行收集,并通过光纤进入光谱仪被探测器记录。

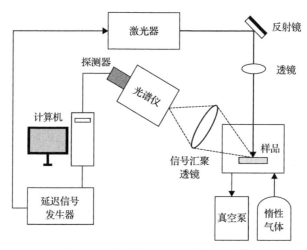

图 4.29　典型的 LIBS 实验装置图[55]

以 ns-LIBS 为例,激光光源常采用 Nd:YAG 固体脉冲激光器,波长常用 1064nm 或 532nm。脉冲持续时间在 10ns 内,产生的功率密度在焦点处超过 $1GW/cm^2$。除此之外,波长在可见光和紫外波段的准分子激光也可用于 LIBS 测量。一般来说,紫外激光通常比红外激光产生更高的电子密度和温度[63],但红外波段激发的等离子体羽流比紫外波段激发的羽流更均匀。

LIBS 信号对激光光源的许多特性比较敏感,主要包括强度、空间和时间相干性、脉冲形状和持续时间和激光光源的光谱特性等。LIBS 信号的强度与入射激光光强也有密切联系,如图 4.30 所示,入射激光光强越高,LIBS 光谱峰值越高,信噪比随之增大。

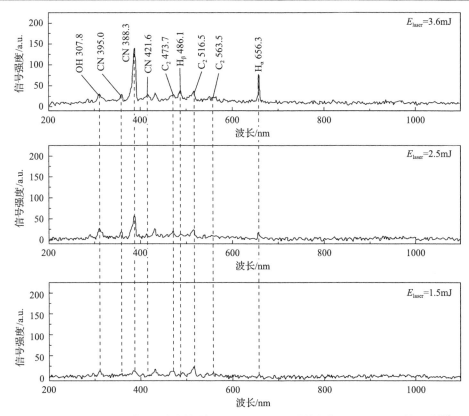

图 4.30　预混层流空气-甲烷火焰(当量比 $\Phi=1$)中不同激光能量的 LIBS 发射光谱[64]

　　LIBS 信号通常覆盖的光谱范围在 170~1100nm，因此光谱仪的分辨率会影响 LIBS 信号的质量，高分辨率的光谱仪系统能减少干扰并提高光谱的选择性，在具有复杂基质且含有大量不同元素的样品测量中尤其重要。

　　探测器通常采用光电倍增管或 CCD 相机。在大多数研究工作中，LIBS 实验以 CCD 相机的门控检测模式进行。门控检测方法有助于在激光脉冲和激光诱导产生的等离子体信号之间引入微秒级或纳秒级的时间延迟。来自等离子体发射的连续辐射和特征辐射以不同速率衰减，因此门控检测避免了对信号发射初始阶段强烈连续背景的采样，并改善了信噪比。近期研究表明，基于陷波滤光片和偏振器的非门控检测系统能够抑制弹性散射的杂散光，也可用于 LIBS 测量抑制连续背景[54]。

　　典型的 LIBS 是由一系列线谱和宽谱的连续背景复合而成。在等离子体产生初期，连续辐射强度高，宽谱的连续背景将线谱淹没，影响了对线谱的观测。研究表明，连续谱的寿命远低于线谱，实验中通过控制采集光谱的时间，待连续谱衰减变弱时再记录光谱，该技术称为时间分辨 LIBS。以 fs-LIBS 为例，如图 4.31

所示，当延迟探测时间为 300ns 后，等离子体发射光谱显示的连续背景几乎消失，而原子氮和氧谱线虽然明显较早期变弱，但仍然明显可见。从图中可以看出，时间分辨 LIBS 可显著提高测量信噪比，并且可以根据信号随时间的演变捕获等离子体膨胀等动力学信息。需要注意的是，不同的介质及不同的实验条件都会对最佳延迟时间的选取产生影响，所以应用时间分辨 LIBS 技术时，需要实验确定最佳延时。

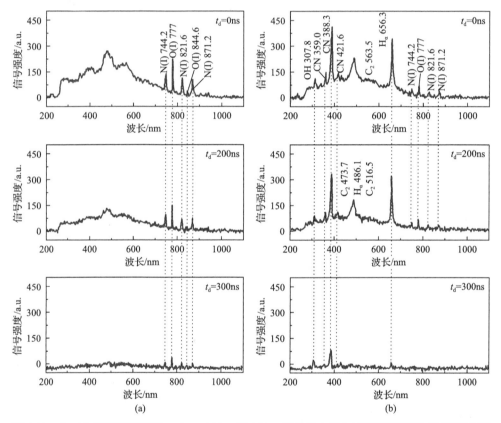

图 4.31　在三个不同延迟时间 t_d=0ns、200ns 和 300ns 测量的空气（a）和预混层流空气/甲烷火焰（当量比 Φ=1）(b) 反应区中的 LIBS 发射光谱（探测器积分时间为 1.1ms，激光光强为 5.2mJ[64]）

　　LIBS 的测量精度在很大程度上取决于气体、粒径和光学条件的校准。内标法是一种常用的校正基体效应的定量分析方法，通过比值的方式在一定程度上可以校正由基体效应、实验条件等引起的谱线强度波动。内标法适用于将待测样品基质中含量相对稳定的元素作为检测对象，因此适用范围有限。对于无标样的材料进行定量分析是光谱分析遇到的一个问题。近年来，免标定方法也逐渐应用于 LIBS 测量[65]。免标定方法主要基于激发能级的玻尔兹曼粒子数假设，通过标准化程序"闭合方程"，不需要使用校准曲线或矩阵匹配标准获得主要和次要元素的定量分析。这种通用技术可以应用在任何样品类型，并且对样品在荧光、拉曼或红外激发波段是否敏感没有特别要求。但免标定方法依赖于等离子体均匀性和局部热平衡的假定，因此对光谱参数和配分函数的准确性提出了较高要求。

4.6.3 应用实例

Singh 等首先应用 LIBS 于真实燃烧环境中[66]，并在高湍流和强发光的煤燃烧环境中首次开展了测试。Ferioli 等参照汽车发动机排气调制不同组分的混合气，并开展了 LIBS 测量及定量分析研究，该方法将有望应用于发动机当量比的实时测量，部分测量结果如图 4.32 所示[67]。Kiefer 等研究了 LIBS 技术进行点火和当量比同步测量的可行性，利用谱线强度比与当量比的线性关系实现对火焰的标定[68]。

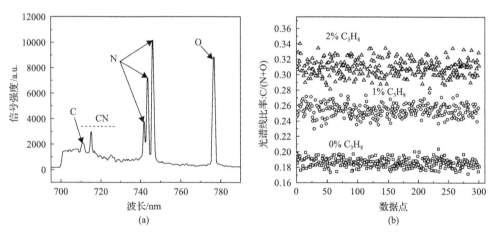

图 4.32 (a)空气中掺混 2%的丙烷在 690～790nm 的 LIBS 光谱；(b)不同掺混浓度的丙烷和空气混合物中获得的 711nm 处 C 谱线的积分强度与 745nm 处 N 谱线和 777nm 处 O 谱线的组合信号强度的比率[67]

LIBS 可应用于锅炉和熔炉的燃烧产物分析，获得有关气溶胶颗粒的尺寸分布、数密度和组分的定性和定量信息[69]。LIBS 方法可应用于表征燃烧环境中的煤颗粒，进而测定煤元素组成[70, 71]。Liu 等提出了一种多点 LIBS 实验装置[72]，定量测定准东煤粉燃烧羽流中的钠离子浓度，同时测量了颗粒表面温度和颗粒直径，如图 4.33 所示。对残留钠质量、颗粒表面温度和颗粒直径的分析表明，钠的释放与颗粒燃烧状态密切相关，钠离子的释放速率与粒子表面温度的变化规律非常相似。

LIBS 技术也可用于监测飞机/火箭发动机的健康状况[73]，火箭羽流的高温（2000K）使金属物质部分蒸发并雾化，从而导致近紫外和可见光谱范围（300～760nm）的原子发射。因此，羽流中金属物质的存在是发动机内部金属磨损和腐蚀的指标。

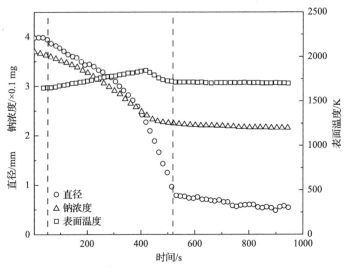

图 4.33　颗粒表面温度、颗粒直径和固相中钠浓度随时间的变化(初始粒径 4mm)[72]

　　综上所述，LIBS 具备快速、灵敏的化学表征能力。其应用范围从监测燃烧到测量空气污染物(如金属、颗粒物质等)、火焰温度、确定可燃物质(如煤)和观察燃烧室(如飞机或火箭发动机)的健康状况。将 LIBS 与其他光谱技术如拉曼散射、吸收/发射光谱、IR 光谱等相结合，可以提高 LIBS 结果的可重复性，改善信噪比并开发稳健的校准技术。同时，LIBS 也随着激光光源技术的发展而不断发展，不同波长和不同脉冲持续时间的新型紧凑型激光源扩展了 LIBS 技术的适用范围和整体性能。

参 考 文 献

[1] Gaydon A G, Wolfhard H G. Flames-their structure, radiation, and temperature. 4th ed. London: Chapman & Hall, 1979.

[2] Liu Y, Tan J G, Wan M G, et al. OH* and CH* chemiluminescence characteristics in low swirl methane-air flames. AIP Advances, 2020, 10: 055318.

[3] Zhou B. Advanced laser-based multi-scalar imaging for flame structure visualization towards a deepened understanding of premixed turbulent combustion. Sweden: Lund University, 2015.

[4] Liu Y, Tan J, Wan M, et al. Quantitative measurement of OH* and CH* chemiluminescence in jet diffusion flames. ACS Omega, 2020, 5: 15922-15930.

[5] Hardalupas Y, Orain M. Local measurements of the time-dependent heat release rate and equivalence ratio using chemiluminescent emission from a flame. Combustion and Flame, 2004, 139: 188-207.

[6] Hardalupas Y, Orain M, Panoutsos C S, et al. Chemiluminescence sensor for local equivalence ratio of reacting mixtures of fuel and air(FLAMESEEK). Applied Thermal Engineering, 2004, 24: 1619-1632.

[7] Michael J B, Venkateswaran P, Miller J D, et al. 100 kHz thousand-frame burst-mode planar imaging in turbulent flames. Optics Letters, 2014, 39: 739-742.

[8] Wellander R, Richter M, Aldén M. Time-resolved (kHz) 3D imaging of OH PLIF in a flame. Experiments in Fluids, 2014, 55: 1764.

[9] Ma L, Lei Q, Ikeda J, et al. Single-shot 3D flame diagnostic based on volumetric laser induced fluorescence (VLIF). Proceedings of the Combustion Institute, 2017, 36: 4575-4583.

[10] Li T, Pareja J, Fuest F, et al. Tomographic imaging of OH laser-induced fluorescence in laminar and turbulent jet flames. Measurement Science and Technology, 2018, 29: 015206.

[11] Grisch F, Orain M. Role of planar laser-induced fluorescence in combustion research. Aerospace Laboratory, 2009: 1-14.

[12] Verdieck J F, Bonczyk P A. Laser-induced saturated fluorescence investigations of CH, CN and NO in flames. Symposium (International) on Combustion, 1981, 18: 1559-1566.

[13] Ehn A, Johansson O, Bood J, et al. Fluorescence lifetime imaging in a flame. Proceedings of the Combustion Institute, 2011, 33: 807-813.

[14] Tamura M, Berg P A, Harrington J E, et al. Collisional quenching of CH(A), OH(A), and NO(A) in low pressure hydrocarbon flames. Combustion and Flame, 1998, 114: 502-514.

[15] Paul P H. Vibrational energy transfer and quenching of OH $A^2\Sigma^+$ (v'=1) measured at high temperatures in a shock tube. Journal of Physical Chemistry, 1995, 99: 8472-8476.

[16] Vena P C, Deschamps B, Guo H S, et al. Heat release rate variations in a globally stoichiometric, stratified iso-octane/air turbulent V-flame. Combustion and Flame, 2015, 162: 944-959.

[17] Liu X, Wang Y, Wang Z, et al. Single camera 20kHz two-color formaldehyde PLIF thermometry using a dual-wavelength-switching burst mode laser. Optics Letters, 2021, 46: 5149-5152.

[18] Hsu A G, Narayanaswamy V, Clemens N T, et al. Mixture fraction imaging in turbulent non-premixed flames with two-photon LIF of krypton. Proceedings of the Combustion Institute, 2011, 33: 759-766.

[19] Schulz C, Sick V. Tracer-LIF diagnostics: Quantitative measurement of fuel concentration, temperature and fuel/air ratio in practical combustion systems. Progress in Energy and Combustion Science, 2005, 31: 75-121.

[20] Röder M, Dreier T, Schulz C. Simultaneous measurement of localized heat-release with OH/CH$_2$O–LIF imaging and spatially integrated OH* chemiluminescence in turbulent swirl flames. Proceedings of the Combustion Institute, 2013, 34: 3549-3556.

[21] Retzer U, Pan R, Werblinski T, et al. Burst-mode OH/CH$_2$O planar laser-induced fluorescence imaging of the heat release zone in an unsteady flame. Optics Express, 2018, 26: 18105-18114.

[22] Schreivogel P, Abram C, Fond B, et al. Simultaneous kHz-rate temperature and velocity field measurements in the flow emanating from angled and trenched film cooling holes. International Journal of Heat and Mass Transfer, 2016, 103: 390-400.

[23] Fond B, Abram C, Heyes A L, et al. Simultaneous temperature, mixture fraction and velocity imaging in turbulent flows using thermographic phosphor tracer particles. Optics Express, 2012, 20: 22118-22133.

[24] Omrane A, Petersson P, Aldén M, et al. Simultaneous 2D flow velocity and gas temperature measurements using thermographic phosphors. Applied Physics B, 2008, 92: 99-102.

[25] Khalid A H, Kontis K. Thermographic phosphors for high temperature measurements: Principles, current state of the art and recent applications. Sensors, 2008, 8: 5673-5744.

[26] Särner G, Richter M, Aldén M. Two-dimensional thermometry using temperature-induced line shifts of ZnO: Zn and

ZnO: Ga fluorescence. Optics Letters, 2008, 33: 1327-1329.

[27] Feist J P, Heyes A L, Choy K L, et al. Phosphor thermometry for high temperature gas turbine applications. ICIASF 99. 18th International Congress on Instrumentation in Aerospace Simulation Facilities. Record(Cat. No.99CH37025), 1999: 6.1-6.7.

[28] Särner G, Richter M, Aldén M. Investigations of blue emitting phosphors for thermometry. Measurement Science and Technology, 2008, 19: 125304.

[29] Brübach J, Pflitsch C, Dreizler A, et al. On surface temperature measurements with thermographic phosphors: A review. Progress in Energy and Combustion Science, 2013, 39: 37-60.

[30] Allison S W, Gillies G T. Remote thermometry with thermographic phosphors: Instrumentation and applications. Review of Scientific Instruments, 1997, 68: 2615-2650.

[31] Aldén M, Omrane A, Richter M, et al. Thermographic phosphors for thermometry: A survey of combustion applications. Progress in Energy and Combustion Science, 2011, 37: 422-461.

[32] Aldén M, Richter M, Omrane A, et al. Laser-Induced Phosphorescence Spectroscopy: Development and Application of Thermographic Phosphors(TP) for Thermometry in Combustion Environments. Baudelet M editor, Laser Spectroscopy for Sensing. Sawston: Woodhead Publishing, 2014: 258-291.

[33] Fuhrmann N, Brübach J, Dreizler A. Phosphor thermometry: A comparison of the luminescence lifetime and the intensity ratio approach. Proceedings of the Combustion Institute, 2013, 34: 3611-3618.

[34] Remie M J, Särner G, Cremers M, et al. Heat-transfer distribution for an impinging laminar flame jet to a flat plate. International Journal of Heat and Mass Transfer, 2008, 51: 3144-3152.

[35] Fan L, Gao Y, Hayakawa A, et al. Simultaneous, two-camera, 2D gas-phase temperature and velocity measurements by thermographic particle image velocimetry with ZnO tracers. Experiments in Fluids, 2017, 58: 34.

[36] Abram C, Fond B, Beyrau F. High-precision flow temperature imaging using ZnO thermographic phosphor tracer particles. Optics Express, 2015, 23: 19453-19468.

[37] Omrane A, Ossler F, Aldén M. Two-dimensional surface temperature measurements of burning materials. Proceedings of the Combustion Institute, 2002, 29: 2653-2659.

[38] Brübach J, Patt A, Dreizler A. Spray thermometry using thermographic phosphors. Applied Physics B, 2006, 83: 499-502.

[39] Schulz C, Kock B F, Hofmann M, et al. Laser-induced incandescence: Recent trends and current questions. Applied Physics B, 2006, 83: 333-354.

[40] Michelsen H A, Schulz C, Smallwood G J, et al. Laser-induced incandescence: Particulate diagnostics for combustion, atmospheric, and industrial applications. Progress in Energy and Combustion Science, 2015, 51: 2-48.

[41] Tian B, Gao Y, Zhang C, et al. Soot measurement in diluted methane diffusion flames by multi-pass extinction and laser-induced incandescence. Combustion and Flame, 2018, 192: 224-237.

[42] Bladh H, Johnsson J, Bengtsson P E. On the dependence of the laser-induced incandescence(LII) signal on soot volume fraction for variations in particle size. Applied Physics B-Lasers and Optics, 2008, 90: 109-125.

[43] Michelsen H A. Understanding and predicting the temporal response of laser-induced incandescence from carbonaceous particles. Journal of Chemical Physics, 2003, 118: 7012-7045.

[44] Michelsen H A, Liu F, Kock B F, et al. Modeling laser-induced incandescence of soot: A summary and comparison of LII models. Applied Physics B-Lasers and Optics, 2007, 87: 503-521.

[45] Sun Z W, Gu D H, Nathan G J, et al. Single-shot, time-resolved planar laser-induced incandescence(TiRe-LII) for soot primary particle sizing in flames. Proceedings of the Combustion Institute, 2015, 35: 3673-3680.

[46] Goulay F, Schrader P E, López-Yglesias X, et al. A data set for validation of models of laser-induced incandescence from soot: Temporal profiles of LII signal and particle temperature. Applied Physics B, 2013, 112: 287-306.

[47] Smyth K C, Shaddix C R. The elusive history of $\tilde{m}$ =1.57–0.56i for the refractive index of soot. Combustion and Flame, 1996, 107: 314-320.

[48] Gu D, Sun Z, Dally B B, et al. Simultaneous measurements of gas temperature, soot volume fraction and primary particle diameter in a sooting lifted turbulent ethylene/air non-premixed flame. Combustion and Flame, 2017, 179: 33-50.

[49] Köhler M, Geigle K P, Meier W, et al. Sooting turbulent jet flame: Characterization and quantitative soot measurements. Applied Physics B, 2011, 104: 409-425.

[50] Michael J B, Venkateswaran P, Shaddix C R, et al. Effects of repetitive pulsing on multi-kHz planar laser-induced incandescence imaging in laminar and turbulent flames. Applied Optics, 2015, 54: 3331-3344.

[51] Meyer T R, Halls B R, Jiang N, et al. High-speed, three-dimensional tomographic laser-induced incandescence imaging of soot volume fraction in turbulent flames. Optics Express, 2016, 24: 29547-29555.

[52] Rosner D E. Flame synthesis of valuable nanoparticles: Recent progress/current needs in areas of rate laws, population dynamics, and characterization. Industrial & Engineering Chemistry Research, 2005, 44: 6045-6055.

[53] Anabitarte F, Cobo A, Lopez-Higuera J M. Laser-induced breakdown spectroscopy: Fundamentals, applications, and challenges. ISRN Spectroscopy, 2012, 2012: 285240.

[54] Yueh F Y, Tripathi M M, Singh J P. Combustion Applications of Laser-Induced Breakdown Spectroscopy. Musazzi S, Perini U, editor. Laser-Induced Breakdown Spectroscopy: Theory and Applications. Berlin, Heidelberg: Springer Berlin Heidelberg, 2014: 489-509.

[55] Musazzi S, Perini U. Laser-Induced Breakdown Spectroscopy: Theory and Applications. New York: Springer, 2014.

[56] Thakur S N, Singh J P. Chapter 1-Fundamentals of Laser Induced Breakdown Spectroscopy. Singh J P, Thakur S N, editor. Laser-Induced Breakdown Spectroscopy. Amsterdam: Elsevier, 2007: 3-21.

[57] Malvezzi A M. Laser-matter interaction in LIBS Experiments. Musazzi S, Perini U, editor. Laser-Induced Breakdown Spectroscopy: Theory and Applications. Berlin, Heidelberg: Springer Berlin Heidelberg, 2014: 3-29.

[58] Capitelli M, Colonna G, D'Ammando G, et al. Physical Processes in Optical Emission Spectroscopy. Musazzi S, Perini U, editor. Laser-induced Breakdown Spectroscopy: Theory and Applications. Berlin, Heidelberg: Springer Berlin Heidelberg, 2014: 31-57.

[59] Cremers D A, Radziemski L J. Handbook of Laser-Induced Breakdown Spectroscopy. Hoboken: John Wiley & Sons, Ltd, 2006.

[60] Rai V N, Thakur S N. Chapter 4—Physics of Plasma in Laser-Induced Breakdown Spectroscopy. Singh J P, Thakur S N, editor. Laser-Induced Breakdown Spectroscopy. Amsterdam: Elsevier, 2007: 83-111.

[61] Fortes F J, Moros J, Lucena P, et al. Laser-induced breakdown spectroscopy. Analytical Chemistry, 2013, 85: 640-669.

[62] Rai V N, Thakur S N. Chapter 5—Instrumentation for Laser-Induced Breakdown Spectroscopy. Singh J P, Thakur S N, editor. Laser-Induced Breakdown Spectroscopy. Amsterdam: Elsevier, 2007: 113-133.

[63] Ma Q, Motto-Ros V, Laye F, et al. Ultraviolet versus infrared: Effects of ablation laser wavelength on the expansion of laser-induced plasma into one-atmosphere argon gas. Journal of Applied Physics, 2012, 111: 053301.

[64] Kotzagianni M, Couris S. Femtosecond laser induced breakdown for combustion diagnostics. Applied Physics Letters, 2012, 100: 264104.

[65] Tognoni E, Cristoforetti G, Legnaioli S, et al. Calibration-free laser-induced breakdown spectroscopy: State of the art.

Spectrochimica Acta Part B: Atomic Spectroscopy, 2010, 65: 1-14.

[66] Singh J P, Yueh F Y. Chapter 18—Scope of Future Development in LIBS. Singh J P, Thakur S N, editor. Laser-Induced Breakdown Spectroscopy, Amsterdam: Elsevier, 2007: 419-425.

[67] Ferioli F, Buckley S G, Puzinauskas P V. Real-time measurement of equivalence ratio using laser-induced breakdown spectroscopy. International Journal of Engine Research, 2006, 7: 447-457.

[68] Kiefer J, Tröger J W, Li Z S, et al. Laser-induced plasma in methane and dimethyl ether for flame ignition and combustion diagnostics. Applied Physics B, 2011, 103: 229-236.

[69] Diwakar P K, Loper K H, Matiaske A M, et al. Laser-induced breakdown spectroscopy for analysis of micro and nanoparticles. Journal of Analytical Atomic Spectrometry, 2012, 27: 1110-1119.

[70] Chadwick B L, Body D. Development and commercial evaluation of laser-induced breakdown spectroscopy chemical analysis technology in the coal power generation industry. Applied Spectroscopy, 2002, 56: 70-74.

[71] Noda M, Deguchi Y, Iwasaki S, et al. Detection of carbon content in a high-temperature and high-pressure environment using laser-induced breakdown spectroscopy. Spectrochimica Acta Part B: Atomic Spectroscopy, 2002, 57: 701-709.

[72] Liu Y, He Y, Wang Z, et al. Multi-point LIBS measurement and kinetics modeling of sodium release from a burning Zhundong coal particle. Combustion and Flame, 2018, 189: 77-86.

[73] Rai V, Cook R, Singh J, et al. Laser-induced breakdown spectroscopy of hydrocarbon flame and rocket engine simulator plume. AIAA Journal, 2003, 41: 2192-2199.

第5章 基于散射光谱的燃烧诊断

5.1 简 介

当电磁波与粒子、分子等散射基元相互作用时，相应散射基元的电子会发生周期性振动，这种振动将导致分子内电荷的周期性分离，称为感应偶极矩。偶极矩的变化又使光沿不同方向散射，其强度取决于散射基元的大小和光的波长。对于大部分小分子来说，其感应偶极矩与电磁波的振荡周期相比会在较短时间(与电子运动的特征时间相当)内建立，因此散射本质上是"瞬时的"，当激发光源消失，散射过程立即停止。而前面章节介绍的激光诱导荧光有一定寿命，其发光过程会持续一段时间，这是散射与发射光谱方法的主要不同之一。

图 5.1 从能级跃迁的角度展示了几种主要的散射过程。当散射光与入射光具有相同的波长，即入射光子和散射光子之间能量守恒时，这一过程称为弹性散射，米氏散射和瑞利散射是典型的弹性散射过程。当散射光波长较入射光波长存在频移，则称为非弹性散射，典型的非弹性散射如拉曼散射。对于弹性散射来说，由于原子、分子和粒子均可在同一波长散射，因此不具有组分选择性。

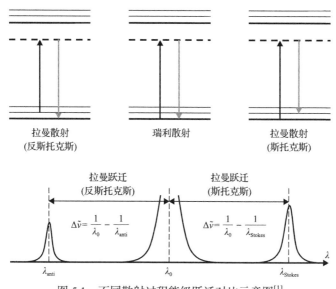

图 5.1 不同散射过程能级跃迁对比示意图[1]

本章重点介绍几种主要的基于散射光谱的诊断方法及其在燃烧测量中的应用。

5.2　瑞　利　散　射

瑞利散射(Rayleigh scattering，RS)实验操作简单，测量信噪比和时空分辨率高，可用于表征燃烧流场的密度及温度分布。瑞利散射信号的强度与气体密度和组分构成相关，一般可以通过对散射信号强度的分析获得气体密度分布。进一步，在已知压强和组分浓度的情况下，密度测量结果还可以用于计算温度场分布。

5.2.1　基本原理

瑞利散射与米氏散射类似，其原理基于气体分子对入射电磁波的弹性散射，因此散射信号与入射电磁波具有相同波长。瑞利散射与米氏散射的主要区别有以下几方面。①在米氏散射中，入射光波长和散射颗粒大小相当；而对于瑞利散射而言，颗粒尺寸则远小于入射光波长。②从发射效率来看，瑞利散射信号强度远低于米氏散射信号。③瑞利散射信号与入射光的偏振态有关，而米氏散射信号则与入射光的偏振态无关。因此，由颗粒引发的米氏散射及其他干扰的散射信号均可以通过原子/分子滤波的方式去除，即滤波瑞利散射技术(filtered Rayleigh scattering，FRS)。相比传统的瑞利散射方法，滤波瑞利散射的信号纯度更高，并且受测量环境的影响较小，因而在实际燃烧测量中具有更广泛的应用。

瑞利散射谱线的强度和线宽可用于计算测量区间的压强和温度分布，而多普勒频移(Doppler shift)则可用于确定速度分布。由于扫描波长的瑞利散射光谱响应较慢，故流场测量的时间分辨率受限，不利于湍流燃烧的测量分析。而瑞利成像技术则直接记录散射信号强度，对频域光谱信息的依赖较小，具有较高的时间分辨能力，因此在湍流燃烧研究中具有更大的应用优势。

瑞利散射信号是关于混合物中所有气体组分分子数密度的函数，其信号强度 I_{Rayleigh} 可以表示为

$$I_{\text{Rayleigh}} \propto I_{\text{laser}} \dot{N} \sigma_{\text{mix}} \tag{5.1}$$

式中，I_{laser} 为入射激光光强；$\dot{N}$ 为气体分子数密度；$\sigma_{\text{mix}} = \Sigma_i x_i \sigma_i$ 为混合气体的等效瑞利散射截面积，其中，σ_i 为单一气体组分 i 的瑞利散射截面积，x_i 为该组分对应的摩尔分数。由公式(5.1)可知，通过对激光强度 I_{laser} 的测量，并结合对等效瑞利散射截面积 σ_{mix} 的计算分析，可以直接求解气体分子数密度 N。需要指出的是，σ_i 与激发波长的四次方成反比，即 $\sigma_i \propto 1/\lambda^4$，这意味着使用较短的激光波长将显著提高瑞利散射信号的强度。此外，通过使用具有大散射截面的气体分子或提高激光能量等方式都可以进一步提高散射信号强度，进而实现对燃烧流场的二维分子数密度场测量。

在此基础上，火焰温度的测量也可以通过瑞利散射的方法得到，一般可以通过以下两种实现途径：①在假设测量范围内压强变化可以忽略不计的前提下，通过理想气体方程 $PV = NkT$ 即可计算温度；②结合火焰中及空气中瑞利散射信号的测量结果，利用式(5.2)可求解火焰温度[2-5]，即

$$T_{\text{flame}} = \frac{\left(\sum_i \sigma_i x_i\right)_{\text{mix}}}{\left(\sum_i \sigma_i x_i\right)_{\text{air}}} T_{\text{air}} \frac{I_{\text{air}} - I_{\text{bg}}}{I_{\text{flame}} - I_{\text{bg}}} \tag{5.2}$$

式中，T_{air} 为空气温度；I_{flame} 和 I_{air} 分别为火焰和空气中的瑞利散射信号强度；I_{bg} 为背景信号强度，主要受探测器暗噪声、实验室背景光和激光反射等因素的影响。

不同组分的瑞利散射截面存在较大差异，表 5.1 列出了燃烧中的常见产物和反应物在入射光波长为 532nm 时相对于 N_2 的散射截面。从表中可以看出，H_2 与 CH_4 或 C_3H_8 的瑞利散射截面相差数倍甚至一个数量级。在湍流燃烧环境中，由于部分预混及湍流混合等因素，混合气体中不同组分对应的摩尔分数一般是未知的，这将导致对混合气体等效瑞利散射截面 σ_{mix} 估值的不确定性，并造成较大的测量误差。对于常见的贫燃 CH_4/空气预混火焰，其反应物混合气体和产物混合气体 σ_{mix} 的变化小于 1%，这里对测量不确定性的影响可以忽略不计。但在其他复杂燃烧环境中应用瑞利方法对分子数密度及温度进行测量时，σ_{mix} 的不确定性一般不可忽略。此外，基于理想气体状态方程或式(5.2)进行温度测量时，由于分子数密度与温度成反比，而瑞利散射信号强度又与分子数密度成正比，所以高温条件下的瑞利散射测量信噪比将显著下降。总之，瑞利散射信号在高低温区间测量信噪比的差异及由 σ_{mix} 的不确定性造成的测量误差，都会对瑞利散射方法的定量分析带来一定困难。因此，瑞利测温技术存在温度测量上限，即当信号强度被噪声淹没时，测量结果将不再可靠。

表 5.1　入射光波长为 532nm 时不同分子相对于 N_2 的瑞利散射截面

分子	O_2	CO_2	H_2	H_2O	CH_4	C_3H_8	CO	Ar
σ_i @532nm	0.83	2.25	0.22	0.72	2.15	13.0	1.28	0.88

需要注意的是，瑞利散射信号强度一般远低于米氏散射信号强度，流场中的杂质灰尘或来自测量环境表面的背景散射都会对瑞利散射带来较大干扰。对于小粒子来说，其热运动明显小于分子热运动，所以由密度波动引起的干扰可能持续足够长的时间，从而在收集到的信号中产生显著的结构或"斑点"，对测量结果造成误差。因此，瑞利散射技术对测量环境的洁净程度提出了较高要求。另外，对于较复杂的碳氢化合物燃料，利用瑞利散射获得流场密度分布时可能会出现较大的误差，这主要是由于碳烟颗粒的影响。相反，使用 H_2 作为燃料时，最大误差仅

为 3%，这在典型瑞利散射系统的实验精度预期范围内，意味着瑞利测温技术不适用于存在大量颗粒或具有强烈背景杂散光及复杂富燃碳氢燃料燃烧的环境。

　　针对以上提到的这些局限性，Miles 等[7]在 20 世纪 80 年代末和 90 年代初发展了一种通过陷波滤光片来提纯瑞利散射信号的方法，称为滤波瑞利散射（FRS）[8]。FRS 测温技术的基本原理见图 5.2。图中点线表示来自颗粒的米氏散射信号，其在频域上具有极窄的线宽，而实线表示瑞利散射信号。由于分子热运动，瑞利散射相对于米氏散射存在一定的频域展宽，即多普勒展宽。通过选择对入射激光波长存在吸收特性的分子，例如，碘分子在 532nm 处具有吸收，如图 5.2 中虚线所示，可有效屏蔽来自米氏散射的干扰信号，从而获得在分子吸收谱线之外的具有多普勒展宽的瑞利信号，即图中点-虚线包含的区域。

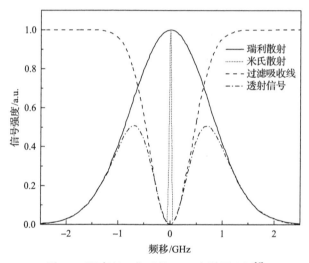

图 5.2　强度归一化后的 FRS 光谱原理图[6]

FRS 信号可由式(5.1)改写为

$$I_{\text{FRS}} = \int_{-\infty}^{+\infty} I_{\text{Rayleigh}} g(\theta, T, \nu) \tau(T, \nu - \nu_0) \mathrm{d}\nu \tag{5.3}$$

式中，ν 为信号频率；ν_0 为激光中心频率；$\tau(T, \nu - \nu_0)$ 为分子吸收谱线线型函数；$g(\theta, T, \nu)$ 为瑞利散射截面线型函数。常压燃烧条件一般满足努森扩散条件，这时 $g(\theta, T, \nu)$ 可以近似地表达为高斯函数，即

$$g(\theta, T, \nu) = \frac{2}{\Delta\nu_T} \sqrt{\frac{\ln 2}{\pi}} \mathrm{e}^{\left[-4\ln\left(\frac{\nu - \nu_0}{\Delta\nu_T}\right)^2 \right]} \tag{5.4}$$

式中，$\Delta v_T = \dfrac{|s|}{2\pi}\sqrt{\dfrac{8kT}{m}\ln 2}$，$\Delta v_T$ 为瑞利散射截面线型曲线 $g(\theta,T,v)$ 的半高宽（FWHM），其中，m 为分子质量，$|s| = \dfrac{4\pi}{\lambda}\sin\left(\dfrac{\theta}{2}\right)$，$\theta$ 为探测角度。通过式(5.3)和式(5.4)可以计算出滤波后的瑞利散射信号强度，并用于温度测量。可以看出，通过 FRS 方法获得温度信息须有几个条件：第一，必须知道流场中主要组分的浓度，因为不同组分的瑞利散射截面不同；第二，必须采用适当的线型，特别是在高压工况条件下或当流场中存在更复杂的分子结构。

5.2.2　实验技术

由于瑞利散射截面较小，为了获得更高的测量信噪比和更好的时间分辨率，人们通常利用高功率、短脉冲的激光进行瑞利散射测量。在下文中，为了便于区分，LRS 代表常规的激光瑞利散射方法，FRS 代表滤波瑞利散射方法。图 5.3 中的实验装置包括同步进行的 LRS 和 FRS 高分辨率成像测量。FRS 测量信号受环境的干扰较小，对测量结果进行解析较为简单。此外，燃烧过程中涉及的碳氢化合物一般会吸收紫外波段的辐射，并产生相应的荧光信号，从而对测量结果造成干扰。所以，在瑞利散射测量中，常使用来自 Nd:YAG 激光的二倍频 532nm 输出作为激发光源，其主要优势在于可以获得更高的激光输出能量并同时保证荧光信

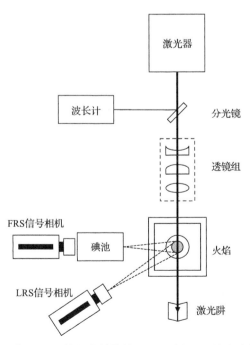

图 5.3　二维 FRS 和激光瑞利散射(LRS)同步测量的实验装置图[9]

号对瑞利信号的干扰较小。为了实现平面测量，532nm 可调窄线宽激光脉冲可以通过透镜组被整形成光片，然后聚焦到探测区域。从图 5.3 中可以看出，入射激光光片先通过均匀气流发生装置，能量校正(EC)相机监测激光强度波动，并用于校正待测火焰中的 LRS 和 FRS 信号。与传统 LRS 不同，入射激光的光谱特性对于 FRS 的信号质量至关重要，波长的轻微波动很容易使结果误差增大。因而，FRS 技术要求使用线宽约为 100MHz 的单模激光，从而能够最大限度地避免入射激光线宽和多普勒展宽对 FRS 信号的干扰。因此，在 FRS 实际操作中，激光被调谐到碘的强吸收线 532.2602nm 处，并且需要通过波长计实时监控激光器的输出波长。

瑞利散射信号强度存在空间分布的各向异性，并且与入射光的偏振状态密切相关。当入射光为线偏振光，在垂直于偏振方向上的瑞利散射信号最强，而在平行于偏振方向上的瑞利散射信号为零。当入射光无偏振时，在垂直于光传播方向上的瑞利散射信号强度为与其平行方向上信号强度的一半。在实际测量中，用于采集瑞利散射信号的探测器常与入射激光传播方向垂直，故需确保入射激光为垂直偏振以最大化瑞利散射信号强度，而在入射光为水平偏振状态下测得的信号则常用作背景信号。

在 FRS 实验装置中，碘池通常放置于燃烧装置和相机之间。碘池通常是长为250mm 的熔融石英圆柱体，圆柱体两端也为熔融石英窗口，直径约为 76mm，大的通光孔径有利于 2D 成像测量。碘池填充结晶碘后，将碘池抽真空至压力为4mbar。碘池温度可调有利于碘升华为碘蒸气，对瑞利成像信号的吸收将更加均匀。

在复杂流场或当流场中存在更复杂的分子结构时，若要实现定量测量，则需要对瑞利信号进行校准，常用的方法是利用瑞利和拉曼散射开展同步测量，以校准其瑞利散射截面。

5.2.3 应用实例

对于大部分常见燃料的火焰，其不同燃烧产物所对应气体成分的瑞利散射截面的变化幅度较小，因此可以直接基于瑞利成像进一步推导出二维温度场。如图 5.4 所示，通过平面瑞利成像方法，可以得到射流火焰中的湍流结构和温度分布[10]。

图 5.5(a) 为利用瑞利散射信号测量湍流火焰的瞬态温度[11]，湍流火焰温度场中的高温产物区、未燃的低温区及在两个区间之间的精细褶皱结构均被较好地解析。该精细结构是湍流混合的直接结果，反映了不同尺度的湍流涡结构对温度场的扰动。图 5.5(b) 为温度脉动梯度的平方($\left|\nabla T'\right|^2$)，其正比于热耗散率 χ_T，即 $\chi_T \propto \left|\nabla T'\right|^2$。在非预混湍流火焰中，标量耗散率与分子混合和化学反应速率相关。

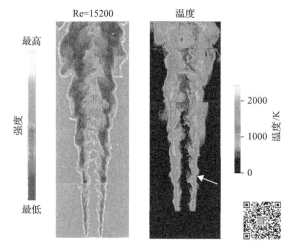

图 5.4 射流火焰的二维瑞利散射信号强度和火焰温度分布[10]（彩图扫二维码）

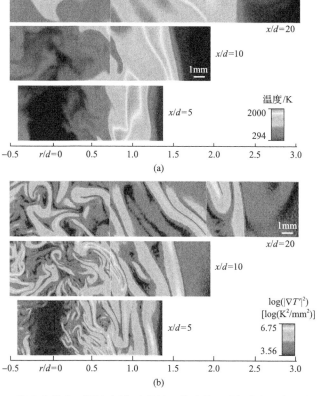

图 5.5 湍流火焰在不同空间位置处的二维成像：(a)瞬态温度；(b)温度
脉动梯度的平方（$|\nabla T'|^2$）[11]

瑞利成像方法较适用于研究燃烧不稳定性和高速湍流现象，尤其是当激波和边界层结构有较大的密度波动时，瑞利成像可以获得较高的测量信噪比和空间分辨率。例如，NASA 实验室[12]对亚音速自由空气射流开展了测试，LRS 测量得到的流速与等熵流动关系计算的流速高度吻合，误差在 5m/s 内，温度测量系统误差为 10%。

与 LRS 相比，FRS 已应用于许多需要考虑壁面散射或流场中含有粒子（如 PIV 粒子）的燃烧测量[5,9,13-16]。如图 5.6 所示，当丙烷/空气火焰中掺混六甲基二硅氧烷（HMDSO）时，利用 FRS 方法可以获得火焰二维温度分布。通过比对 FRS 测量结果与拉曼散射测量结果，可以发现二者的吻合度较好，FRS 测量的不确定性为 3.4%。

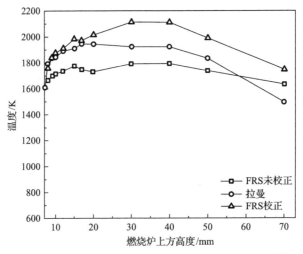

图 5.6 丙烷/空气火焰中拉曼散射与 FRS 结果比较[6]

图 5.7 为采用 FRS 方法在碳氢燃料喷雾中的测量结果。图 5.7 左列是 Mie 散射图像，右列是从测量的 FRS 图像中获得的 C_5H_{12} 摩尔分数的 2D 图像。从图中可以看出，在各种液滴密度条件下，FRS 方法都能够较好地屏蔽液滴米氏散射信号的影响，并提供定量的燃料蒸汽/空气混合信息。

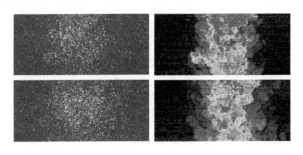

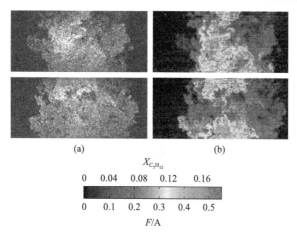

图 5.7 C_5H_{12} 湍流喷雾中米氏散射 (a) 和 FRS (b) 瞬时图像示例 (上面两行对应喷雾密度较低的情况,下面两行对应喷雾密度较高的情况)[17]

5.3 自发拉曼散射

相比于瑞利散射方法,自发拉曼涉及分子能级跃迁,因而可以实现组分测量;并且频域解析的光谱强度可以体现初始能态的分子数分布,所以可以用于解析燃烧温度的信息。目前自发拉曼散射方法已经应用于多种环境下的燃烧诊断研究[18,19]。

5.3.1 基本原理

通常,拉曼光谱仅涉及分子的振转跃迁,即

$$\Delta\sigma_{v'',J''\to v',J'} = \left[E_{\text{vib}}(v') + E_{\text{rot}}(v',J')\right] - \left[E_{\text{vib}}(v'') + E_{\text{rot}}(v'',J'')\right] \tag{5.5}$$

式中,E_{vib} 和 E_{rot} 分别为振动能和转动能,对于一般的双原子分子而言,为了满足角动量守恒,选择定则为 $\Delta v = \pm 1$,$\Delta J = 0, \pm 2$。根据散射光波长相对入射光波长的频移方向,拉曼散射信号又分为斯托克斯拉曼信号(频移至低频,波长变长)和反斯托克斯拉曼信号(频移至高频,波长变短),分别称为红移信号和蓝移信号。

拉曼光谱中跃迁谱线的位置和强度可以分别表示为[20]

$$\Delta\sigma_{v'',J''\to v',J'} = E(v',J') - E(v'',J'') \tag{5.6}$$

$$I^{\Omega}_{v'',J''\to v',J'} = K \cdot \Omega \cdot V \cdot N_{v'',J''} \cdot I_0 \cdot \left(\frac{\partial\sigma}{\partial\Omega}\right)_{v'',J''\to v',J'} \tag{5.7}$$

式中，K 为考虑光学探测和传输效率的系统校准常数；Ω 为立体角；V 为探测体积；$N_{v'',J''}$ 为跃迁下能级 (v'',J'') 的分子数密度；I_0 为入射激光强度；$\left(\dfrac{\partial\sigma}{\partial\Omega}\right)_{v'',J''\to v',J'}$ 为从能级 (v'',J'') 跃迁到能级 (v',J') 的拉曼散射微分截面。常见的分子在不同振动模式下对应的拉曼频移及拉曼散射积分截面积参见表 5.2[20]。

表 5.2　不同分子的振动拉曼频率及 532nm 处的拉曼散射积分截面积[20]

分子	拉曼频率/cm^{-1}	σ@532nm/$(10^{-30}cm^2/sr)$
N_2	2331	0.46
H_2	4160.2	0.943
O_2	1556	0.65
NO	1877	0.2
$NO_2(\nu_1)$	1320	7.37
$NO_2(\nu_2)$	754	3.63
NH_3	3334	1.3
CO	2145	0.48
$CO_2(\nu_1)$	1388	0.6
$CO_2(2\nu_2)$	1285	0.45
H_2O	3657	0.9
H_2S	2611	2.4
SO_2	1151.5	2.5
$CH_4(\nu_1)$	2915	2.6
$CH_4(\nu_3)$	3017	1.7
$C_2H_4(\nu_1)$	3020	1.9
$C_2H_4(\nu_2)$	1623	0.76
$C_6H_6(\nu_1)$	3070	3.7
$C_6H_6(\nu_2)$	991	5.6

和荧光信号不同，拉曼信号基本不受碰撞淬灭的影响，并且信号强度正比于激光强度 I_0、拉曼散射积分截面 σ 及组分浓度 N，所以拉曼技术适用于高压环境测量。除此之外，在实际应用中，还需要已知与目标分子和探测设备分辨率相关的温度系数，这通常需要通过实验标定获得。

通过拟合拉曼光谱的整体包络，使斯托克斯振动拉曼信号 I_S 和反斯托克斯振动拉曼信号 I_{AS} 之比为温度的函数，可表示为

$$\frac{I_S}{I_{AS}} = \left(\frac{v_0 - v_b}{v_0 + v_b}\right)^4 \exp\left[\frac{hcv_b}{kT}\right] \tag{5.8}$$

式中，$v_0 + v_b$ 对应反斯托克斯拉曼信号频率；$v_0 - v_b$ 对应斯托克斯拉曼信号频率。此外，与瑞利散射类似，信号强度与 v^4 成正比。目前，利用常见分子(如 CO_2、O_2、N_2、CH_4、H_2O 和 H_2 等)能够实现对火焰温度和混合分数的测量，温度测量的不确定性为 3%～4%，摩尔分数测量的不确定性为 3%～5%。

5.3.2　实验技术

由于拉曼散射截面远低于瑞利散射或荧光过程，因此自发拉曼散射技术一般仅适用于点测量或线测量，典型的自发拉曼散射光谱实验装置如图 5.8 所示。拉曼散射光在垂直于激光传播方向被收集，信号由球面透镜汇聚后进入光谱仪，光谱仪入口狭缝的取向平行于入射激光光束方向,将增强型 CCD 相机对准光谱仪出口平面。像增强器以门控模式运行，门宽约为几百个纳秒，可以较好地抑制火焰自发光等干扰源对测量结果的影响。

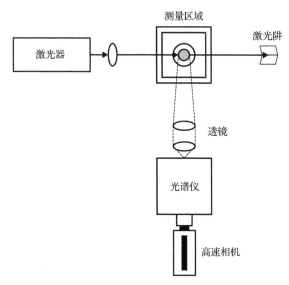

图 5.8　典型的自发拉曼散射光谱实验装置[21]

在实际应用中，需要考虑在同一波段不同分子拉曼信号的相互干扰。例如，一些常见的碳氢化合物 CH_2O、DME、C_2H_6、CH_4 和 C_2H_4 等，其振动拉曼光谱在频域上存在明显重叠。如图 5.9(a)所示，在 2700～3200cm^{-1}，不同分子的 C-H 振动具有相近的振动频率，谱峰有较严重的重叠，不利于定性定量分析。事实上，提高光谱分辨率能够在一定程度上缓解这种谱线重叠的影响，如图 5.9(b)所示。

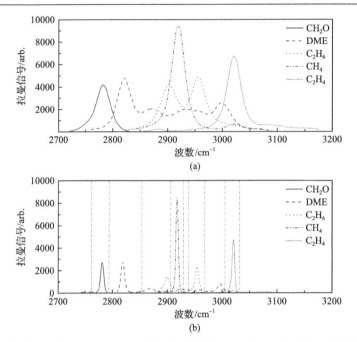

图 5.9　多种碳氢燃料在 2700～3200cm^{-1} 的拉曼频移区间的振动拉曼光谱：(a)低分辨率光栅 (1200mm/line) 测量的光谱；(b)高分辨率光栅(4165mm/line)测量的光谱[22]

更严重的是，当使用可见光或紫外光作为激发波长时，还需要避免潜在的荧光干扰。实际测量中，人们通常选用 532nm 激光以避免大多数气相分子的激发荧光干扰。然而，在富燃碳氢火焰中存在大量的 PAHs、非饱和烃类及碳烟等大分子或颗粒，它们与 532nm 激光相互作用会产生较强的干扰信号，如烃类大分子的荧光信号、激光光解生成 C_2 自由基的荧光、激光和碳烟相互作用产生的炽光及来自火焰和碳烟的自发光等。考虑到这些干扰信号都不具有偏振特性，而拉曼信号一般具有一定的偏振特性，因此可以通过偏振片滤波的方式来提纯拉曼信号。

拉曼光谱的解析一般依赖于对测量的光谱数据进行全光谱拟合。其中，理论拉曼光谱模拟需要考虑由拉曼信号的偏振特性、压强及温度造成的谱线展宽及仪器带来的展宽效应等[23]。光谱拟合法的优点是在拟合过程中能有效地考虑光谱背景干扰信号及不同组分拉曼信号重叠的影响，主要缺点是光谱拟合的复杂性，在高温条件下对碳氢分子拉曼光谱进行理论模拟存在较大困难。

自发拉曼散射是一种线性光学过程，实验测量相对简单，成本较低且用途更广，同时拉曼散射信号对热透镜效应不敏感。这些优势均促进了自发拉曼光谱在复杂体系测量中的广泛应用。此外，自发拉曼散射信号还能以相对入射激光传播方向的相反方向进行采集，当光学窗口的数量必须保持最少或只有一个光学窗口时，拉曼散射通常是较好的测量方案。然而，为了获得较好的信噪比，实验中通常需要借助强脉冲或连续激光器和高灵敏光电探测器。但是，过高的光强可能使分子或自由基解离或产生等离子体等，从而影响测量的准确性和可靠性。

5.3.3　应用实例

在气相测量中，拉曼信号强度随压强呈线性增加。通过逐点或逐线测量的方式，自发拉曼散射可以获得燃烧过程中的组分浓度和火焰温度，其空间分辨率<1mm，时间分辨率依赖于激光的频率。由于需要的光学窗口较小，因此在燃气轮机和航空发动机等实际燃烧系统中获得了应用[24-27]。

图 5.10 介绍了一种以天然气为燃料的受限旋流扩散火焰模型燃烧室[28]，基于拉曼散射光谱测量，获得了 CH_4 和 O_2 等组分摩尔分数的空间分布。

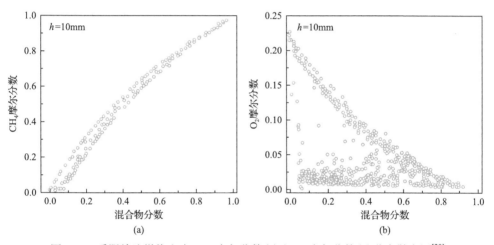

图 5.10　受限旋流燃烧室中 CH_4 摩尔分数(a)和 O_2 摩尔分数(b)分布散点图[28]

近年来，为了进一步实现在各种复杂工况条件的测量研究，人们发展了如光纤耦合拉曼散射的新方法[27]，同时波长转换技术及图像增强门控系统的技术飞跃也将拉曼散射燃烧诊断提升到一个新的水平。当然，这一技术在两相反应流中的应用仍有很多技术难点，如航空煤油的燃烧、液滴的存在均对拉曼散射的定量测量提出了严峻挑战。

5.4　相干反斯托克斯拉曼散射

不同于自发拉曼散射测量，相干拉曼光谱散射方法可以通过两种或三种不同波长的激光来实现拉曼跃迁以获得更强的拉曼散射信号。常见的相干拉曼光谱方法包括受激拉曼散射光谱和相干反斯托克斯拉曼光谱。对于受激拉曼散射来说，可以采用一个固定频率的高功率激光器作为泵浦光,另一个功率较低的可调谐激光器输出斯托克斯光,泵浦光与斯托克斯光的频率差与待测分子的跃迁能量相对应。通过对泵浦光或斯托克斯光光强变化的测量,并结合对激光波长变化的同步监测,即可获得完整的拉曼散射光谱信息。这种相干拉曼光谱方法通常相对自发拉曼光谱具有更高的灵敏度,但所需仪器(包括可调谐激光器)和相应操作也更复杂。相干反斯托克斯拉曼光谱(CARS)是另一种相干拉曼光谱,涉及三阶非线性光学过程,可用于温度和主要组分浓度的测量。值得注意的是,在目前已知的燃烧诊断方法中,CARS 被认为具有最高的测量精度[20]。在过去 60 年中,CARS 技术已经应用于如内燃机、燃气轮机及火箭发动机燃烧等研究中[29]。近年来,随着高功率纳秒激光器和超短脉冲皮秒、飞秒激光器的出现,单脉冲和宽带 CARS 光谱学的应用也得到了快速发展[30]。

5.4.1　基本原理

CARS 是一种非线性光学过程,通过泵浦光和斯托克斯光可以在目标分子中诱导出拉曼共振,当共振信号与第三束激光(探测光)耦合时则产生空间相干的 CARS 信号。假设三束激光满足空间相位匹配条件,则 CARS 信号强度可以表征为

$$I_{CARS} = \frac{\omega_3^2}{c^4 \varepsilon_0^2} I_1 I_2 I_3 \left| \chi_{CARS} \right|^2 l^2 \left[\frac{\sin(\Delta \vec{k} l / 2)}{\Delta \vec{k} l} \right]^2 \tag{5.9}$$

式中,I_1、I_2、I_3 分别为泵浦光、斯托克斯光和探测光光强;ω_3 为探测光频率;ε_0 和 c 分别为真空介电系数和真空光速;l 为三束激光的空间重叠尺寸,同时也用于表征测量空间分辨率;$\Delta \vec{k}$ 为三束激光相位匹配角的差值。当 $\Delta \vec{k} l$ 较小时,式(5.9)一般可以简化为

$$I_{CARS} = \frac{\omega_3^2}{c^4 \varepsilon_0^2} I_1 I_2 I_3 \left| \chi_{CARS} \right|^2 l^2 \tag{5.10}$$

式中,χ_{CARS} 为对应 CARS 过程的分子三阶非线性极化率,一般包含共振(χ_{res})与非共振极化率(χ_{nr})两部分,可以进一步写为

$$\chi_{CARS} = \chi_{nr} + \sum_i \chi_{res,i} \tag{5.11}$$

式中,χ_{CARS} 的幅值与待测分子数密度相关,因此 CARS 的信号强度与分子数密度的平方成正比。对于大部分实际应用,可以通过激发并测量多个转动/振动能级的拉曼跃迁信号,并基于光谱拟合及分析结果,获得目标组分浓度及温度等关键信息。

根据泵浦光和斯托克斯光所激发的跃迁能级的差异，可将 CARS 分为振动 CARS(VCARS)和转动 CARS(RCARS)两大类。对于单脉冲测量精度，VCARS 和 RCARS 两种技术的温度敏感性有一定差别，图 5.11 为两种技术的测量精度对比[31]。当温度 $T<1200K$ 时，RCARS 的测量精度比 VCARS 高，当温度 $T>1200K$ 时，VCARS 的测量精度比 RCARS 高，这种差异主要是由于振动能级跃迁能量普遍高于转动能级能量。在低温条件下，转动能级相比于振动能级更容易被激发，因此表现出更好的温度敏感性；而在高温条件下，受激发的转动能级普遍已经饱和，其温度敏感性一般不如振动能级跃迁。另外，在不同技术中占主导地位的噪声源不同。RCARS 通常采用宽带激光器，通常泵浦光和斯托克斯光是由同一束激光分光得到，故脉冲的振幅波动和相位波动在光谱上被平均化，对单脉冲测量的影响较小。而对于 VCARS 而言，单脉冲的波动是主要的噪声来源。

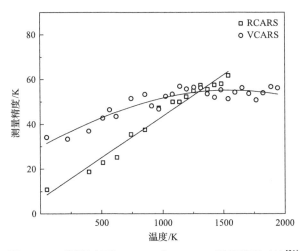

图 5.11　不同温度下 RCARS 和 VCARS 测量精度对比[31]

对于给定组分，CARS 一般同时与温度、组分浓度及压强等因素相关。如图 5.12(a)所示，温度一般通过改变玻尔兹曼分布的方式来影响光谱分布、谱线相对强度及光谱整体包络形状。在忽略展宽系数变化的前提下，组分浓度一般只影响 CARS 信号的整体强度[图 5.12(b)]。压强因素对 CARS 的影响相对较复杂，高压条件下，CARS 信号强度随分子数密度的增加而增强，在特定压强条件下，CARS 信号强度可能无法严格遵守对分子数密度平方的依赖关系[32]。此外，由于高压谱线展宽、高压谱线混合等因素的作用，CARS 的整体包络形状也随压强而发生改变[图 5.12(c)]。

一般而言，CARS 的测量对象主要是 N_2、CO_2 或 H_2 等主要燃烧组分。对于这些待测组分，其最低浓度阈值约为 1%[34]。对于微量组分检测，即当浓度低于 1%时，一般需要采用电子共振增强(electronic resonance enhanced，ERE)技术。ERE-CARS

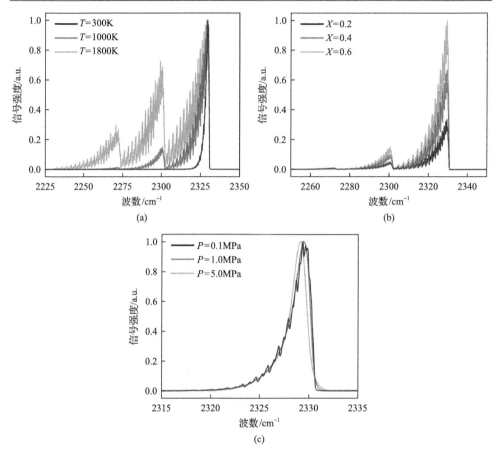

图 5.12 根据 Sandia CARSFIT 代码计算得到的 1 个大气压下的 N_2-VCARS 光谱：(a)不同温度下的归一化 CARS 信号强度；(b)不同 N_2 浓度下的相对 CARS 信号强度；(c)不同压力下的归一化 CARS 信号强度[33]

相比于传统 CARS 方法的主要区别在于其泵浦光和斯托克斯光对应的中心频率与待测组分的电子能级跃迁能量相对应，并通过电子共振激发的形式极大地增强了测量灵敏度。ERE-CARS 目前已被用于检测如 NO[35,36]、C_2H_2[37]和 CH_2O[38]等燃烧中间产物。

5.4.2 实验技术

无论对于 VCARS 还是 RCARS，在实际测量过程中一般都需要两种及以上不同波长的激光来产生 CARS 信号，以较常见的 ns-CARS 为例，典型的实验装置图如图 5.13 所示。

由于空间相位匹配条件的限制，CARS 一般作为一种点测量的燃烧诊断方法。通常需要将输入的泵浦光、斯托克斯光和探测光同时聚焦于一处。一般情况下，

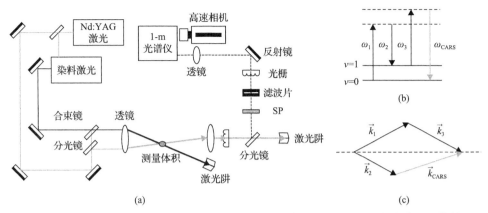

图 5.13　典型 ns-CARS 实验装置图(a)；CARS 能级结构(b)和 CARS 空间相位匹配结构(c)

聚焦区域呈纺锤形，沿轴线长一般为 1～2mm，垂直于其轴线的截面直径通常为数十至数百微米。对于湍流燃烧来说，当火焰面落在纺锤体的轴向长度内时，有一定概率会包含火焰锋面所代表的高温区及未燃物的低温分解区，这种现象在 CARS 温度测量中称为空间平均效应。传统方法采用单温度模型(STF)来拟合实验光谱，但由于温度低的区域分子数密度较高，故计算结果会向低温偏移，产生较大的测量误差。因此，近年来提出一种新的双温度拟合模型(DTF)来处理这种空间平均效应。与传统的 STF 拟合结果相比，使用 DTF 拟合极大地提高了光谱拟合的质量及温度和浓度的准确性。

此外，激光器技术的演变和发展也在很大程度上提升了 CARS 方法的测量能力。使用具有更高重复频率、更短激光脉宽的皮秒激光器和飞秒激光器，不但可以提升 CARS 方法的测量时间分辨率，还能够抑制背景信号干扰，提高在高压背景下的测量能力，下面分别对 ps-CARS 和 fs-CARS 技术的主要特征和优势进行简要介绍。

1. 皮秒 CARS(ps-CARS)

CARS 测量中的温度和组分信息主要来自对拉曼共振信号的解析，而非共振的背景信号则在一定程度上对共振拉曼信号造成干扰。非共振背景仅在泵浦光、斯托克斯光和探测光满足时空重叠的条件下存在。对基于纳秒激光光源的 CARS 测量方法而言(ns-CARS)，非共振背景信号的持续时间达到纳秒时间尺度，与共振拉曼信号的退相干时间相当，因此一般难以直接消除非共振背景信号的干扰。

而对于 ps-CARS 而言，泵浦光和斯托克斯光的脉冲持续时间为皮秒量级，通过对探测光引入延迟，可以有效抑制非共振背景信号对共振拉曼信号的干扰[39]，如图 5.14 所示，可以看出在 150ps 探测光延时的条件下，CARS 光谱底部的噪声干扰被滤除，底部平坦的谱线有利于对线型和谱线位置的拟合，极大地提高了谱线的拟合质量，提高了测量准确度。

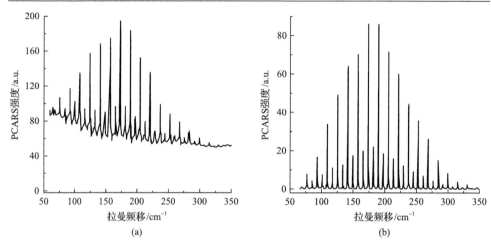

(a)　　　　　　　　　　　　　　　　　　(b)

图 5.14　在探测光相对于泵浦光和斯托克斯光延迟为 0ps(a) 和 150ps(b) 时 C₃H₈ 扩散火焰径向
中心位置的转动 CARS 光谱[39]

当然，延迟探测光在一定程度上也会衰减共振 CARS 信号。如图 5.15(a) 所示，随着探测光延迟时间的增加，不同组分共振拉曼信号的衰减速率均小于非共振信号的衰减速率，因此选取合适的探测光延时，能够在保证测量信噪比的前提下尽量消除非共振信号的干扰。

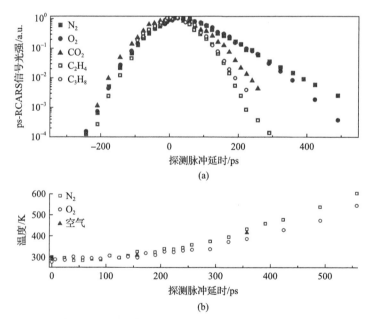

(a)

(b)

图 5.15　在 294K、1bar 条件下各种气体的 ps-RCARS 信号光强与探测脉冲延时的关系 (a) 和 N₂、
O₂ 及空气的 ps-CARS 信号拟合获得的温度与探测延时的关系[40] (b)

2. 飞秒 CARS（fs-CARS）

相比于 ns-CARS 和 ps-CARS，基于飞秒激光的 CARS 测量方法（fs-CARS）除了可以更好地消除非共振背景信号的干扰，还拥有单脉冲宽谱激发和更强的抗压强扰动能力的优点。

如图 5.16 所示，对于 ns-CARS 而言，一般通过窄线宽的泵浦光和由染料激光器产生的宽谱斯托克斯光来激发不同拉曼能级的跃迁，其拉曼激发效率取决于斯托克斯光的频谱分布，并且不同拉曼能级受激发后的初始相位不同；而对于 fs-CARS，由于泵浦光和斯托克斯光均为宽谱光源，对于特定的跃迁能级，在泵浦光和斯托克斯光中存在多种光子组合可以实现拉曼激发，因而极大地提高了激发效率，并且所有受激能级都拥有相同的初始相位。另外，在 fs-CARS 中，典型的探测光延迟时间为 3～50ps，远低于 ns-CARS 和 ps-CARS 中的探测光延迟时间，该延迟时间也短于一定压力条件下的分子碰撞时间尺度（约为 ns）[17]。因此，fs-CARS 可以通过缩短光-物质作用时间的方式来减小高压谱线展宽、谱线混合等因素对光谱特征的影响。此外，通过对飞秒激光脉冲的相位、幅度和偏振模式进行整形，可以选择性地增强或抑制特定分子的激发。这种选择性激发将扩展 fs-CARS 在检测燃烧中对各种烃类组分的适用性。

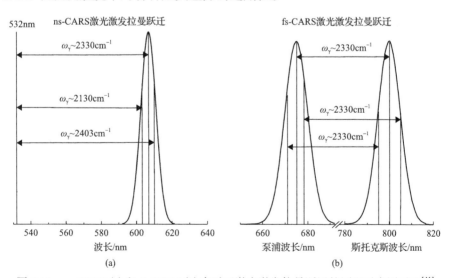

图 5.16　ns-CARS（a）和 fs-CARS（b）中对于激光激发拉曼跃迁的原理示意图对比[41]

目前，基于 fs-CARS 的燃烧诊断方法大致可以分为两种：第一种方法称为频率啁啾探测脉冲 CPP fs-CARS，使用宽光谱的飞秒脉冲作为探测光[42-44]；另一种方法称为杂化 fs/ps-CARS 方法，使用相对较窄光谱的皮秒激光作为探测光[45-47]。相比于杂化 fs/ps-CARS 技术，CPP fs-CARS 的主要优势在于实验装置相对简单，并且探测光的生成效率较高（90%以上），但其光谱信息比较复杂，测量结果不如杂化 fs/ps-CARS 技术直观，目前杂化 fs/ps-CARS 技术在实际燃烧测量中的应用更为广泛。

5.4.3　应用实例

在过去几十年里，ns-CARS 技术的发展最为成熟，并已广泛应用于如内燃机[48]、火箭发动机[49]等实际燃烧环境中。例如，Weikl 等[50]使用 N_2-RCARS 测量异辛烷喷雾在定容弹中蒸发时的局部冷却情况；Weikl 等[50]针对均质压燃发动机中的自燃现象，当将气态和液态 C_3H_8 混合物注入发动机时，利用 RCARS 和拉曼光谱同时确定混合物成分和气体温度；Bengtsson 等[51]使用 RCARS 测量发动机压缩冲程的温度和 O_2/N_2 相对浓度，研究了废气再循环对发动机敲缸现象的影响[52]；Weikl 等[53]从均质压燃发动机的压缩冲程中同时获得了有关局部温度和废气再循环比例的信息；Brackmann 等[54]则对 CARS 在内燃机燃烧中的工作进行了总结。

除此之外，Bédué 等[55]在模型涡轮发动机燃烧室中使用 VCARS 进行了温度和 O_2 浓度的同步测量；Eckbreth 等[56]使用 N_2-CARS 在喷气发动机尾气中开展了温度测量和 O_2、H_2O 与 CO 的浓度测量；Kampmann 等[57]在高度湍流的旋流火焰中同时应用逐点 VCARS 和平面激光瑞利散射进行测量。其中，瑞利测量用于获得相对温度分布，CARS 数据可用于确定平面内某一点的绝对温度，可为平面瑞利技术提供校准。此外，在高压液体火箭发动机[49]和脉冲燃烧室[58]中也进行了 ns-CARS 测量，典型的压力范围为 1～4MPa，温度范围为 1000～3000K。

如前文所述，ps-CARS 和 fs-CARS 技术相比于 ns-CARS 技术一般具有更好的测量时间分辨率和更高的抗压强扰动能力。例如，Hsu 等通过光纤耦合的方式实现了 ps-CARS 在较复杂工业燃烧环境中的应用[59]。Lucht 等也通过 CPP fs-CARS 技术成功实现了在具有高湍流度的燃气轮机模型燃烧室中的火焰温度测量[60,61]，结果如图 5.17 所示，在该工作中，CPP fs-CARS 测量的空间分辨率约为 600μm，动态温度检测范围为 300～2200K，温度测量误差为±2%，测量精度约为±3%。

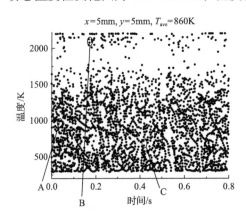

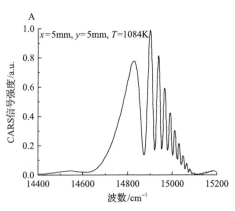

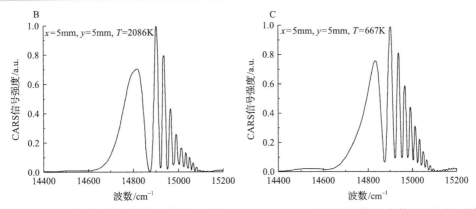

图 5.17 在燃气轮机模型燃烧室燃烧场下游 $x=5mm$、$y=5mm$ 处测量所得温度散点图及在不同时刻(A,B,C)的 CPP fs-CARS 光谱[60]

5.5 简并四波混频

不同于瑞利散射、自发拉曼散射等线性光学诊断方法，简并四波混频 (DFWM)、相干反斯托克斯拉曼散射(CARS)和激光诱导光栅光谱(LIGS)等诊断方法都是基于非线性光学过程的诊断方法。

5.5.1 基本原理

对于 DFWM，典型的能级结构如图 5.18(a)所示。在 DFWM 中，三束具有相同频率($\omega_1=\omega_2=\omega_3=\omega$)的激光与待测介质相互作用，产生相干四波混频的信号频率 ω_4 满足能量守恒式(5.12)和相位匹配式(5.13)条件[图 5.18(b)]：

$$\omega_4 = \omega_1 + \omega_2 - \omega_3 = \omega \tag{5.12}$$

$$\vec{k}_1 + \vec{k}_2 + \vec{k}_3 + \vec{k}_4 = \vec{0} \tag{5.13}$$

式中，一般将 $\vec{k}_1$ 和 $\vec{k}_2$ 表征的激光光源称为泵浦光源；$\vec{k}_3$ 表征的光源称为探测光源。不难发现，当 $\vec{k}_1$ 和 $\vec{k}_2$ 异向时，DFWM 信号的方向与探测光入射方向相反。因此，在实际实验中常采取如图 5.18(c)所示的光路布置方式来收集信号。由于待测信号

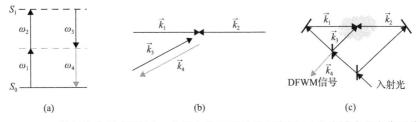

图 5.18 DFWM 能级结构示意图(a)、空间相位匹配关系示意图(b)和光路布置方案示意图(c)

频率与入射光源频率一致，为了防止相互干扰，可以借助 DFWM 信号的空间相干性，通过空间滤波等方式来提纯信号。

当激光频率 ω 与待测介质的电子态跃迁频率相同时，DFWM 信号强度因电子共振激发得到极大增强。这样，通过扫描激光频率或采用宽谱光源的方式，可以获得分子的振转光谱，并基于光谱分析进一步实现温度、组分浓度等物理量的测量。在低功率泵浦光源的条件下，一般 DFWM 信号强度认为与三束激光强度的乘积成正比，随着激光功率的增强，还需要考虑过饱和激发的影响。当采用窄线宽激发光源，并只考虑单一转动/振动跃迁时，DFWM 信号强度 I_4 可以表示为

$$I_4 = \frac{\alpha_0^2 L^2}{\left(1+\delta^2\right)} \frac{4I^2 / I_{\text{sat}}^2}{\left(1 + 4I / I_{\text{sat}}\right)^3} I_3 \tag{5.14}$$

式中，α_0 为气体介质中的吸收率，并与待测气体分子数密度成正比；L 为 DFWM 测量的有效空间尺寸，一般取决于三束激光的交汇长度；δ 为激光频率与共振频率间的频率差；I 和 I_3 分别为泵浦光强与探测光强；I_{sat} 为饱和激发状态下的泵浦光强。基于泵浦激光强度 I 与饱和激发光强 I_{sat} 的区别，DFWM 信号强度 I_4 存在两种极限情况[20]。当 $I \ll I_{\text{sat}}$ 时，I_4 位于非饱和区间，信号强度正比于泵浦激光强度的平方，即

$$I_4 = \frac{4\alpha_0^2 L^2}{\left(1+\delta^2\right)} \frac{I^2}{I_{\text{sat}}^2} I_3 \tag{5.15}$$

当 $I \gg I_{\text{sat}}$ 时，I_4 位于饱和区间，信号强度与泵浦激光强度成线性反比的关系，即

$$I_4 = \frac{\alpha_0^2 L^2}{16\left(1+\delta^2\right)} \frac{I_{\text{sat}}}{I} I_3 \tag{5.16}$$

由式(5.15)可知，当 $\delta = 0$（即共振激发）时，DFWM 信号强度最大。在实际操作中，多普勒和碰撞作用对谱线的展宽效应将对测量结果引入一定误差。

5.5.2　实验技术

由于相位匹配条件的限制，DFWM 方法一般更适合点测量的应用，典型的实验装置如图 5.19 所示。其中泵浦光和探测光都可以视为简单的一维光线，因此光束交汇位置可以近似为单一测点。在此基础上，为了实现二维测量，传统的方法是移动火焰并使用逐点扫描来绘制火焰平面上各物理量的变化，但这一方法显然无法实现多点实时监测。为此，改用片状泵浦光与发散的探测光相交，并将交互

区域则视作一个椭圆形截面，此时在光强足够的条件下也可以实现二维测量。值得注意的是，当使用 DFWM 方法进行二维测量时，由于探测器垂直于探测光束传播方向放置，而产生足够强度的信号所需的泵浦光和探测光的交叉角又很小，这会导致图像水平方向的透视缩短比竖直方向更严重，此时需要在相应方向上进行校正以避免空间分辨率的损失。此外，激光束的空间不均匀性和随时间的光强脉动也会对测量结果造成一定影响。我们可以通过将目标图像与在完全均匀的介质中使用相同光束产生的图像作为对比参照，进而对光束的时间脉动和空间不均匀性进行一定程度的校正。

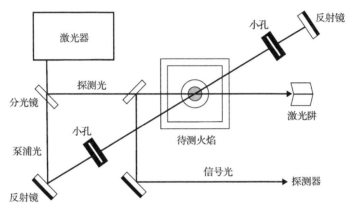

图 5.19　DFWM 的实验示意图[62]

　　DFWM 技术的空间相干特性会产生类似激光的信号光，光束发散度较小，检测器可远离待测对象放置。光谱信号记录在一维或二维阵列检测器上，如二极管阵列或 CCD 相机等。信号光的方向性使其便于与入射激光进行物理分离，同时也可抑制杂散背景光，如来自火焰的自发光等，从而有利于提高检测的灵敏度。此外，还可以在信号光光路中放置小孔进行空间过滤以进一步减小背景干扰。另外，泵浦光和探测光的偏振方向可以正交，此时信号的偏振方向也与泵浦光正交，在收集信号时作为干扰源的散射泵浦光可以被信号探测光路中的交叉偏振器滤除。

　　由以上原理可知，当激发波长对应分子的共振跃迁时，共振信号强度将比非共振时大几个数量级，因此可以利用窄带激光器有选择性地激发特定组分的特定量子态。对于 DFWM 测量，实验常采用高功率的脉冲激光器作为泵浦光源，并且激光光源输出的波长需要对应所测组分的共振跃迁波长。一般高功率脉冲激光器的线宽为 $0.01\sim0.1\,\mathrm{cm^{-1}}$ 量级，这与跃迁线宽大致匹配。此时，带宽通常限制在 $0.1\sim0.2\,\mathrm{nm}$，但有可能同时激发多个跃迁信号，所有信号作为单个光束共同传播，即所谓的多路复用。在这种情况下需要利用光谱仪来分辨各个信号的相对强度。多路复用光谱方法在瞬态燃烧情况下具有广泛应用，如可在发动机、激波管或爆炸过程中开展具有时间分辨的温度测量。进一步，使用具有 $0.001cm^{-1}$ 量级线宽的单纵模激光器可以获得更高的光谱分辨率。激光器具有较高的频率稳定性、窄线宽（最好是单纵模）、高斯或 TEM_{00} 空间模式的光强分布也可以大幅提高信噪比。另外，饱和区间（$I > I_{sat}$）的测量可以通过降低 DFWM 测量中对多普勒频移、碰撞展宽及激光强度波动的敏感性，从而获得最佳的信噪比。

目前，DFWM 技术可以检测到 ppm 量级的痕量组分，如浓度较低的自由基中间组分等。另外，使用 DFWM 测温时需要避免的一个常见问题是气体介质对激发光源的吸收，严重的气体吸收会导致光谱强度失真，从而造成温度测量误差。

5.5.3　应用实例

Ewart 和 O'Leary 首次利用 DFWM 方法开展燃烧研究，并测量了 CH_4/空气火焰中 OH 自由基在 308nm 附近 A-X(0,0) 波段的能级跃迁[63]。目前，DFWM 方法已成功应用于各类自由基的探测，如 OH[63]、NH[64]、CH[65]、CN[66] 和 C_2[67] 等。此外，利用 DFWM 也可以检测稳定的燃烧产物，如 NO[68] 和 NO_2[69] 等。在使用近红外波段的泵浦光源时，DFWM 还可以检测火焰中的多原子组分，如 CH_3[70]、CH_4、C_2H_2 和 C_2H_4[71,72] 等。

Grant 等将 DFWM 方法应用于检测内燃机燃烧产生的 NO[73]，研究了发动机在不同运行条件下 NO 浓度在发动机冲程循环中的相应变化，证明了单脉冲宽带 DFWM 测量可用于研究温度和痕量物质浓度的周期变化。图 5.20 为内燃机气缸点火过程中的 NO-DFWM 谱，从图中可以观察到光谱具有较高的信噪比。

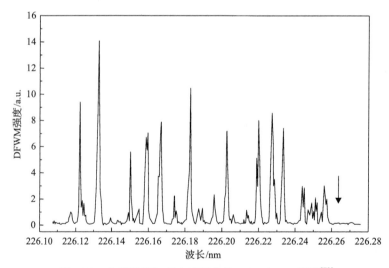

图 5.20　内燃机气缸点火过程中的 NO-DFWM 光谱[73]

Lloyd 和 Ewart 在乙炔火焰中使用 C_2 的宽带 DFWM 实现了一维温度和浓度的

测量[74]。由于宽带非单模激光器的片状泵浦光束和探测光束相交，其交线上的信号被成像到光谱仪的狭缝上。透过狭缝每一点上记录的光谱都可以得到火焰中线上相应点的温度，浓度则可以通过所测温度和配分函数得到。进一步，Ewart 等首次使用 DFWM 实现了二维成像[75]，他们通过将 NaCl 布撒到层流槽式燃烧器火焰中对 Na 原子进行分布成像。此外，Rakestraw 等将该技术扩展到燃烧中间产物 OH 的二维成像[76]。Ewart 和 Kaczmarek 以两种不同的激发波长记录层流预混 CH₄/空气火焰中 OH 的二维 DFWM 图像，如图 5.21 所示，该研究证明了将二维浓度分布成像扩展到二维火焰温度测量的可行性[77]。另外，Ewart 等实现了流动中 OH 和 NO 的同步成像并提出了图像归一化方法[78]，同时考虑了成像过程中衍射效应对空间分辨率的影响，以补偿由光束和激光光片不均匀性引起的测量误差。该方法适用于稳定的层流火焰，但将其应用于湍流火焰仍存在一定挑战。

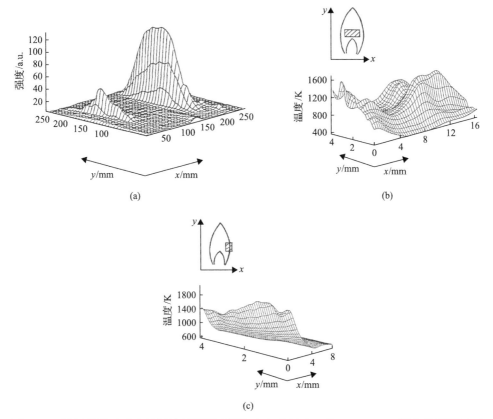

图 5.21　(a)用单脉冲激光拍摄的预混层流甲烷/空气火焰中二维 OH-DFWM 强度图(图像大小为 256×256 像素，视场范围在 y 方向上约为 10mm)；(b)通过组分浓度成像获得的温度图(拍摄视场相对于火焰的位置显示在插图中，代表反应区正上方的中心区域)；(c)火焰面区域温度分布(显示最高温度为 1925K±130K)[77]

5.6　激光诱导光栅光谱

　　与 CARS 类似，在泵浦光和探测光的共同作用下，还可能存在另一种特殊的光场效应，即激光诱导光栅。激光诱导光栅光谱(LIGS)的信号强度随分子数密度的升高而升高，因而更适用于高压环境中的燃烧诊断研究。目前，已经证明 LIGS 可用于测量燃烧场中的温度、速度和压力等参数[79]。

5.6.1　基本原理

　　LIGS 的原理如图 5.22 所示，两束频率相同、相位一致的脉冲泵浦光在空间叠加后可以产生干涉条纹，即激光诱导光栅[80,81]，光栅条纹的间隔 Λ 可以表示为

$$\Lambda = \frac{\lambda}{2\sin(\theta/2)} \tag{5.17}$$

式中，λ 为激光波长；θ 为两束激光的夹角。探测光通常以布拉格角入射，以得到最大的信号强度。由于激光的脉宽为 10ns 左右，诱导出的光栅经过一段时间的

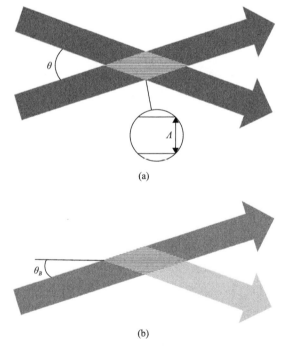

(a)

(b)

图 5.22　LIGS 技术的原理示意图：(a)两束相同波长的泵浦脉冲激光"写"光栅，目标物质吸收能量形成干涉光栅，光栅间距为 Λ；(b)探测光以第一布拉格角"读"光栅，信号光由布拉格衍射产生[62]

弛豫，受激分子以非辐射跃迁的方式回到基态。假设在光栅存续期间探测光的强度基本恒定，则信号光随时间的变化规律揭示了激光诱导光栅的时间衰减特性。

根据光栅产生的方式可将 LIGS 分为两种[82,83]：由所激发分子碰撞弛豫导致局部加热形成的光栅，称为激光诱导热致光栅光谱（laser induced thermal grating spectroscopy，LITGS）；或者通过泵浦激光的强电场驱动分子形成的光栅，称为激光诱导电致伸缩光栅光谱（laser induced electrostrictive grating spectroscopy，LIEGS）。

LITGS 通过相干泵浦光产生光强的干涉条纹，干涉条纹中高光强区域吸收能量将引起温度变化，从而导致分子密度变化。同时，密度变化诱导出的热致光栅结构将同时产生两个传播方向相反的平面声波，传播方向为从诱导光栅条纹的低密度区向高密度区，从而形成叠加在静止热致光栅上的声驻波。热致光栅和声驻波通常具有相似的幅值，静止热致光栅的强度因热扩散随时间呈指数衰减，声波的幅度因黏性阻尼效应也随时间呈指数衰减。

与谐振 LITGS 信号相比，LIEGS 需要较高的脉冲能量来获得足够的测量信噪比。由于电致伸缩作用在介质中会产生密度变化并由此产生声波[84]，此时热致光栅可以忽略不计或不存在，LIEGS 信号仅包含从探测体积中诱导出的声波，这意味着 LIEGS 信号的振荡频率是 LITGS 信号的 2 倍。

由于泵浦脉冲的持续时间非常短，光栅可认为是瞬间出现的，所以信号表现出单指数衰减并与叠加在其上的声波发生相干振荡。图 5.23 对比了不同泵浦激光

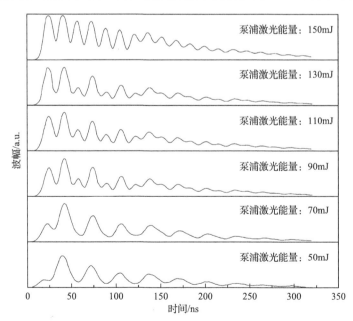

图 5.23　泵浦激光能量对 LIGS 信号的影响（泵浦光波长 595nm，实验温度 25℃，压力 0.1MPa，NO 浓度 10ppm）[85]

能量产生的 LIGS 信号的特性。在共振波长（如入射激光波长为 NO 的强吸收谱线 595nm）和相对较低的泵浦激光能量（小于 70mJ）下，信号由热致光栅控制（LITGS），而在非共振波长（如入射激光波长为 590 或 593nm）和高泵浦激光能量下，电致伸缩信号占主导地位（LIEGS）。而当激光激发波长为共振波长且泵浦激光能量较高时，LIEGS 和 LITGS 信号则会同时出现。

LITGS 和 LIEGS 的另一个主要区别在于 LIEGS 不具有组分选择性，而 LITGS 则可以通过将泵浦激光波长调谐到目标分子或中间产物的吸收谱线来实现选择性激发。因此，利用 LITGS 技术可以检测一些低浓度组分，包括 NO[85]、NO$_2$[86]、OH[87]、H$_2$O[88]和 NH$_3$[89]等，还有甲醛、丙酮等大分子[90,91]。

本书主要讨论 LITGS，因为它的积分信号强度与初始分子状态及组分浓度成比例，并且具有组分选择性及对温度、压力和速度等物理量的测量能力。Cummings 详细分析了光栅的生成和衰减动力学[92]，Eichler 等介绍了 LITGS 相关的物理学基础[93]，详细的物理机制可以参考他们的工作。通过 LITGS 信号的振荡频率、光栅条纹间距等物理量可以得到温度，计算公式为

$$T = \frac{m\Lambda^2}{\gamma k_{\mathrm{B}}} f_{\mathrm{osc}}^2 \tag{5.18}$$

式中，m 为平均分子质量；γ 为恒定体积和压力下的比热率；k_{B} 为玻尔兹曼常数；f_{osc} 为 LITGS 信号的振荡频率。可以看出，温度的计算与信号的振荡频率密切相关，与信号整体光强和谱线相对强度无关。

如前所述，LIGS 技术与 DFWM 密切相关[94]。DFWM 的相干衰减时间主要由分子碰撞决定，在气体中通常处于皮秒量级。如果探测光相较于泵浦光的脉冲延迟超过相干衰减时间，则不产生 DFWM 信号。实际上，对于纳秒泵浦脉冲，只有当探测脉冲与泵浦脉冲基本同步时，DFWM 信号才能被检测到。然而，在 LIGS 的情况下，诱导出的散射或衍射光栅是介质的整体特性，光栅的衰减由气体动力学特性决定，如热扩散率和黏度等，这些特性将导致光栅的衰减时间为微秒量级，比相干衰减时间长几个数量级。因此，在入射泵浦激光脉冲消失后，由 LIGS 诱导的光栅仍然存在。

DFWM 和 LITGS 的另一个区别见图 5.24。在 DFWM 中，泵浦光和探测光具有相同的频率 ω_1，并且满足分子能级跃迁频率，这意味着 DFWM 为共振跃迁，所有三束光都具有相同的分子共振增强。用于激发 LITGS 的两束泵浦光 ω_1 也满足分子共振激发条件，但与 DFWM 不同的是，LITGS 探测的是激发分子随时间变化的弛豫信号，探测光的波长与泵浦光可以是不简并的，即 $\omega_1 \neq \omega_2$ 是允许的。另外，使用不同波长的探测光有助于信号测量时利用滤光片屏蔽杂散的泵浦光。在 LIGS 的情况下，对探测光的另一个限制是探测光的入射方向需满足由泵浦波长和

交叉角所确定的衍射光栅布拉格条件。

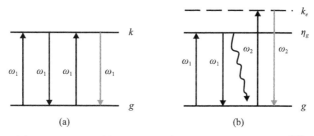

图 5.24　DFWM(a) 和 LITGS 激发过程能级示意图 (b)[62]

图 5.25 为不同压力条件下的 LITGS 和 DFWM 信号对比，从图中可以看出，DFWM 信号随压力增加而急剧衰减，然而 LIGS 信号在较高压力下衰减速率反而变慢[95]。一般来说，信号衰减时间由热耗散速率决定，最终信号衰减到零。

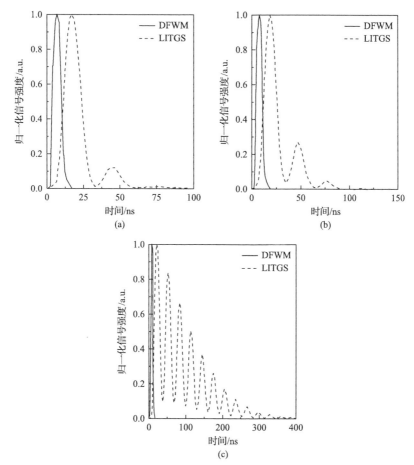

图 5.25　压力对 N_2 的 LITGS 和 DFWM 信号的影响对比[95]：(a) 150mbar；(b) 200mbar；(c) 1bar

而压力增大导致热耗散速率相应增加。因此，若已知气体组成以及相关的气体动力学参数，压力可以从信号的衰减速率中导出，并且不依赖于光谱线型和分辨率[96]。

值得注意的是，LITGS 理论假设介质在探测点内是各向同性和均匀的，但在湍流火焰中温度、压力、组分和速度场在空间或时间上并不均匀，不能将空间和时间强行解耦计算，因此测量区域可能存在较高的温度或浓度梯度，从而导致测量结果失真。

5.6.2　实验技术

典型的 LITGS 实验装置如图 5.26 所示。考虑到脉冲激光相对连续激光的峰值功率更高，因此多数情况下选择脉冲激光作为泵浦光创建动态光栅，泵浦脉冲可由纳秒调谐激光提供，如 Nd:YAG 激光激发的染料激光，同时可以选用如氩离子激光等连续激光作为探测光，这样有利于捕获 LITGS 信号在整个光栅衰减过程中随时间的演变。理论上，泵浦光和探测光的波长可以是任意的，但通常对于 LITGS 来说，将泵浦激光波长调谐到目标组分的吸收谱线可以有选择性地激发特定组分，从而极大地提高激发效率。探测光的波长选择与泵浦光的波长不同，这将有利于屏蔽杂散泵浦光对信号光的干扰以提高信噪比。LITGS 的实验装置与 CARS 的实验装置非常相似，最大的不同是探测光需要以适当角度入射光栅来满足布拉格散射条件。一般用光电倍增管作为 LITGS 的探测器。

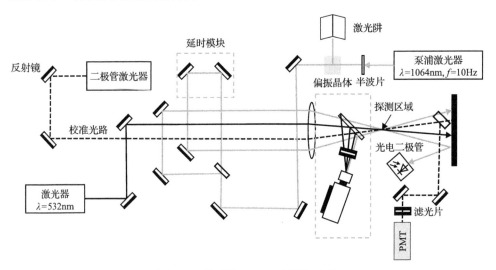

图 5.26　典型的 LITGS 实验装置图

LITGS 信号包含有关温度、压力和组分浓度等信息，这些参数可以从单脉冲测量中获得。典型 LITGS 信号的持续时间为几微秒，如此高的时间分辨率是 LITGS

技术固有的。LITGS 技术的空间分辨率由光栅体积决定，一般是直径几百微米、长 1~2cm 的纺锤体。如果气体成分已知，则可以从 LITGS 时域信号的声学振荡频率推导出温度[92]。另外，还可以将光栅或光栅脉冲函数的时间相关性在傅里叶频域中进行计算[97]，并将离散傅里叶变换的分析结果与实验数据直接提取的衰减振荡频率进行比较验证。

基于信号衰减振荡频率的分析方法使 LITGS 技术对激光脉冲强度的波动相对不敏感。值得注意的是，振荡频率计算的不确定性取决于 LITGS 信号中可供解析的振荡峰的数量及峰峰之间的对比度。当激发激光沉积的热量扩散出光栅所在区域将导致信号快速衰减，而小的光栅体积还会使 LITGS 信号具有更少的振荡峰数量，从而限制了计算精度。所以，通过增加光栅区域的宽度来增加声波穿过光栅的时间，可以提高光谱中振荡峰的数量。然而，更宽的光栅体积使空间分辨率降低。因此，需要在光栅体积和声波传播时间之间进行权衡，兼顾空间分辨率和计算精度。

5.6.3　应用实例

目前，LIGS 主要用于测量温度[98,99]、速度[100-103]和压力[96,104,105]等，也应用于分子弛豫过程[106-108]等方面的研究。Seeger 等利用 LIGS 在定容弹和汽油直喷发动机非反应射流中测量了 C_3H_8 气体在注入过程中局部当量比随时间的变化[109]，在高燃料浓度下，光栅振荡周期可以用于获得气体成分信息，而在低 C_3H_8 浓度下，电致伸缩和热光栅信号峰值幅度比值可以作为计算当量比的依据，随后他们在 C_3H_8 射流中同时获得了温度和燃料/空气比[110]。一般使用紫外、可见光或近红外激光作为泵浦光源[88,111]，Li 等将泵浦波长拓展至中红外波段[112]，该技术的主要优点是可以在紫外、可见光或近红外范围内检测其他信号的同时扫描中红外光谱。

使用高重复频率激光可以解决与湍流相关的随时间演变的问题，最近已经实现了 10kHz 激光测量[113]，克服了低重复频率(如 10Hz)激光系统对瞬态气动过程和流动诊断研究的限制。如图 5.27 所示，在室温和 4bar 的压力条件下，基于 NO_2 的 LIGS 信号记录定容弹中气体温度在压缩过程中随时间的演变情况，温度的测量精度可达 1.4%，实验证明使用 LIGS 进行温度测量的时间分辨率显著提高，并且可以同步获得较高时间和空间分辨的温度、压力和流速等信息。

近来，LIGS 技术已经应用于更具挑战性的燃烧系统。Hemmerling 和 Stampanoni-Panariello 开发了一种 2D 的 LIGS，对乙炔/空气火焰进行成像[114]。然而，该实验装置无法记录时间分辨数据。Brown 等测量了碳烟火焰的时间分辨 LIGS 信号[115,116]，在 C_2H_4/空气火焰中分析泵浦脉冲作用后首个 100ns 期间内的声

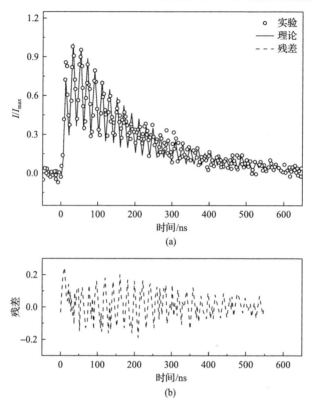

图 5.27　10kHz 频率记录的 LIGS 信号(黑色圆圈)和拟合信号(黑色实线(a))及二者
残差(黑色虚线(b))[113]

学调制信号,从而获得温度信息。Williams 等将 LIGS 应用于缸内直喷式光学汽油
发动机点火过程的温度测量[117],定量评估了汽油/乙醇混合物的蒸发冷却速率,
量化了在基础模型汽油燃料中添加乙醇或甲醇对缸内温度的影响。图 5.28 为在典
型光学发动机中的 LITGS 测量结果。发动机在燃烧条件下测量的不确定性因废气
再循环而略有增加。高温下的快速扩散使信号持续时间更短,压力测量的精度有

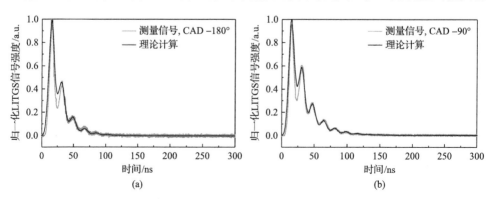

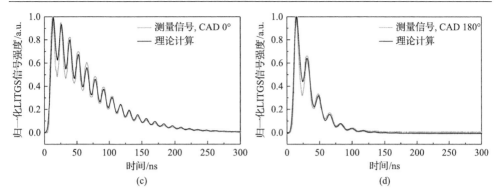

图 5.28　在光学发动机中 CAD 为–180°(a)、–90°(b)、0°(c) 和 180°(d) 处获得的基于 50 次单脉冲平均的 LITGS 信号(灰线)及其最佳拟合理论计算光谱(黑线)[96]

所降低。

　　LITGS 激光诊断对高压燃烧的应用具有挑战性。Latzel 等使用连续激光在预混 CH₄/空气火焰中研究了 OH 的 LITGS 光谱[118]，在 10～40bar 的压力范围内获得了火焰温度和压力信息，并且与 N₂-CARS 的测量结果一致。Hemmerling 等在火箭发动机喷嘴中应用 LIEGS 技术测量火箭喷嘴羽流中的流场[119]。Hayakawa 等在 1.0MPa 富氧或纯氧 CH₄/O₂/N₂ 火焰中，使用 LITGS 测量温度最高可达 3000K[98]。该研究结果证明在 0.5MPa 压力下，绝热火焰温度的测量精度在 1.6%的范围，标准偏差约为 160K，证明该技术在高压和高温火焰中具有良好的温度测量潜力。

　　LITGS 的最新发展涉及使用高重复频率激光器作为泵浦光[113,120]，并通过将 LITGS 从点测量延伸到一维甚至二维测量[121]。未来发展可能涉及同时使用 DFWM 和 LITGS 技术，以扩展在宽压力范围的应用。实际应用 LITGS 的主要问题在于气动热力学参数的不确定性，特别是应用于未知组分的气体混合物中。然而，当未知组分只占混合物很小比例时，可以进行合理估算[84]。

参 考 文 献

[1] Weller L, Kuvshinov M, Hochgreb S. Gas-phase Raman spectroscopy of non-reacting flows: Comparison between free-space and cavity-based spontaneous Raman emission. Applied Optics, 2019, 58: C92-C103.

[2] Yuen F T C, Gülder Ö L. Investigation of dynamics of lean turbulent premixed flames by Rayleigh scattering. AIAA Journal, 2009, 47: 2964-2973.

[3] Dibble R W, Hollenbach R E. Laser Rayleigh thermometry in turbulent flames. Symposium (International) on Combustion, 1981, 18: 1489-1499.

[4] Zhao F Q, Hiroyasu H. The applications of laser Rayleigh scattering to combustion diagnostics. Progress in Energy and Combustion Science, 1993, 19: 447-485.

[5] Miles R B, Lempert W R, Forkey J N. Laser Rayleigh scattering. Measurement Science and Technology, 2001, 12: R33-R51.

[6] Muller D, Pagel R, Burkert A, et al. Two-dimensional temperature measurements in particle loaded technical flames

by filtered Rayleigh scattering. Applied Optics, 2014, 53: 1750-1758.

[7] Miles R B, Lempert W R, Forkey J N. Instantaneous velocity fields and background suppression by filtered Rayleigh scattering. 29th Aerospace Sciences Meetings, 1991.

[8] Forkey J N. Development and demonstration of filtered Rayleigh scattering: A laser based flow diagnostic for planar measurement of velocity, temperature and pressure. New Jersey: Princeton University, 1996: 300.

[9] Monje I T, Sutton J A. Filtered Rayleigh scattering thermometry in premixed flames. 2018 AIAA Aerospace Sciences Meeting, 2018: AIAA 2018-1772.

[10] Bergmann V, Meier W, Wolff D, et al. Application of spontaneous Raman and Rayleigh scattering and 2D LIF for the characterization of a turbulent $CH_4/H_2/N_2$ jet diffusion flame. Applied Physics B, 1998, 66: 489-502.

[11] Frank J H, Kaiser S A. High-resolution imaging of dissipative structures in a turbulent jet flame with laser Rayleigh scattering. Experiments in Fluids, 2008, 44: 221-233.

[12] Mielke A F, Elam K A, Sung C J, et al. Rayleigh scattering diagnostic for measurement of temperature, velocity, and density fluctuation spectra. 44th AIAA Aerospace Sciences Meeting, 2006.

[13] Most D, Leipertz A. Simultaneous two-dimensional flow velocity and gas temperature measurements by use of a combined particle image velocimetry and filtered Rayleigh scattering technique. Applied Optics, 2001, 40: 5379-5387.

[14] Sutton J A, Patton R A. Improvements in filtered Rayleigh scattering measurements using Fabry-Perot etalons for spectral filtering of pulsed, 532nm Nd:YAG output. Applied Physics B, 2014, 116: 681-698.

[15] McManus T A, Monje I T, Sutton J A. Experimental assessment of the Tenti S6 model for combustion-relevant gases and filtered Rayleigh scattering applications. Applied Physics B, 2019, 125: 13.

[16] McManus T A, Sutton J A. Simultaneous 2D filtered Rayleigh scattering thermometry and stereoscopic particle image velocimetry measurements in turbulent non-premixed flames. Experiments in Fluids, 2020, 61: 134.

[17] Allison P M, McManus T A, Sutton J A. Quantitative fuel vapor/air mixing imaging in droplet/gas regions of an evaporating spray flow using filtered Rayleigh scattering. Optics Letters, 2016, 41: 1074-1077.

[18] Kojima J, Nguyen Q V. Spontaneous Raman scattering diagnostics: Applications in practical combustion systems. Handbook of Combustion, 2010: 125-154.

[19] Xing F, Huang Y, Zhao M, et al. The brief introduction of different laser diagnostics methods used in aeroengine combustion research. Journal of Sensors, 2016, 2016: 2183569.

[20] Eckbreth A C. Laser diagnostics for combustion temperature and species. Amsterdam, The Netherlands: Gordon and Breach Publishers, 1996.

[21] Rabenstein F, Leipertz A. One-dimensional, time-resolved Raman measurements in a sooting flame made with 355nm excitation. Applied Optics, 1998, 37: 4937-4943.

[22] Magnotti G, Barlow R S. Dual-resolution Raman spectroscopy for measurements of temperature and twelve species in hydrocarbon-air flames. Proceedings of the Combustion Institute, 2017, 36: 4477-4485.

[23] Hassel E P. Ultraviolet Raman-scattering measurements in flames by the use of a narrow-band XeCl excimer-laser. Applied Optics, 1993, 32: 4058-4065.

[24] Wehr L, Meier W, Kutne P, et al. Single-pulse 1D laser Raman scattering applied in a gas turbine model combustor at elevated pressure. Proceedings of the Combustion Institute, 2007, 31: 3099-3106.

[25] Barlow R S, Wang G H, Anselmo-Filho P, et al. Application of Raman/Rayleigh/LIF diagnostics in turbulent stratified flames. Proceedings of the Combustion Institute, 2009, 32: 945-953.

[26] Kojima J, Nguyen Q V. Measurement and simulation of spontaneous Raman scattering in high-pressure fuel-rich

H$_2$-air flames. Measurement Science and Technology, 2004, 15: 565-580.

[27] Kojima J, Nguyen Q V. Observation of turbulent mixing in lean-direct-injection combustion at elevated pressure. AIAA Journal, 2008, 46: 3116-3127.

[28] Keck O, Meier W, Stricker W, et al. Establishment of a confined swirling natural gas/air flame as a standard flame: Temperature and species distributions from laser Raman measurements. Combustion Science and Technology, 2002, 174: 117-151.

[29] Meyer T, Roy S, Lucht R, et al. Dual-pump dual-broadband CARS for exhaust-gas temperature and CO$_2$-O$_2$-N$_2$ mole-fraction measurements in model gas-turbine combustors. Combustion and Flame, 2005, 142: 52-61.

[30] Gord J R, Meyer T R, Roy S. Applications of ultrafast lasers for optical measurements in combusting flows. Annual Review of Analytical Chemistry, 2008, 1: 663-687.

[31] Seeger T, Leipertz A. Experimental comparison of single-shot broadband vibrational and dual-broadband pure rotational coherent anti-Stokes Raman scattering in hot air. Applied Optics, 1996, 35: 2665-2671.

[32] Roh W B, Schreiber P W. Pressure dependence of integrated CARS power. Applied Optics, 1978, 17: 1418-1424.

[33] Kuhfeld J, Lepikhin N D, Luggenhölscher D, et al. Vibrational CARS measurements in a near-atmospheric pressure plasma jet in nitrogen: Ⅰ. Measurement procedure and results. Journal of Physics D: Applied Physics, 2021, 54: 305204.

[34] Weikl M C, Seeger T, Hierold R, et al. Dual-pump CARS measurements of N$_2$, H$_2$ and CO in a partially premixed flame. Journal of Raman Spectroscopy, 2007, 38: 983-988.

[35] Kulatilaka W D, Chai N, Naik S V, et al. Effects of pressure variations on electronic-resonance-enhanced coherent anti-Stokes Raman scattering of nitric oxide. Optics Communications, 2007, 274: 441-446.

[36] Chai N, Lucht R P, Kulatilaka W D, et al. Electronic-resonance-enhanced coherent anti-Stokes Raman scattering of nitric oxide: Saturation and Stark effects. Journal of Chemical Physics, 2010, 133: 084310.

[37] Chai N, Naik S V, Kulatilaka W D, et al. Detection of acetylene by electronic resonance-enhanced coherent anti-Stokes Raman scattering. Applied Physics B, 2007, 87: 731-737.

[38] Lauriola D K, Rahman K A, Stauffer H U, et al. Concentration and pressure scaling of CH$_2$O electronic-resonance-enhanced coherent anti-Stokes Raman scattering signals. Applied Optics, 2021, 60: 1051-1058.

[39] Kliewer C J, Gao Y, Seeger T, et al. Picosecond time-resolved pure-rotational coherent anti-Stokes Raman spectroscopy in sooting flames. Proceedings of the Combustion Institute, 2011, 33: 831-838.

[40] Seeger T, Kiefer J, Gao Y, et al. Suppression of Raman-resonant interferences in rotational coherent anti-Stokes Raman spectroscopy using time-delayed picosecond probe pulses. Optics Letters, 2010, 35: 2040-2042.

[41] Roy S, Gord J R, Patnaik A K. Recent advances in coherent anti-Stokes Raman scattering spectroscopy: Fundamental developments and applications in reacting flows. Progress in Energy and Combustion Science, 2010, 36: 280-306.

[42] Lang T, Motzkus M, Frey H M, et al. High resolution femtosecond coherent anti-Stokes Raman scattering: Determination of rotational constants, molecular anharmonicity, collisional line shifts, and temperature. Journal of Chemical Physics, 2001, 115: 5418-5426.

[43] Lucht R P, Kinnius P J, Roy S, et al. Theory of femtosecond coherent anti-Stokes Raman scattering spectroscopy of gas-phase transitions. Journal of Chemical Physics, 2007, 127: 044316.

[44] Richardson D R, Lucht R P, Kulatilaka W D, et al. Theoretical modeling of single-laser-shot, chirped-probe-pulse femtosecond coherent anti-Stokes Raman scattering thermometry. Applied Physics B, 2011, 104: 699-714.

[45] Prince B D, Chakraborty A, Prince B M, et al. Development of simultaneous frequency- and time-resolved coherent

anti-Stokes Raman scattering for ultrafast detection of molecular Raman spectra. Journal of Chemical Physics, 2006, 125: 044502.

[46] Pestov D, Murawski R K, Ariunbold G O, et al. Optimizing the laser-pulse configuration for coherent Raman spectroscopy. Science, 2007, 316: 265-268.

[47] Stauffer H U, Miller J D, Slipchenko M N, et al. Time-and frequency-dependent model of time-resolved coherent anti-Stokes Raman scattering (CARS) with a picosecond-duration probe pulse. Journal of Chemical Physics, 2014, 140: 024316.

[48] Drake M C, Haworth D C. Advanced gasoline engine development using optical diagnostics and numerical modeling. Proceedings of the Combustion Institute, 2007, 31: 99-124.

[49] Grisch F, Bouchardy P, Clauss W. CARS thermometry in high pressure rocket combustors. Aerospace Science and Technology, 2003, 7: 317-330.

[50] Weikl M C, Beyrau F, Kiefer J, et al. Combined coherent anti-Stokes Raman spectroscopy and linear Raman spectroscopy for simultaneous temperature and multiple species measurements. Optics Letters, 2006, 31: 1908-1910.

[51] Bengtsson P E, Martinsson L, Aldén M, et al. Dual-broadband rotational cars measurements in an IC engine. Symposium (International) on Combustion, 1994, 25: 1735-1742.

[52] Grandin B, Denbratt I, Bood J, et al. A study of the influence of exhaust gas recirculation and stoichiometry on the heat release in the end-gas prior to knock using rotational coherent anti-Stokes-Raman spectroscopy thermometry. International Journal of Engine Research, 2002, 3: 209-221.

[53] Weikl M C, Beyrau F, Leipertz A. Simultaneous temperature and exhaust-gas recirculation-measurements in a homogeneous charge-compression ignition engine by use of pure rotational coherent anti-Stokes Raman spectroscopy. Applied Optics, 2006, 45: 3646-3651.

[54] Brackmann C, Bood J, Afzelius M, et al. Thermometry in internal combustion engines via dual-broadband rotational coherent anti-Stokes Raman spectroscopy. Measurement Science and Technology, 2004, 15: R13-R25.

[55] Bédué R, Gastebois P, Bailly R, et al. CARS measurements in a simulated turbomachine combustor. Combustion and Flame, 1984, 57: 141-153.

[56] Eckbreth A C, Dobbs G M, Stufflebeam J H, et al. CARS temperature and species measurements in augmented jet engine exhausts. Applied Optics, 1984, 23: 1328-1339.

[57] Kampmann S, Seeger T, Leipertz A. Simultaneous coherent anti-Stokes Raman scattering and two-dimensional laser Rayleigh thermometry in a contained technical swirl combustor. Applied Optics, 1995, 34: 2780-2786.

[58] Vereshchagin K A, Smirnov V V, Stel'makh O M, et al. CARS diagnostics of the burning of H_2-O_2 and CH_4-O_2 mixtures at high temperatures and pressures. Quantum Electronics, 2012, 42: 44-50.

[59] Hsu P S, Patnaik A K, Gord J R, et al. Investigation of optical fibers for coherent anti-Stokes Raman scattering (CARS) spectroscopy in reacting flows. Experiments in Fluids, 2010, 49: 969-984.

[60] Dennis C N, Slabaugh C D, Boxx I G, et al. 5 kHz thermometry in a swirl-stabilized gas turbine model combustor using chirped probe pulse femtosecond CARS. Part 1: Temporally resolved swirl-flame thermometry. Combustion and Flame, 2016, 173: 441-453.

[61] Dennis C N, Satija A, Lucht R P. High dynamic range thermometry at 5kHz in hydrogen-air diffusion flame using chirped-probe-pulse femtosecond coherent anti-stokes Raman scattering. Journal of Raman Spectroscopy, 2016, 47: 177-188.

[62] Kiefer J, Ewart P. Laser diagnostics and minor species detection in combustion using resonant four-wave mixing. Progress in Energy and Combustion Science, 2011, 37: 525-564.

[63] Ewart P, O'Leary S V. Detection of OH in a flame by degenerate four-wave mixing. Optics Letters, 1986, 11: 279.

[64] Dreier T, Rakestraw D J. Degenerate four-wave mixing diagnostics on OH and NH radicals in flames. Applied Physics B, 1990, 50: 479-485.

[65] Williams S, Green D S, Sethuraman S, et al. Detection of trace species in hostile environments using degenerate four-wave mixing: Methylidyne radical (CH) in an atmospheric-pressure flame. Journal of the American Chemical Society, 1992, 114: 9122-9130.

[66] Tsay S J, Owens K G, Aniolek K W, et al. Detection of CN by degenerate four-wave mixing. Optics Letters, 1995, 20: 1725-1725.

[67] Kaminski C F, Hughes I G, Ewart P. Degenerate four-wave mixing spectroscopy and spectral simulation of C_2 in an atmospheric pressure oxy-acetylene flame. Journal of Chemical Physics, 1997, 106: 5324-5332.

[68] Vander Wal R L, Farrow R L, Rakestraw D J. High-resolution investigation of degenerate four-wave mixing in the γ (0, 0) band of nitric oxide. Symposium (International) on Combustion, 1992, 24: 1653-1659.

[69] Mann B A, O'Leary S V, Astill A G, et al. Degenerate four-wave mixing in nitrogen dioxide: Application to combustion diagnostics. Applied Physics B, 1992, 54: 271-277.

[70] Farrow R L, Bui-Pham M N, Sick V. Degenerate four-wave mixing measurements of methyl radical distributions in hydrocarbon flames: Comparison with model predictions. Symposium (International) on Combustion, 1996, 26: 975-983.

[71] Richard K, Ewart P. High-resolution infrared polarization spectroscopy and degenerate four wave mixing spectroscopy of methane. Applied Physics B, 2009, 94: 715-723.

[72] Sun Z W, Li Z S, Li B, et al. Detection of C_2H_2 and HCl using mid-infrared degenerate four-wave mixing with stable beam alignment: Towards practical in situ sensing of trace molecular species. Applied Physics B, 2010, 98: 593-600.

[73] Grant A J, Ewart P, Stone C R. Detection of NO in a spark-ignition research engine using degenerate four-wave mixing. Applied Physics B, 2002, 74: 105-110.

[74] Lloyd G M, Ewart P. High resolution spectroscopy and spectral simulation of C_2 using degenerate four-wave mixing. The Journal of Chemical Physics, 1999, 110: 385-392.

[75] Ewart P, Snowdon P, Magnusson I. Two-dimensional phase-conjugate imaging of atomic distributions in flames by degenerate four-wave mixing. Optics Letters, 1989, 14: 563-565.

[76] Rakestraw D J, Farrow R L, Dreier T. Two-dimensional imaging of OH in flames by degenerate four-wave mixing. Optics Letters, 1990, 15: 709-711.

[77] Ewart P K, M. Two-dimensional mapping of temperature in a flame by degenerate four-wave mixing in OH. Applied Optics, 1991, 30: 3996-3999.

[78] Ewart P S, PGR; Williams R B. Imaging of trace species distributions by degenerate four-wave mixing: Diffraction effects, spatial resolution, and image referencing. Applied Optics, 1997, 36: 5959-5968.

[79] Ehn A, Zhu J J, Li X S, et al. Advanced laser-based techniques for gas-phase diagnostics in combustion and aerospace engineering. Applied Spectroscopy, 2017, 71: 341-366.

[80] Dreizler A, Dreier T, Wolfrum J. Thermal grating effects in infrared degenerate four-wave mixing fro trace gas detection. Chemical Physics Letters, 1995, 233: 525-532.

[81] Paul P H, Farrow R L, Danehy P M. Gas-phase thermal-grating contributions to four-wave mixing. Journal of the Optical Society of America B, 1995, 12: 384-392.

[82] Eichler H J. Laser-induced grating phenomena. Optica Acta: International Journal of Optics, 1977, 24: 631-642.

[83] Stampanoni-Panariello A, Kozlov D N, Radi P P, et al. Gas phase diagnostics by laser-induced gratings I. theory.

Applied Physics B, 2005, 81: 101-111.

[84] Hemmerling B, Kozlov D, Stampanoni-Panariello A. Temperature and flow-velocity measurements by use of laser-induced electrostrictive gratings. Optics Letters, 2000, 25: 1340-1342.

[85] Sander T, Altenhöfer P, Mundt C. Development of laser-induced grating spectroscopy for application in shock tunnels. Journal of Thermophysics and Heat Transfer, 2014, 28: 27-31.

[86] Butenhoff T J, Rohlfing E A. Laser‑induced gratings in free jets. I. Spectroscopy of predissociating NO_2. Journal of Chemical Physics, 1993, 98: 5460-5468.

[87] Williams S, Rahn L A, Paul P H, et al. Laser-induced thermal grating effects in flames. Optics Letters, 1994, 19: 1681-1683.

[88] Hemmerling B, Kozlov D N, Stel'makh O M, et al. Diagnostics of water-containing gas mixtures using thermal laser-induced gratings. Chemical Physics, 2006, 320: 103-117.

[89] Gutfleisch M, Shin D I, Dreier T, et al. Mid-infrared laser-induced grating experiments of C_2H_4 and NH_3 from $0.1 \sim$ 2 MPa and $300 \sim 800$ K. Applied Physics B, 2000, 71: 673-680.

[90] Williams B, Ewart P. Oxygen concentration effects on laser-induced grating spectroscopy of toluene. Applied Physics B, 2012, 109: 317-325.

[91] Williams B, Ewart P. Photophysical effects on laser induced grating spectroscopy of toluene and acetone. Chemical Physics Letters, 2012, 546: 40-46.

[92] Cummings E B. Laser-induced thermal acoustics: Simple accurate gas measurements. Optics Letters, 1994, 19: 1361-1363.

[93] Eichler H J, Günter P, Pohl D W. Laser-induced dynamic gratings. New York: Springer, 2013.

[94] Hall G, Whitaker B J. Laser-induced grating spectroscopy. Journal of the Chemical Society-Faraday Transactions, 1994, 90: 1-16.

[95] Luers A, Salhlberg A L, Hochgreb S, et al. Flame thermometry using laser-induced-grating spectroscopy of nitric oxide. Applied Physics B, 2018, 124: 43.

[96] Sahlberg A L, Luers A, Willman C, et al. Pressure measurement in combusting and non-combusting gases using laser-induced grating spectroscopy. Applied Physics B, 2019, 125: 46.

[97] Stevens R, Ewart P. Single-shot measurement of temperature and pressure using laser-induced thermal gratings with a long probe pulse. Applied Physics B, 2004, 78: 111-117.

[98] Hayakawa A, Yamagami T, Takeuchi K, et al. Quantitative measurement of temperature in oxygen enriched $CH_4/O_2/N_2$ premixed flames using Laser Induced Thermal Grating Spectroscopy (LITGS) up to 1.0MPa. Proceedings of the Combustion Institute, 2019, 37: 1427-1434.

[99] Kiefer J, Kozlov D N, Seeger T, et al. Local fuel concentration measurements for mixture formation diagnostics using diffraction by laser-induced gratings in comparison to spontaneous Raman scattering. Journal of Raman Spectroscopy, 2008, 39: 711-721.

[100] Cummings E B, Hornung H G, Brown M S, et al. Measurement of gas-phase sound speed and thermal diffusivity over a broad pressure range using laser-induced thermal acoustics. Optics Letters, 1995, 20: 1577-1579.

[101] Hart R C, Balla R J, Herring G C. Optical measurement of the speed of sound in air over the temperature range $300 \sim 650$K. Journal of the Acoustical Society of America, 2000, 108: 1946-1948.

[102] Walker D J W, Williams R B, Ewart P. Thermal grating velocimetry. Optics Letters, 1998, 23: 1316-1318.

[103] Kozlov D N. Simultaneous characterization of flow velocity and temperature fields in a gas jet by use of electrostrictive laser-induced gratings. Applied Physics B, 2005, 80: 377-387.

[104] Hart R C, Herring G C, Balla R J. Pressure measurement in supersonic air flow by differential absorptive laser-induced thermal acoustics. Optics Letters, 2007, 32: 1689-1691.

[105] Willman C, Le Page L M, Ewart P, et al. Pressure measurement in gas flows using laser-induced grating lifetime. Applied Optics, 2021, 60: C131-C141.

[106] Hemmerling B, Kozlov D N. Collisional relaxation of singlet O_2 ($b^1\Sigma_{g^+}$) in neat gas investigated by laser-induced grating technique. Chemical Physics, 2003, 291: 213-242.

[107] Hubschmid W. Molecular relaxations in mixtures of O_2 with CO_2 observed on laser-induced gratings. Applied Physics B, 2009, 94: 345-353.

[108] Kozlov D N, Kobtsev V D, Stel'makh O M, et al. Study of collisional deactivation of O_2 ($b^1\Sigma_{g^+}$) molecules in a hydrogen-oxygen mixture at high temperatures using laser-induced gratings. Journal of Experimental and Theoretical Physics, 2013, 117: 36-47.

[109] Seeger T, Kiefer J, Weikl M C, et al. Time-resolved measurement of the local equivalence ratio in a gaseous propane injection process using laser-induced gratings. Optics Express, 2006, 14: 12994-13000.

[110] Roshani B, Fluegel A, Schmitz I, et al. Simultaneous measurements of fuel vapor concentration and temperature in a flash-boiling propane jet using laser-induced gratings. Journal of Raman Spectroscopy, 2013, 44: 1356-1362.

[111] Hart R C, Balla R J, Herring G C. Observation of H_2O in a flame by two-colour laser-induced-grating spectroscopy. Measurement Science and Technology, 1997, 8: 917-920.

[112] Sahlberg A L, Hot D, Kiefer J, et al. Mid-infrared laser-induced thermal grating spectroscopy in flames. Proceedings of the Combustion Institute, 2017, 36: 4515-4523.

[113] Förster F J, Crua C, Davy M, et al. Time-resolved gas thermometry by laser-induced grating spectroscopy with a high-repetition rate laser system. Experiments in Fluids, 2017, 58: 87.

[114] Hemmerling B, Stampanoni-Panariello A. Imaging of flames and cold flows in air by diffraction from a laser-induced grating. Applied Physics B, 1993, B57: 281-285.

[115] Brown M S, Roberts W L. Single-point thermometry in high-pressure, sooting, premixed combustion environments. Journal of Propulsion and Power, 1999, 15: 119-127.

[116] Brown M S, Li Y Y, Roberts W L, et al. Analysis of transient-rating signals for reacting-flow applications. Applied Optics, 2003, 42: 566-578.

[117] Williams B, Edwards M, Stone R, et al. High precision in-cylinder gas thermometry using laser induced gratings: Quantitative measurement of evaporative cooling with gasoline/alcohol blends in a GDI optical engine. Combustion and Flame, 2014, 161: 270-279.

[118] Latzel H, Dreizler A, Dreier T, et al. Thermal grating and broadband degenerate four-wave mixing spectroscopy of OH in high-pressure flames. Applied Physics B, 1998, 67: 667-673.

[119] Hemmerling B, Neracher M, Kozlov D, et al. Rocket nozzle cold-gas flow velocity measurements using laser-induced gratings. Journal of Raman Spectroscopy, 2002, 33: 912-918.

[120] De Domenico F, Guiberti T F, Hochgreb S, et al. Tracer-free laser-induced grating spectroscopy using a pulse burst laser at 100kHz. Optics Express, 2019, 27: 31217-31224.

[121] Stevens R, Ewart P. Simultaneous single-shot measurement of temperature and pressure along a one-dimensional line by use of laser-induced thermal grating spectroscopy. Optics Letters, 2006, 31: 1055-1057.

第6章 粒子图像测速技术

6.1 简　介

真实发动机燃烧室内的流场结构复杂，并且速度场、温度场与组分浓度场相互耦合，相互影响。流场测量可以确定湍流强度、湍流动能等重要参量，从而获得湍流特征长度、旋涡尺寸及旋涡的运动状态等，还可将燃烧室中的环流与内外回流区可视化，对燃烧实验研究具有非常重要的意义。前人已经发展了多种测速技术，如通过测量其他物理量来间接测速的皮托管(Pitot tube)、热线风速仪(hot wire anemometry，HWA)[1]和热膜风速计(hot-film anemometry，HFA)等。这些方法便于使用，但属于点测量和侵入式测量方法，会对局部流场造成一定扰动并引入测量误差，也易被流场中的杂质污染。对于侵入式的测量技术，感兴趣的读者可以参考相关文献[2]。

光学测速方法能够很好地解决上述问题，不仅能获得速度场分布，并且不会对待测流场造成扰动，但实验系统相对复杂。基于激光的速度测量技术主要包括粒子图像测速(particle image velocimetry，PIV)、分子标记测速(molecular tagging velocimetry，MTV)、激光多普勒测速(laser Doppler velocimetry，LDV)和相位多普勒测速(phase Doppler anemometry，PDA)等技术。其中，PDA 还能够应用于喷雾液滴的粒径测量。本章主要对 PIV 这种使用最广泛的光学测速技术的工作原理、特点、应用及其最新发展等进行介绍。

相比于定性展示流场内部结构的流动显示技术(flow visualization)，PIV 技术利用流场中的示踪粒子位移图像来精确测量流场速度，进而定量展现流场内部细节。该技术起源于固体力学中测量表面位移/形变的散斑成像技术(speckle photography，SP)[3,4]，20 世纪 70 年代研究者将其拓展应用到流场测量，并形成了最初的激光散斑测速技术(laser speckle velocimetry，LSV)，又称为激光散斑成像技术(laser speckle photography，LSP)[5-7]。1984 年，Adrian 等[8,9]针对此前 LSP/LSV 技术中因过高浓度粒子形成散斑图像带来的诸多弊端，以及在实际应用中 LSP 技术常使用相对低浓度粒子[10,11]形成离散粒子图像获得速度场的益处，正式提出较低粒子浓度测速技术，即 PIV 技术。1988 年，TSI 公司发布了有关 PIV 应用的第一款商用产品，PIV 开始大规模从实验室走向实际应用。近年来，随着激光器、成像光学系统及计算机图像信息处理技术的快速发展，PIV 技术日益成熟，国内外也开发了多种相关实验系统和算法软件，使 PIV 技术广泛应用于各领域流体速度测量[12-17]，成为燃烧学领域的重要诊断工具之一。

与此同时，随着研究者对流体测量的空间要求从一维扩展到了三维，时间要求从瞬态捕捉扩展到了时域分析，PIV 技术也随着实际需求快速更新迭代。早期二维激光粒子图像测速技术(two-dimensional particle image velocimetry，2D-PIV)仅使用单个相机就实现了二维平面的两速度分量(two-dimensional two-component，2D-2C)测量。体视粒子图像测速技术(stereoscopic particle image velocimetry，Stereo-PIV)通过增加一个相机，在 2D-PIV 的基础上进一步获取了垂直于测量平面的速度矢量(two-dimensional three-component，2D-3C)。层析粒子图像测速技术(tomographic particle image velocimetry，Tomo-PIV) 及合成孔径粒子图像测速技术(synthetic aperture particle image velocimetry，SA-PIV)通过继续增加相机数量，实现了立体三维空间的三维速度分量(three-dimensional three-component，3D-3C)的测量。随着多学科交叉的深入，利用全息成像技术实现了 3D-3C 测量的全息粒子图像测速技术(holographic particle image velocimetry，Holographic-PIV)、采用单个光场相机实现了3D-3C 测量的光场单相机粒子图像测速技术(light field particle image velocimetry，LF-PIV)和立体粒子成像测速技术(volumetric particle image velocimetry，volumetric PIV)得到了蓬勃发展，将 PIV 技术在测量空间上提高到新的阶段。在时间测量上，将 PIV 技术与高速相机(high speed camera)及高频/连续激光技术相结合，进而实现了三维三速度分量的时间分辨测量(time-resolved，TR)，进一步拓展了 PIV 技术在时空测量的应用边界。

6.2　理　论　基　础

作为一种非接触式全场测量技术，PIV 通常由激光光源、成像光学元件、相机等子系统构成。图 6.1 为典型的 2D-PIV 实验系统及后处理过程示意图。下面以2D-PIV 的工作原理为例，简要介绍相关的背景知识与数学原理。

微小示踪粒子被均匀散布在流体中并进入待测区域。与此同时，使用扩展成片光的激光光源(常用波长为532nm 的激光)在较短时间间隔内分别照射测试区域两次，使示踪粒子的散射光被图像采集系统记录下来。由于时间间隔较短(通常为数微秒到数百微秒，取决于测量区域的平均流速和成像系统的放大率)，可以假定示踪粒子在两次照射期间以流场的当地流速运动,进而精确反映流场的瞬态特征。

得到粒子图像对后，便可以将图像对划分为小的子区域(通常称为询问窗)，通过相关评估方法，针对这一对图像对应的询问窗进行分析，从而获得询问窗中粒子的位移量。基于上述假定，再根据已知的两次拍摄间隔时间和成像系统的放大率，便可以计算得到当地流速矢量在光片平面(待测平面)上的投影，即二维平面内的两速度分量(2D-2C)。将上述过程对粒子图像对中的所有询问窗进行重

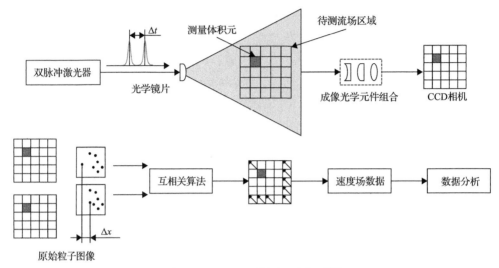

图 6.1　2D-PIV 工作原理示意图[18]

复，即可得到待测区域的速度场。进一步，根据流场性质和统计学方法对获得的速度场进行数据后处理及流动分析。

如上所述，PIV 系统主要由以下几个部分组成。

(1)粒子发生系统：将示踪粒子均匀散布到待测流体中。

(2)光源照射系统：以片光源或体光源射入待测流体区域照亮示踪粒子。

(3)图像采集系统：记录含有示踪粒子位置信息的粒子图像对。

(4)粒子图像评估算法：通过相关评估方法，处理粒子图像对获得待测流场。

(5)数据后处理系统：对获得的初步速度场进行统计学处理，并进一步分析得到其他物理量，如涡量场等。

下面就上述各系统进行详细介绍。

6.2.1　粒子发生系统

在 PIV 技术中，示踪粒子的选择非常重要。示踪粒子必须足够小才能保证其有足够好的跟随性，并能实时反映当地流场，同时又不能过小，以保证其散射光足够强而能被图像采集系统捕获。此外，在燃烧场中，示踪粒子还要保证其化学稳定性。表 6.1 和表 6.2 列出了液态和气态流场中的常用粒子及其粒径大小。

示踪粒子的光散射特性是决定所摄图像明亮清晰程度的重要因素之一。微小粒子的光散射特性与颗粒的直径和形状、相对于流体的折射率及入射激光的偏振等相关。假定示踪粒子为球形粒子，粒子直径为 d_p，用于照明的激光波长为 λ，当 $d_\mathrm{p}/\lambda<1$ 时，以瑞利散射为主；当 $d_\mathrm{p}/\lambda>1$ 时，以米氏散射(Mie scattering)为主[19]。米氏散射在几种散射类型中具有最大的散射截面积(图 6.2)，常见于颗粒或相变界

表 6.1　液态流场常用示踪粒子类型和尺寸[12]

类型	材料	平均直径/μm
固体	聚苯乙烯	10～100
	铝粉	2～7
	空心玻璃球	10～100
	合成涂料颗粒	10～500
液体	不互溶油滴	50～500
气体	氧气气泡	50～1000

表 6.2　气态流场常用示踪粒子类型和尺寸[12]

类型	材料	平均直径/μm
固体	聚苯乙烯	0.5～10
	氧化铝(Al_2O_3)颗粒	0.2～5
	二氧化钛(TiO_2)颗粒	0.1～5
	玻璃微球	0.2～3
	玻璃微珠	30～100
	合成涂料颗粒	10～50
	酞酸二辛酯	1～10
	烟颗粒	<1
液体	非同种的油滴	0.5～10
	癸二酸二乙基己酯(DEHS)	0.5～1.5
	充满氦气的肥皂泡	1000～3000

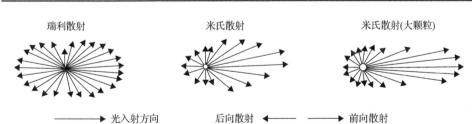

瑞利散射　　　　　　　米氏散射　　　　　　　米氏散射(大颗粒)

→ 光入射方向　　　后向散射 ←　　　　→ 前向散射

图 6.2　不同尺度颗粒对应的米氏散射过程示意图[20]

面的尺寸远大于或接近入射光波长的情况，并且米氏散射信号强度与粒径的平方成正比。在燃烧诊断应用中，PIV、LDV 及喷雾过程的可视化均基于米氏散射信号。这里需要指出的是米氏散射信号强度在空间上的分布随散射的角度变化，一般而言，前向米氏散射信号强度大于后向米氏散射信号，颗粒越大则前向米氏散射信号的角度分布越集中。在实际测量中，对于米氏散射信号探测角度的合理选择有利于优化探测信号的强度。另外，米氏散射信号强度一般远高于其他信号强度，如 LIF 和拉曼信号，因此在同时应用其他光学检测手段时，米氏散射也可能成为主要的信号干扰源。例如，在富含碳烟颗粒的燃烧环境或燃烧器光学窗口表面的米氏散射信号对 LIF、瑞利散射及拉曼信号的测量都有可能造成显著影响。最常见的消除米氏散射信号干扰的方式是采用滤光片滤除其对应波长的信号。

在米氏散射中，粒子散射光的能力主要取决于粒子的材质及粒径，可用散射截面 $C_s = P_s / I_0$ 来表征，其中 P_s 为散射功率(即单位时间内粒子散射的全部光能量)，I_0 为入射激光功率。表 6.3 为同种示踪粒子在不同粒径下与单分子情况下的散射截面，从表中可以看到当示踪粒子的粒径由 1μm 增加至 10μm 时，散射截面增加约 10^3 倍。不同示踪粒子在不同波长下的散射能力也有所不同[21,22]，在燃烧诊断实验中，Al_2O_3 颗粒和 TiO_2 颗粒是较常用的示踪粒子。由于米氏散射中前向散射的强度远大于后向散射，因此在 PIV 实验系统布置中，在光照强度和粒子大小一定的情况下，若有多台相机用于拍摄记录，如立体三维测量技术，将相机置于前向散射位置能极大地提高信号强度，减小计算误差。但是，在 2D-PIV 中，需要将相机垂直于激光光片放置，才能尽可能地避免透视误差及由相机景深不足导致所摄粒子失焦而引起的误差。

表 6.3　米氏散射截面与粒子直径的关系[21]

粒子直径 d_p		散射截面 C_s
单分子		$\approx 10^{-33} m^2$
1μm	$C_s \cong (d_p / \lambda)^4$	$\approx 10^{-12} m^2$
10μm	$C_s \cong (d_p / \lambda)^2$	$\approx 10^{-9} m^2$

除了示踪粒子的直径和类型，影响 PIV 测量精度的另一重要参数是粒子的密度，因为示踪粒子的跟随性主要取决于示踪粒子直径 d_p 和密度 ρ_p 及待测流体密度 ρ。在气相流场测量中，示踪粒子的密度通常大于气体的密度，若示踪粒子选择不当，将造成较大误差。误差主要来源为粒子所受重力引起的速度 U_g，可以表示为[12]

$$U_g = d_p^2 \frac{(\rho_g - \rho)}{18\mu} g \tag{6.1}$$

式中，μ 为流体的动力黏度；g 为重力加速度。

引入粒子特征响应时间 τ_p 与被测流场的流体力学特征时间 τ_f 的比值来评估示踪粒子的跟随性，称为斯托克斯数(Stokes number)，即

$$St = \frac{\tau_\mathrm{p}}{\tau_\mathrm{f}} \tag{6.2}$$

式中，τ_f 常用流场的特征长度和特征速度的比值来表征，而粒子的特征响应时间可写作

$$\tau_\mathrm{p} = \frac{\rho_\mathrm{p} d_\mathrm{p}^2}{18\mu} \tag{6.3}$$

当 $St \to 0$ 时，表明示踪粒子对被测流场的跟随性很好；当 $St \to \infty$ 时，表明粒子几乎不会对流体运动发生响应。通常认为当 $St < 0.1$ 时，由示踪粒子跟随性导致的误差在可接受范围。实际情形中，粒子还可能受离心力、浮力、布朗运动等的影响，因此在运用中应视情况考虑[12]。

除了粒子的选择，粒子的注入过程也十分重要，须确保示踪粒子以合适的浓度均匀注入待测流体。干燥的固体粉末可以通过流化床或空气射流进行注入，液体示踪粒子可以先蒸发后冷凝析出，或者由雾化器直接产生液滴。为了确保粒子均匀注入，粒子发生器与待测流场之间的管路应尽量短以防止粒子团聚。在气相流场中，粒子须保持干燥，在实验前应先加热去除粒子中额外的水分，并使用干燥的空气或氮气作为载气进行注入。前人针对粒子的生成和投放进行了相关研究，读者可参考相关文献[21-26]。

6.2.2　光源照射系统

PIV 主要测量的是位移与时间间隔 Δt 两个基本物理量，而 Δt 主要通过脉冲光源来控制。在测量中，光源的照明时间 t 应尽量短，这样才能使示踪颗粒的成像为冻结的瞬态图像，没有拖影，即

$$t \ll \frac{d_\mathrm{p}}{u_\mathrm{p} M} \tag{6.4}$$

式中，M 为成像系统放大倍率；u_p 为粒子速率。一般而言，PIV 光源的脉冲时间为几纳秒到几十纳秒。在这么短的时间内，要使颗粒的散射光强度足够高，并能在相机上获得清晰的像，则 PIV 光源的能量要足够大。一般而言，PIV 光源的单脉冲能量在几十毫焦到几百毫焦。

激光的准直性和单色性好，能量密度高，因此是 PIV 照明系统中最常用的光源，包括氩离子激光器、钕-钇铝石榴石（Nd:YAG）激光器、钕-钇锂氟化物（Nd:YLF）激光器，其中氩离子激光器仅适用于低速流动测量。目前，Nd:YAG 激光器和 Nd:YLF 激光器的二倍频波长应用最广泛，分别为 532nm 和 527nm 的绿色

激光,便于实验人员进行调节,并且大多数相机成像元件在该波长的感光度较高。

　　PIV 应用中的激光器又可分为双腔激光器和单腔激光器。双腔激光器可以一次输出两个脉冲,并且两个激光脉冲的时间间隔可调,因而适用于 PIV 测量中较大的速度范围。低频双腔激光器的工作频率通常为 1～15Hz,输出能量较高,可达到几百毫焦,因此可用于较大视场的速度测量,其脉冲持续时间为 10ns 左右,足以冻结高速流场;高频双腔激光器的输出能量相对较低,通常为几十毫焦,脉冲持续时间大约 150ns,但其频率通常可达到 kHz 量级,可以得到具有时间演化特征的速度场。近年来,随着高重频激光技术的飞速发展,单腔激光器的重复频率可达 10～100kHz 甚至更高,可直接用于基于时间分辨的高速 PIV(time resolved PIV,TR-PIV)技术。此外,近年来发光二极管(light-emitting diode,LED)在输出功率和效率上有了极大提升,因此也可以用作 PIV 照明光源[27,28]。LED 光源相对小巧便携、价格优势突出,并且寿命长、发光稳定,操作也相对简单。但 LED 光源的发散角较大,光线准直较困难,同时其瞬时功率难以与激光媲美。

　　激光器发出的光束为圆形光斑,为了将激光光束扩展为一定高度的激光光片,需要使用不同的柱透镜进行组合对光束进行整形。对于氩离子激光器,由于其光束直径和发散角较小,所以仅需一个柱透镜直接将光片扩展即可。但是,对于 Nd:YAG 激光等其他激光光源,需要增加透镜以便在光片厚度方向上进一步聚焦。如图 6.3 所示,为焦距–50mm 的凹型柱面透镜、焦距 200mm 的平凸柱面透镜及焦距 500mm 的凸透镜组合,将激光束在高度方向上先扩展后聚焦至光束基本平行,同时在厚度方向上聚焦。值得注意的是,透镜组的第一个透镜应使用凹透镜以使激光发散,从而防止高能脉冲激光聚焦处能量过高而电离空气。

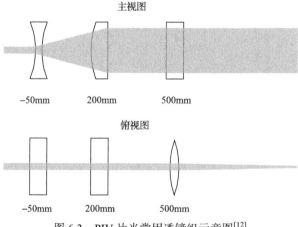

图 6.3　PIV 片光常用透镜组示意图[12]

　　此外,在实际操作中,可以通过调整柱透镜的安装方式来减少像差(图 6.4)。

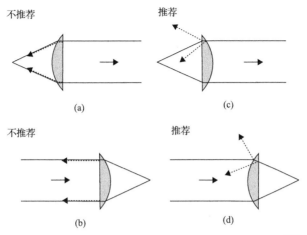

图 6.4   不同光路布置方式以减少进入激光器的反射光[12]

6.2.3   图像采集系统

如图 6.5 所示，粒径为 d_p 的示踪粒子被波长为 λ 的 PIV 光源照亮后，其散射光通过焦比（f-number）为 $f_\#$、焦距为 f 的透镜成像系统，以放大倍率 M 成像在相机上，示踪粒子像的大小为

$$d_\tau \cong \sqrt{\left(Md_p\right)^2 + d_{\mathrm{diff}}^2} \tag{6.5}$$

式中，$d_{\mathrm{diff}} = 2.44(1+M)f_\#\lambda$ 为衍射极限光斑尺寸，是由 PIV 光学成像系统的有限分辨率造成的。对于一个典型的 PIV 成像系统，如示踪粒子 d_p 为 10μm，放大倍率 M 为 0.3，$f_\#$ 为 3，波长 λ 为 0.5μm，计算可得 d_{diff} 约为 4.8μm，d_τ 约为 5.6μm。

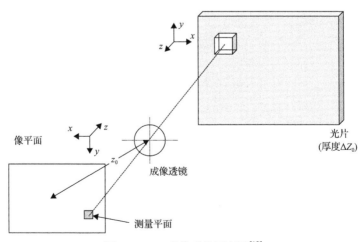

图 6.5   PIV 成像系统原理图[12]

因而，示踪粒子像的大小通常取决于衍射极限光斑尺寸，这也是 PIV 的粒子图像无法准确获得粒子尺寸的原因。

在成像结构中，除光源平面、镜头平面和相机平面平行布置外，还可以根据沙姆原理(Scheimpflug principle)成像，即当三个平面相交于同一直线时，也可以得到清晰的影像。在这种布置中，由于被拍摄平面上各个点的像距、物距不相同，因而其放大倍率也有所不同。这种布置常用于 Stereo-PIV 中，并将在 6.3.1 节进一步介绍。

目前，PIV 系统最常用的探测设备是 CCD 相机和 CMOS 相机。在实际中，需要根据流场的具体情况选择所需的激光器和相机，其中尤其需要注意时间间隔问题。在图像对中，两张图像的时间间隔过大，即两张图像上的粒子位移过大，这可能导致两图中粒子不在对应的询问窗中而造成较大的计算误差；若过小，也会由相机分辨率有限而引起误差。因而，在实验前需要调试实验系统，使图片中的粒子位移在一个合适的范围。根据香农采样定理，理论上粒子位移不能超过 1/2 个询问窗口的大小。但在实际操作中，随着粒子位移的增大，可匹配的粒子对应减少，这将使相关信号的峰值对应比例减少。因此，一个更保守的"1/4 准则"在实践中被广泛采用[29]。即通常情况下，粒子位移不超过 1/4 个询问窗口的大小。对于 32×32 的询问窗来说，粒子位移在 4~8 个像素是比较合适的。除了考虑时序同步问题，在选择相机和镜头等数据采集系统相关组件时，还需考虑所拍摄流场需要的分辨率，从而在空间和时间上都达到最佳采集效果。

如图 6.6 所示，PIV 系统的图像采集记录方式主要分为两种：单帧双曝光/单帧多曝光和双帧单曝光/多帧单曝光。前者将两次或多次照明结果记录在同一张图像

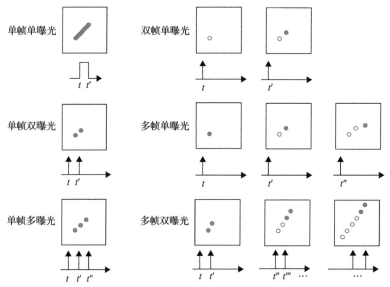

图 6.6　单帧单曝光/双曝光/多曝光及双帧单曝光、多帧单曝光/双曝光示意图[12]

上，可利用自相关算法进行粒子相关性评估。后者将每次照明结果分别记录在不同图像上，通常为时间序列图像，再利用互相关算法进行评估。事实上，由于单曝光模式更好地保留了粒子图像的时间特性，并且拥有更好的相关峰信号，目前绝大多数 PIV 系统均采用这种方式，因此下面主要介绍单曝光模式下的图像处理算法。

6.2.4　粒子图像评估算法

由于 PIV 图像中的粒子数量多、密度大，所以很难对粒子进行逐一追踪匹配，因此实际分析都是基于局部粒子组合进行的。即在获得原始图像后，为了便于后续评估计算，将粒子图像分割成更小的子区域，通常称为"询问窗"，其大小决定了所得速度场的空间分辨率。因此，PIV 算法中的关键问题在于如何在第二幅图像中找到与第一幅图像中粒子群的对应位置。假定在同一询问窗中的所有粒子速度相同，通过相关算法，可以确定询问窗中两次照明时粒子的局部位移矢量。考虑某 t 时刻粒子图像随机分布，此时流场中的示踪粒子分布状态表示为

$$\boldsymbol{\Gamma} = \begin{pmatrix} \boldsymbol{X}_1 \\ \boldsymbol{X}_2 \\ \vdots \\ \boldsymbol{X}_N \end{pmatrix}$$

式中，$\boldsymbol{X}_i = \begin{pmatrix} X_i \\ Y_i \\ Z_i \end{pmatrix}$ 为第 i 个示踪粒子在 t 时刻三维空间中的坐标。

假定粒子的空间坐标 X_i 和 Y_i 与图像平面中的粒子坐标 x_i 和 y_i 之间存在倍数关系，并且放大系数恒定为 M，则 $X_i = x_i / M$，$Y_i = y_i / M$。假定在同一询问窗中的粒子位移均为 $\boldsymbol{D}$，则第二次曝光即 $t' = t + \Delta t$ 时刻粒子的位置分布为

$$\boldsymbol{X}_i' = \boldsymbol{X}_i + \boldsymbol{D} = \begin{pmatrix} X_i + D_X \\ Y_i + D_Y \\ Z_i + D_Z \end{pmatrix} \tag{6.6}$$

t' 时刻粒子图像位移分布为

$$\boldsymbol{d} = \begin{pmatrix} MD_X \\ MD_Y \end{pmatrix} \tag{6.7}$$

对于无限小的粒子和无像差的透镜系统，图像可由几何图形、成像系统的脉冲响应和点扩散函数的卷积来描述，图像亮度场可以表示为

$$I = I(\boldsymbol{x}, \boldsymbol{\varGamma}) = \tau(\boldsymbol{x}) \cdot \sum_{i=1}^{N} V_0(\boldsymbol{X}_i) \delta(\boldsymbol{x} - \boldsymbol{x}_i) = \sum_{i=1}^{N} V_0(\boldsymbol{X}_i) \tau(\boldsymbol{x} - \boldsymbol{x}_i) \tag{6.8}$$

式中，$V_0(\boldsymbol{X}_i)$ 为系统传递函数，将图像粒子 i 的光能量转换成电信号；$\tau(\boldsymbol{x})$ 为成像透镜的点扩散函数，对于不同粒子，可认为 $\tau(\boldsymbol{x})$ 相同；$\delta(\boldsymbol{x} - \boldsymbol{x}_i)$ 为狄拉克函数。粒子的散射特性、该位置处的光强、采集信号的光学透镜组及传感器在相应图像位置上的敏感度都会对最终图像上的粒子亮度产生影响，这里近似认为这些因素都是均一的。

第二次曝光图像的强度分布可以写作

$$I'(\boldsymbol{x}, \boldsymbol{\varGamma}) = \sum_{j=1}^{N} V_0'(\boldsymbol{X}_j + \boldsymbol{D}) \tau(\boldsymbol{x} - \boldsymbol{x}_j - \boldsymbol{d}) \tag{6.9}$$

利用询问窗面积对询问窗中的粒子亮度进行平均，则有

$$\mu_I = \frac{1}{a_I} \int_{a_I} I(\boldsymbol{x}, \boldsymbol{\varGamma}) \mathrm{d}\boldsymbol{x} \tag{6.10}$$

$$\mu_{I'} = \frac{1}{a_I} \int_{a_I} I'(\boldsymbol{x}, \boldsymbol{\varGamma}) \mathrm{d}\boldsymbol{x} \tag{6.11}$$

式中，μ_I 和 $\mu_{I'}$ 分别为两次曝光时采样模板中的图像强度空间平均值；a_I 为询问窗面积。若认为两次曝光的光片特性和窗口特性相同，则两张图像上询问窗的互相关函数可以写作

$$R_{II}(\boldsymbol{s}, \boldsymbol{\varGamma}, \boldsymbol{D}) = \sum_{i,j} V_0(\boldsymbol{X}_j) V_0(\boldsymbol{X}_j + \boldsymbol{D}) R_\tau(\boldsymbol{x}_i - \boldsymbol{x}_j + \boldsymbol{s} - \boldsymbol{d}) \tag{6.12}$$

式中，$\boldsymbol{s}$ 为相关平面上的分离向量。当 $i \neq j$ 时，代表不同粒子的相关性，即构成相关平面内的噪音；当 $i = j$ 时，表示粒子自身的相关性，这时可以进一步将表达式写为

$$\begin{aligned} R_{II}(\boldsymbol{s}, \boldsymbol{\varGamma}, \boldsymbol{D}) = &\sum_{i=j} V_0(\boldsymbol{X}_i) V_0(\boldsymbol{X}_i + \boldsymbol{D}) R_\tau(\boldsymbol{x}_i - \boldsymbol{x}_j + \boldsymbol{s} - \boldsymbol{d}) \\ &+ R_\tau(\boldsymbol{s} - \boldsymbol{d}) \sum_{i=j} V_0(\boldsymbol{X}_i) V_0(\boldsymbol{X}_i + \boldsymbol{D}) \end{aligned} \tag{6.13}$$

将上述表达式分解成三个部分，即

$$R_{II}(\boldsymbol{s}, \boldsymbol{\Gamma}, \boldsymbol{D}) = R_{\mathrm{C}}(\boldsymbol{s}, \boldsymbol{\Gamma}, \boldsymbol{D}) + R_{\mathrm{F}}(\boldsymbol{s}, \boldsymbol{\Gamma}, \boldsymbol{D}) + R_{\mathrm{D}}(\boldsymbol{s}, \boldsymbol{\Gamma}, \boldsymbol{D}) \tag{6.14}$$

式中，$R_{\mathrm{C}}(\boldsymbol{s}, \boldsymbol{\Gamma}, \boldsymbol{D})$ 和 $R_{\mathrm{F}}(\boldsymbol{s}, \boldsymbol{\Gamma}, \boldsymbol{D})$ 为 $i \neq j$ 时产生的噪音；$R_{\mathrm{D}}(\boldsymbol{s}, \boldsymbol{\Gamma}, \boldsymbol{D})$ 为 $i = j$ 时图像的相关性(图 6.7)，并且有

$$R_{\mathrm{D}}(\boldsymbol{s}, \boldsymbol{\Gamma}, \boldsymbol{D}) = R_{\tau}(\boldsymbol{s} - \boldsymbol{d}) \sum_{i=j} V_0(\boldsymbol{X}_i) V_0(\boldsymbol{X}_i + \boldsymbol{D}) \tag{6.15}$$

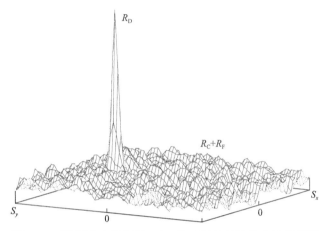

图 6.7　两询问窗内强度场 I 和 I' 的互相关系数分布示意图[12]

以上简述了 PIV 互相关评估的数学原理，在实际操作中，常采用直接的粒子追踪法或统计的相关性评估方法。早期的直接粒子追踪法仅适用于粒子密度较低的图像，而统计评估方法是目前 PIV 相关性评估的主流算法。随着计算能力的不断发展，PIV 互相关算法也在不断改进，如利用神经网络进行粒子追踪的方法方兴未艾[30-32]。下面仍以双帧/单曝光模式为例，对图像相关性评估方法进行简要介绍。

从图像处理的角度来看，考虑图像对(即双曝光中一组图像)中的第一幅图像为系统输入，第二幅图像为系统输出，系统传递函数 H 由位移函数 d 和噪声 N 组成。因此，得到 I 和 I' 两幅图像便可以反演得到 N 和 d。根据互相关函数可以直接实现检测，并使用一阶方法直接计算粒子的空间相关性。如式(6.16)所示，根据离散的互相关函数，采样窗口位移 (x, y)，每次移动都会产生一个互相关量 $R_{II}(x, y)$。若移动范围为 $(-M \leqslant x \leqslant M$，$-N \leqslant y \leqslant N)$，则可以得到 $(2M+1) \times (2N+1)$ 的相关平面。图 6.8 为基于直接互相关的相关平面构成示意图，其中 4×4 像素样本与 8×8 像素样本相关，形成 5×5 的像素相关平面。相关性计算量与询问窗口数量成正比，通常计算量较大，而且由于采用的是一阶方法，所以仅能得到粒子的平均线性位移。

$$R_{II}(x,y) = \sum_{i=-K}^{K} \sum_{j=-L}^{L} I(i,j)I'(i+x,j+y) \tag{6.16}$$

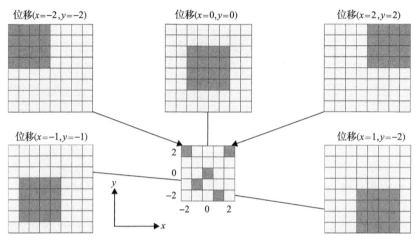

图 6.8　基于直接互相关的相关平面构成示意图[12]

基于统计的快速傅里叶变换（fast Fourier transform, FFT）方法可以显著降低计算量。图 6.9 为二维 FFT 的相关性计算处理流程，利用函数相关定理，即两个函数的互相关等价于其傅里叶变换相乘的复共轭，式 (6.16) 可以表示为

$$R_{II} \Leftrightarrow \hat{I} \cdot \hat{I}' \tag{6.17}$$

式中，$\hat{I}$ 和 $\hat{I}'$ 分别为 I 和 I' 的傅里叶变换形式。然后，通过傅里叶反变换得到真正的相关平面，并且该相关平面也具有和输入图像相同的空间维数。使用 FFT 方法进行相关性计算可以大幅缩减计算时间。

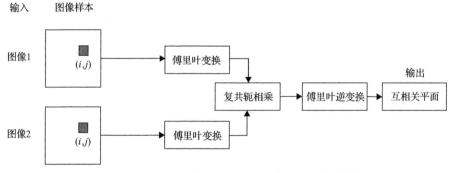

图 6.9　基于 FFT 算法的互相关评估流程示意图[12]

对于相同匹配程度的图像对，由于粒子亮度、疏密程度的不同，会得到不同

的相关值。为了更好地量化图像的相关程度，引入相关系数对相关程度进行归一化，即

$$c_{II}(x,y) = \frac{C_{II}(x,y)}{\sqrt{\sigma_I(x,y)}\sqrt{\sigma'_I(x,y)}} \tag{6.18}$$

式中

$$C_{II}(x,y) = \sum_{i=0}^{M}\sum_{j=0}^{N}\big[I(i,j) - \mu_I\big]\big[I'(i+x,j+y) - \mu_{I'}(x,y)\big] \tag{6.19}$$

$$\sigma_I(x,y) = \sum_{i=0}^{M}\sum_{j=0}^{N}\big[I(i,j) - \mu_I\big]^2 \tag{6.20}$$

$$\sigma'_I(x,y) = \sum_{i=0}^{M}\sum_{j=0}^{N}\big[I'(i,j) - \mu_{I'}(x,y)\big]^2 \tag{6.21}$$

获得相关平面后，再扫描相关平面检测相关峰，即可获得其位移估算。

在实际应用中，光片强度空间分布和时间分布的不均匀性、不规则的粒子形状和粒子的第三速度分量(out-of-plane motion)等均会为相关平面的计算引入误差。因此，为了使相关值的计算更准确，在进行互相关检测之前，可通过背景去除、高通滤波、低通滤波和二值化等方法对粒子图像进行前处理，去除背景噪声、增强图像对比度并调整粒子亮度至几乎相等，从而保证各个粒子对于相关函数的贡献是等价的。

在图像前处理结束后，需要进一步对算法进行参数选择以获得较好的速度场。其中最重要的一步是对询问窗口相关参数的选择。事实上，询问窗决定了计算所得速度场的空间分辨率，更小的询问窗意味着更高的空间分辨率，但也意味着每个询问窗中可用于计算的粒子数量较少，而这可能引起更大的计算误差。通常，每个询问窗口包含 10～20 个粒子是较好的选择，至少需要 4～8 对匹配的粒子[12]。此外，相邻询问窗的重叠度也是影响计算精度的重要参数之一。在实际的算法应用中，若询问窗每次仅移动一个像素，则相邻询问窗的差别太小，从而使计算量大幅增加。若询问窗每次移动的像素太多，则计算分辨率降低。如图 6.10 所示，定义询问窗重叠率(overlapping rate，OR)为

$$OR = 1.0 - D/L \tag{6.22}$$

式中，D 为相邻两个询问窗的中心距离；L 为询问窗口边长，一般 $OR=50\%$ 是最常用的选择。

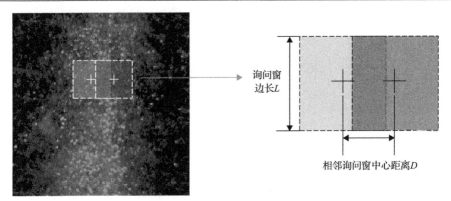

图 6.10　询问窗重叠度示意图[12]

在实际应用中，待测流场通常具有较强的速度梯度，从而使单一的询问窗口无法获得准确的速度场。因此，多重网格[33,34]和图像变形[35]常结合使用来解决这类问题。

图像变形算法又称为窗口变形算法，原理如图 6.11 所示，在多重网格算法的基础上，基于滤波后的速度场，用中心差分算法对网格进行变形，进行互相关计算后，再利用插值法对速度场进行补全，多次迭代后便得到最终目标速度场。

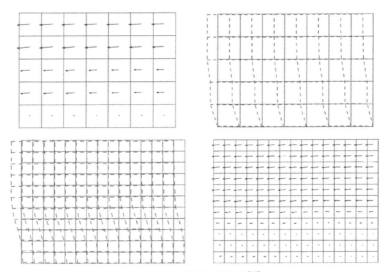

图 6.11　图像变形算法[35]

6.2.5　数据后处理

在得到速度场后，PIV 数据的处理并没有结束。不可避免的测量误差、计算误差等噪声来源可能给向量场带来很多错误矢量，又称为离群值(outlier)，例如，在数据场边缘或某些实际速度场变化梯度较大的位置常出现某些速度的量级与周围速度差异较大的情况。在进一步数据处理中，首先要剔除这些错误矢量，并通过插值法或外推法等算法补充数据缺口，从而保证速度场的光滑性。通常采用的数据校验方法有梯度滤波(gradient filter，又称为 vector difference test)、中值滤波(median filter)、归一化中值滤波(normalized median filter)和肖维勒准则(Chauvenet's Criterion，又称为 Z-score test)等方法[12]。而在剔除错误矢量后，常使用插值方法来填补缺失数据，如双线性插值、自适应高斯插值等(表 6.4)。

表 6.4　PIV 错误速度矢量剔除方法[12]

算法	适用范围	参数数量	剔除效率	自动优化可行性
幅值	全局	1	低	简单
范围	全局	2~4	中	简单
差值	局部	1	高	有可能
中值	局部	1	高	有可能
归一化中值	局部	1	高	简单
Z 系数	全局	1	中	简单
动态平均	局部	2	中	困难
最小相关	全局	1	低	有可能
相关峰值比	全局	1	低	困难
相关信噪比	全局	1	低	简单
三维残差*	全局	1	高	简单

*仅适用于重构后的 stereo-PIV 数据。

目前，许多商用 PIV 系统如 Lavision、Dantec、TSI 和立方天地的 PIV 软件已经包含数据后处理部分，包括的功能有根据实际速度场的可能范围限制向量场范围，根据相关值限制可用数据范围，利用中值滤波进行坏点移除与数据平滑等。在对向量场数据进行后处理得到平滑的向量场后，可以进一步得到速度梯度场、应变率场、涡量场和流线图，也可以利用更加复杂的数据处理方法对速度场进行更深入的分析，例如，使用本征正交分解(proper orthogonal decomposition，POD)[36]或动态模态分解(dynamic mode decomposition，DMD)[37]等进一步对流场进行解构，详细内容将在第 7 章介绍。

6.3　实　验　方　法

2D-PIV 技术已经具备较完善的理论及实验研究方法，在测量精度、开发成本等方面也有了进一步的完善，但在实际应用中仍有一定的局限性。随着高重频激光和其他大功率光源、成像计算方法、计算机图像识别与分析等领域的快速发展，目前 PIV 技术在向高时间分辨(TR)与三维体测量(3D-3C)方向发展。下面简要介绍近年来新发展的几种粒子测速方法。

6.3.1　体视粒子图像测速法

体视粒子图像测速法(Stereo-PIV)采用 2 台或 2 台以上相机从不同角度同时记录示踪粒子图像，通过常规 2D-PIV 算法对不同视角采集的粒子图像进行处理获得速度场分布，基于多速度场测量结果，结合空间几何重构算法，进一步可以获得 2D-3C 的速度分量。由于两个相机对同一观测对象的成像在图片中的位置不同，根据三角测距原理，可以测出在图像中能匹配的物体距离，从而实现三维速度场测量。如图 6.12 所示，Stereo-PIV 中的相机主要有两种布置形式：平移法(translation method)和角位移法(angular displacement method)。平移法[图 6.12(a)]中，两个相机的成像平面和镜头平面分别在同一平面上。这种形式主要有两个好处，图像的放大倍数和两个相机的聚焦平面相同，标定和区域匹配比较方便，同时激光照亮的平面内的粒子图像均不会失焦。它的缺点是随着两个相机间距的增大，能够匹配的图像区域(即测量区域)逐渐减少，直至完全消失。而且处于视场边缘的测量区域，其成像质量也会下降。而当两个相机距离太小时，视差角太小，第三维的测量精度不高。为了改进该缺陷，使用沙姆原理，采用第二种布置即角位移法[图 6.12(b)]，将相机和镜头旋转一定角度，使镜头的主轴对准测量区域的中心，这样测量区域也移动到视场中心。但在这种形式下两个相机的聚焦平面不再重合，视场的放大率也不再是常数，需要在实验前先做比较复杂的标定。

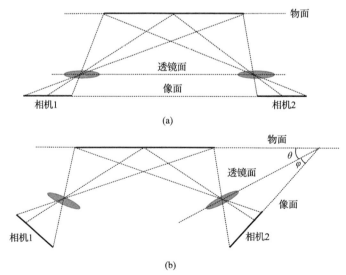

图 6.12　Stereo-PIV 的相机布置示意图：(a)平移法；(b)角位移法[12]

受限于成像系统的景深，为了提高不同空间位置的测量分辨率，一些研究者采用多个片光源照明不同的深度，以达到更好的三维效果[38,39]。多平面 Stereo-PIV 至少需要 4 个相机和 4 个激光脉冲，每个平面的记录使用两个相机和两个激光脉冲。另外，为了减少硬件设备的使用，一些研究提出了单相机 Stereo-PIV[40]，基本思路是用一个分光镜将测量区域分别在相机芯片的不同位置成像，并将一个相机分作两个用。这种方法可以简化同步、标定等过程，但测量精度和范围都受到了限制。

6.3.2　片光扫描粒子图像测速法

片光扫描粒子图像测速法(scanning particle image velocimetry，Scanning-PIV)[41-43]采用激光与扫描振镜或旋转透镜组合的方式，沿相机景深方向的不同位置在短时间内依次发射多个片光，并使用一组相机从不同视角同步采集不同切面处的粒子图像。如图 6.13 所示，通过在光路上布置一个旋转的反射镜来扫描三维流场，通过采用与 Stereo-PIV 类似的图像处理算法，即可获得每个流场切面内的速度及垂直于切面方向的第三维速度分布，从而得到流场切片区域的全三维速度场分布。为了确保不同测量平面的速度场信息具有足够的相关性，激光光片扫描的速度必须足够快，并且待测流场的变化较缓慢。因此，Scanning-PIV 方法的流场测量能力一般受限于扫描透镜/旋转透镜的扫描速率，实际测量流场流速通常不超过 1m/s。

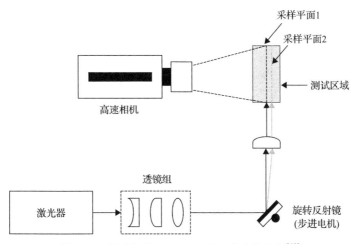

图 6.13　片光扫描 PIV/PTV 的一种光路布置[40]

6.3.3　全息粒子图像测速法

全息粒子图像测速法(HPIV)是一种将全息摄影与 PIV 相结合的三维流场测

量技术(图 6.14)。根据示踪粒子全息图像形成方式的不同,HPIV 可以分为离轴和共轴两种[44-46]。离轴 HPIV 采用两束激光(主光和参考光)照射示踪粒子,被粒子散射的光线和参考光线发生干涉并形成包含有散射光线幅值和相位信息的全息粒子图像。利用共轭参考光线照射全息粒子图像,空间示踪粒子图像便可复现。离轴 IIPIV 的优点是可以避免两束干涉光线在测试区域产生亮斑,缺点是实际光路布置较为复杂。共轴 HPIV 仅使用一束激光照射示踪粒子,通过记录粒子散射光线与穿过粒子区域而未受干扰光线(参考光)之间的衍射来形成粒子全息图像。共轴 HPIV 的好处是光路布置较为简单,对光源强度要求低;不足是当粒子浓度较高时,参考光穿过粒子间的细小缝隙后强度大幅减弱,从而降低了全息图像的质量。

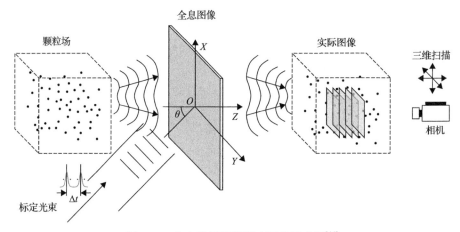

图 6.14　全息粒子图像测速原理示意图[44]

　　早期 HPIV 采用胶片记录粒子全息图像,但胶片的冲洗及机械扫描使实验步骤繁重又极其耗时。另一种方式是用数字相机直接记录全息图像,并通过后期的数字重构技术还原粒子三维图像[47],这种全数字化的 HPIV(DHPIV)技术极大地简化了实验步骤,但受当前数字图像传感器分辨率的限制,所测量的空间体积较小。例如,传统胶片记录方式的典型分辨率是 3000lines/mm,可拍摄的区域约为 $50 \times 50 \times 50 mm^3$。而采用目前主流的 CCD/CMOS 相机(4000×4000 像素),可拍摄区域则仅为 $(10 \times 10 \times 10) mm^3$ 左右[45]。

6.3.4　层析粒子图像测速法

　　层析粒子图像测速法(Tomo-PIV)[48]采用激光体式照明方式,照亮整个待测流体区域内的示踪粒子,多个相机(2～8 台,通常为 4 台)按照 Scheimpflug 原理从不同角度记录了示踪粒子的图像(图 6.15)。通过乘积代数重建技术(multiplicative algebraic reconstruction technique,MART),将不同角度拍摄的粒子图像重构成三维粒子空间分布,并最终通过三维互相关计算获得三维速度分布,通常采用三维多重网格互相关或三维多重网格图像变形互相关。在实验中，多个相机之间的相对位置可事先通过类似于 Stereo-PIV 标定的方法来确定。Tomo-PIV 具有空间分辨率高、测量体积较大的优势，但需要较多的光学窗口，其对硬件和算法的要求也更高，三维重建和三维互相关算法的耗时也更多。

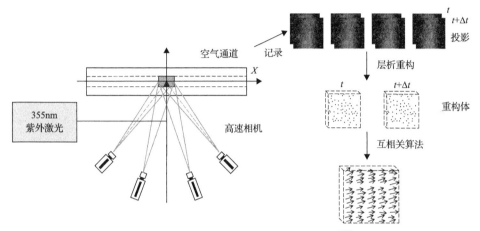

图 6.15　Tomo-PIV 光路布置与处理过程[49]

6.3.5　光场粒子图像测速法

尽管利用 Tomo-PIV 可以得到三维的速度场，但由于在实验时需要多个相机以不同视角进行同步拍摄，所以实验装置的复杂性大幅提高，实验仪器调试的时间成本和经济成本极大增加，并且在许多实验环境相对恶劣的情况下可能难以满足其多光学窗口、大测量空间的需求。通过将光场成像与 PIV 技术相结合[49]，光场 PIV（light field particle image velocimetry，LF-PIV）实现了单相机高分辨三维速度场测量[50,51]。光场相机是 LF-PIV 与其他 PIV 技术的最大区别，其依赖于封装在图像传感器前的高分辨率微透镜阵列来实现单传感器对空间光线方向和光强的同时记录（图 6.16）。

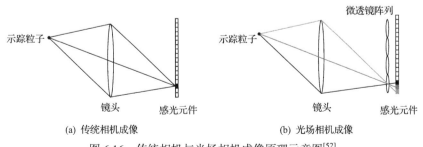

(a) 传统相机成像　　　　　　　　　　(b) 光场相机成像

图 6.16　传统相机与光场相机成像原理示意图[52]

图 6.17 为 LF-PIV 的基本流程，LF-PIV 采用与 Tomo-PIV 类似的体式照明，

但仅需要单张光场图像即可重构出三维粒子图像。光场粒子图像重构算法是影响 LF-PIV 测量精度的关键，目前大多采用基于 MART 的重构算法[53]。LF-PIV 已经在射流、湍流边界层、超声速流场和叶栅流场三维测量中获得了应用，成为受限空间三维流场测量的一个重要工具[54]。但是，应注意单光场相机主要从一个投影方向获取流场信息，故其旋转解像能力仍有改进空间。

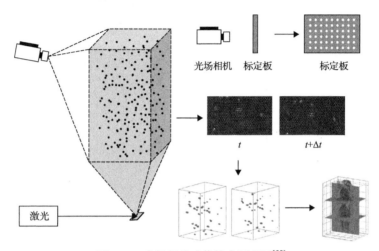

光场相机　　标定板　　　标定板

t　　　　　　$t+\Delta t$

激光

图 6.17　光场相机成像技术原理图[55]

6.3.6　彩虹粒子图像测速法

2017 年，Xiong 等[56]发展了彩虹粒子图像测速技术(rainbow particle image velocimetry，Rainbow-PIV)，如图 6.18 所示，可在相对简单的实验设置下达到较高的三维速度测量精度，该技术主要利用基于颜色的粒子三维识别技术和算法。Rainbow-PIV 以连续的白光为光源，粒子的深度信号利用颜色来编码，每个深度对应一个特定波长的光。实验中利用光学衍射元件确保相机所获图像中的所有平面同时聚焦，在此基础上，利用一个相机即可结合图像的二维空间信息和一维颜色信息来实现对粒子三维运动的追踪，极大地简化了实验系统。但由于白光是广谱光源，火焰的发光会对粒子散射光的采集有较大干扰，因此该方法目前在反应流(如燃烧)中的应用是受限的。

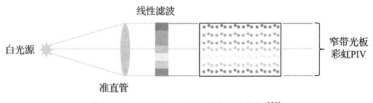

线性滤波

白光源

准直管

窄带光板彩虹PIV

图 6.18　Rainbow-PIV 原理示意图[56]

6.3.7 显微粒子图像测速法

显微粒子图像测速法(micro particle image velocimetry, Micro-PIV)也称为 μPIV,是针对微流体流场实验研究发展的重要测速方法之一。1998 年,Santiago 等报道了第一台 Micro-PIV 实验系统[57],主要用于测量慢速流动(几百微米/秒),空间分辨率可以达到 6.9μm×6.9μm×1.5μm。图 6.19 为经典的 Micro-PIV 实验系统简图,相比于宏观尺度下的 PIV,Micro-PIV 的光路设计及实验设置有所不同。由于示踪粒子相比于照明波长的尺寸较小,需要使用荧光粒子进行示踪并利用显微镜观察,同时需考虑粒子布朗运动的影响,并且此时不再是利用片光照亮某个平面,而是照亮整个流动单元。目前,Mirco-PIV 技术在高速微流场测量、微流场三维测量[58,59]和近壁面测量[60,61]中得到了进一步发展。由于 2D Micro-PIV 的测量技术已经相对成熟,更高级的 3D Micro-PIV 技术成为近些年来的主要发展方向,如立体显微技术[62]、全息摄影技术[63]和散焦技术[64]等。

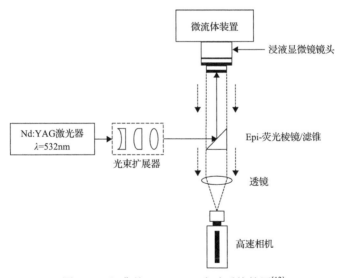

图 6.19 经典的 Micro-PIV 实验系统简图[12]

6.4 应 用 实 例

6.4.1 在冷态流场中的应用

冷态流场实验测量较容易开展,但相关研究主要集中于 2D-PIV。Shi 等首次同步采用 LF-PIV 和 Tomo-PIV 技术,测量了 300K 下双旋流器的冷态三维流场[65]。他们对比分析了双级旋流器在进出口压差分别为 3000Pa 和 5000Pa 时的流场特征，并获得时均速度和中央回流区长度。LF-PIV 和 Tomo-PIV 测得的三维流场均清晰地反映出回流区随压差不同而发生变化。如图 6.20 和图 6.21 所示，相比之下，LF-PIV 与 Tomo-PIV 的结果差异较大，LF-PIV 的测量区域较小，并且靠近外部的高速区域。产生这一现象的原因在于：由于光场相机没有采用移轴镜头，焦平面和激光束所在平面(Z 平面)存在一定夹角，焦平面和 $Z=0$ 平面相交于 $Z=0$、$X=0$ 这条线附近，因此高速区域(X 坐标的绝对值较大)的示踪粒子离相机的焦平面比较远，此处的粒子图像强度比较低，同时重构出的场强值也相应地降低很多，所以测量精度下降。即越偏离测量的中间区域，测量精度越低。

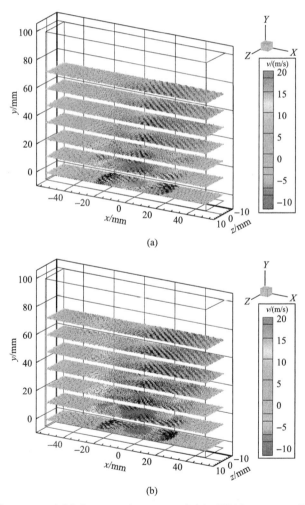

图 6.20　3000Pa(Y=0, 36, 72)(a) 和 5000Pa(Y=0, 36, 72)(b) 时通过 Tomo-PIV 测得的三维速度场中的多个横截面速度分布[65]

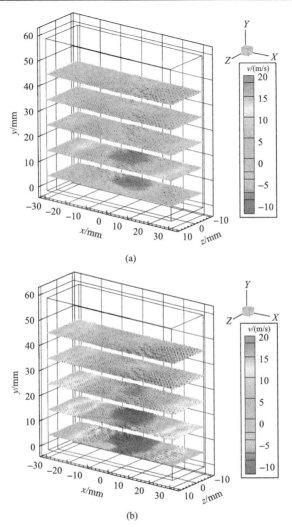

图 6.21 3000Pa(Y=5, 25, 45)(a)和 5000Pa(Y=5, 25, 45)(b)时通过 LF-PIV 测得的三维速度场中的多个横截面速度分布[65]

如图 6.22 与图 6.23 所示，与 Tomo-PIV 测得的结果相比，LF-PIV 得到的中央回流区的径向尺寸与之相近，但由于 LF-PIV 的测量区域在 Y 方向的轴向尺寸仅为 60mm，所以无法得到完整的回流区分布，但总体而言，LF-PIV 的测量结果随工作压差的变化规律和 Tomo-PIV 的结果相吻合。

6.4.2 在燃烧流场中的应用

相比于纯速度场测量，高时空分辨的 PIV 测量技术常与其他诊断技术联用，如火焰自发光图像、激光诱导荧光、拉曼散射等[66]，为理解湍流火焰中动力学混

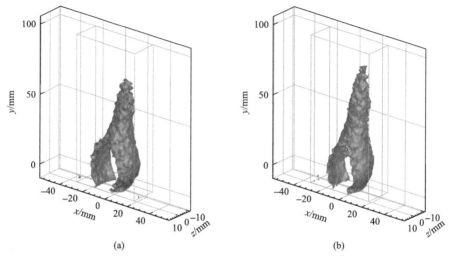

图 6.22　通过 Tomo-PIV 测得的三维速度场的零轴向速度等值面：(a) 3000Pa；(b) 5000Pa[65]

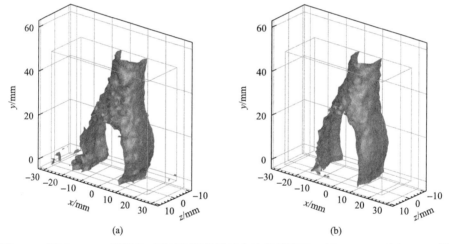

图 6.23　通过 LF-PIV 测得的三维速度场的零轴向速度等值面：(a) 3000Pa；(b) 5000Pa[65]

合与化学反应过程的相互作用提供了有力帮助。其中，近年来高速 PIV 与高速多组分 PLIF 联用得到了蓬勃发展，如德国宇航中心 Meier 团队采用高速 PIV/Stereo-PIV、OH-PLIF、OH*/CH* 自发光和拉曼散射等技术，对旋流火焰的燃烧不稳定性[67-70]及湍流火焰特性[71-74]开展了系统研究。密歇根大学 Lee 等的研究团队利用高速 Stereo-PIV 和 CH$_2$O/OH-PLIF 联用对湍流预混火焰的涡结构与火焰前锋的相互作用进行了深入研究[75-77]。Fugger 等利用高速 PIV 和 CH$_2$O/OH-PLIF 技术联用，对受限湍流预混火焰进行了高精度、大视场的实验研究[78]。Steinberg 等利用千赫兹激光的 Tomo-PIV 和 OH/CH$_2$O-PLIF 对湍流预混火焰结构、局部反应速率和火焰拉伸率等进行了详细研究[79,80]。Wang 等利用高重频激光对声场激励的旋流火焰开展了 PIV 和 CH₂O-PLIIF 的同步测量[81]、PIV 与红外成像的同步测量[82]和 PIV 与 CH*自发光的同步测量[83]，揭示了在不同受限空间和不同声波激励下旋流火焰和内部流场间的相互作用、熵波与激励声波之间的作用机制及整体火焰响应和局部放热间的耦合关系。

　　Yang 等利用双路高重频激光对旋流火焰开展了双平面立体 PIV 测量，获得了三维速度场和三维涡量场[84]，并在此基础上研究了在不同声激励下旋流火焰中声诱导涡环的演化特性(图 6.24)及三维速度场的动态特征。

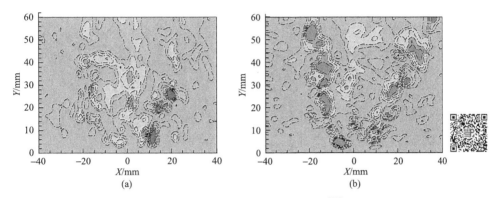

(a)　　　　　　　　　　　　　　　(b)

图 6.24　双平面 Stereo-PIV 实验测量旋流火焰的涡量分布结果[80]：(a)位于 Z=0mm 处的 Z 方向涡量云图；(b)位于 Z=0mm 处的 Y 方向涡量云图(彩图扫二维码)

　　此外，Wang 等利用双平面立体 PIV 方法对不同工况下分层旋流火焰中三维流场和旋涡结构的演化特征进行了研究[85]。不同工况下三维流场的涡量分解和速度分解结果分别如图 6.25 和图 6.26 所示。通过结果对比可知，总流量对燃烧器出口下游的流场形态无明显影响，而火焰释热则使当地流体发生轴向加速和径向扩张，由此改变中心旋流的轴向演化特性，进而影响主回流区形态、中心剪切层内旋涡演化及当地湍流脉动。

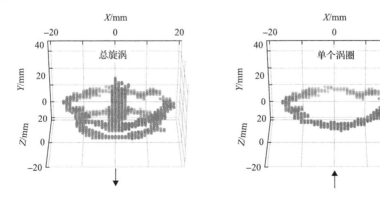

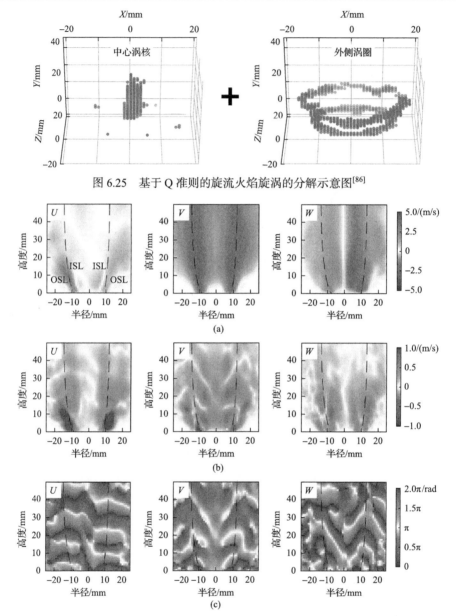

图 6.25　基于 Q 准则的旋流火焰旋涡的分解示意图[86]

图 6.26　声激励作用下旋流火焰中三个方向的速度分布：(a)平均值；(b)脉动值；(c)相位[86]

进一步，他们利用 20kHz 的 PIV/CH*化学自发光同步测量系统获得了冷流、值班模式和分层模式下的流场和 CH*化学发光，如图 6.27 所示，他们研究了分层旋流火焰中相干流场/火焰的结构及动态特征，以此阐释旋流火焰中螺旋涡放热率波动的火焰-涡流相互作用机制。基于相平均和层析算法，分层旋流火焰在值班模式和分层模式下的旋涡结构、火焰锋面形态及释热率扰动场得以重构，如图 6.28

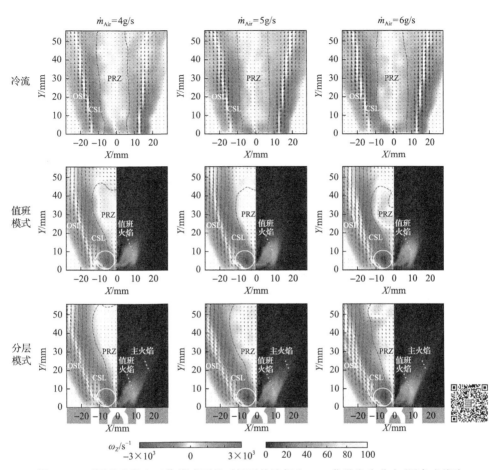

图 6.27　不同总流量和工作模式下的时间平均流场和 CH*化学发光分布（黑色虚线为零轴向速度线[85]）（彩图扫二维码）

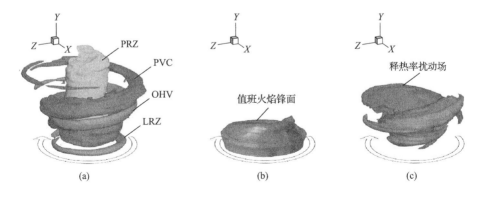

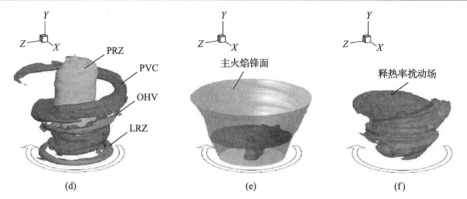

图 6.28　分级旋流火焰在值班模式下的旋涡结构(a)、火焰锋面结构(b)和释热波动场(c);分级旋流火焰在分层模式下的旋涡结构(d)、火焰锋面结构(e)和释热波动场[87](f)(PRZ:主回流区,PVC:旋进涡核,OHV:外螺旋涡,LRZ:台阶回流区)

所示。预燃级中固有的螺旋模态($m = +1$)是当地流场中的主导模态,剪切层中生成的内外螺旋涡(旋进涡核,PVC;外螺旋涡,OHV)使值班火焰面发生褶皱,进而在预燃级下游产生非对称的释热波动。后续的定量分析结果显示,PVC是预燃级下游相干释热波动的主要源项,而OHV则是次要源项[87]。

参 考 文 献

[1] Comte-Bellot G. Hot-wire anemometry. Annual Review of Fluid Mechanics, 1976, 8: 209-231.

[2] 熊姹, 范玮. 应用燃烧诊断学. 西安: 西北工业大学出版社, 2014.

[3] Archbold E, Burch J, Ennos A. Recording of in-plane surface displacement by double-exposure speckle photography. Optica Acta: International Journal of Optics, 1970, 17: 883-898.

[4] Leendertz J A. Interferometric displacement measurement on scattering surfaces utilizing speckle effect. Journal of Physics E: Scientific Instruments, 1970, 3: 214-218.

[5] Barker D, Fourney M. Measuring fluid velocities with speckle patterns. Optics Letters, 1977, 1: 135-137.

[6] Dudderar T, Simpkins P. Laser speckle photography in a fluid medium. Nature, 1977, 270: 45-47.

[7] Grousson R, Mallick S. Study of flow pattern in a fluid by scattered laser light. Applied Optics, 1977, 16: 2334-2336.

[8] Pickering C J, Halliwell N A. Speckle photography in fluid flows: Signal recovery with two-step processing. Applied Optics, 1984, 23: 1128-1129.

[9] Adrian R J. Scattering particle characteristics and their effect on pulsed laser measurements of fluid flow: Speckle velocimetry vs particle image velocimetry. Applied Optics, 1984, 23: 1690-1691.

[10] Meynart R. Digital image processing for speckle flow velocimetry. Review of Scientific Instruments, 1982, 53: 110-111.

[11] Meynart R. Instantaneous velocity field measurements in unsteady gas flow by speckle velocimetry. Applied Optics, 1983, 22: 535-540.

[12] Raffel M, Willert C E, Kompenhans J. Particle Image Velocimetry: A Practical Guide. 2nd ed. New York: Springer, 1998.

[13] Adrian R J. Particle-imaging techniques for experimental fluid mechanics. Annual Review of Fluid Mechanics, 1991,

23: 261-304.

[14] Buchhave P. Particle image velocimetry—Status and trends. Experimental Thermal and Fluid Science, 1992, 5: 586-604.

[15] Adrian R. Multi-point optical measurements of simultaneous vectors in unsteady flow—A review. International Journal of Heat and Fluid Flow, 1986, 7: 127-145.

[16] Grant I. Particle image velocimetry: A review. Proceedings of the Institution of Mechanical Engineers, Part C: Journal of Mechanical Engineering Science, 1997, 211: 55-76.

[17] Adrian R J. Bibliography of particle image velocimetry using imaging methods: 1917~1995. DLR Deutsches Zentrum fur Luft- und Raumfahrt e.V. - Forschungsberichte, 2011.

[18] Jensen K D. Flow measurements. Journal of The Brazilian Society of Mechanical Sciences and Engineering, 2004, 26: 400-419.

[19] Hulst H C, van de Hulst H C. Light scattering by small particles. Mineola: Dover Publication, 1981.

[20] Ingle Jr. J D, Crouch S R. Spectrochemical Analysis. London: Pearson College Div, 1988.

[21] Melling A. Tracer particles and seeding for particle image velocimetry. Measurement Science and Technology, 1997, 8: 1406-1416.

[22] Zakaria R, Bryanston-Cross P. Light scattering efficiency of oil smoke seeding droplets in PIV systems. 2012 Photonics Global Conference (PGC 2012), 2012: 1-5.

[23] Meyers J F. Generation of particles and seeding. NASA Langley Technical Report Server, 1991.

[24] Kähler C J, Sammler B, Kompenhans J. Generation and control of particle size distributions for optical velocity measurement techniques in fluid mechanics. 4th International Symposium on Particle Image Velocimetry, 2001.

[25] Kähler C. General design and operating rules for seeding atomisers. 5th International Symposium on Particle Image Velocimety, 2003.

[26] Kähler C, Sammler B, Kompenhans J. Generation and control of tracer particles for optical flow investigations in air. Experiments in Fluids, 2002, 33: 736-742.

[27] Buchmann N A, Willert C E, Soria J. Pulsed, high-power LED illumination for tomographic particle image velocimetry. Experiments in Fluids, 2012, 53: 1545-1560.

[28] Groß D, Brevis W, Jirka G H. Development of a LED-based PIV/PTV system: Characterization of the flow within a cylinder wall-array in a shallow flow. Proc. Int. Conf. on Fluvial Hydraulics River Flow, 2010: 1665-1672.

[29] Keane R D, Adrian R J. Optimization of particle image velocimeters. I. Double pulsed systems. Measurement Science and Technology, 1990, 1: 1202-1215.

[30] Cai S Z, Zhou S C, Xu C, et al. Dense motion estimation of particle images via a convolutional neural network. Experiments in Fluids, 2019, 60: 73.

[31] Rabault J, Kolaas J, Jensen A. Performing particle image velocimetry using artificial neural networks: A proof-of-concept. Measurement Science and Technology, 2017, 28: 125301.

[32] Sapkota A, Ohmi K. A neural network based algorithm for particle pairing problem of PIV measurements. IEICE Transactions on Information and Systems, 2009, E92D: 319-326.

[33] Soria J. An investigation of the near wake of a circular cylinder using a video-based digital cross-correlation particle image velocimetry technique. Experimental Thermal and Fluid Science, 1996, 12: 221-233.

[34] Willert C. Stereoscopic digital particle image velocimetry for application in wind tunnel flows. Measurement Science and Technology, 1997, 8: 1465-1479.

[35] Scarano F. Iterative image deformation methods in PIV. Measurement Science and Technology, 2001, 13: R1-R19.

[36] Druault P, Guibert P, Alizon F. Use of proper orthogonal decomposition for time interpolation from PIV data. Experiments in Fluids, 2005, 39: 1009-1023.

[37] Schmid P J, Li L, Juniper M P, et al. Applications of the dynamic mode decomposition. Theoretical and Computational Fluid Dynamics, 2011, 25: 249-259.

[38] Pfadler S, Dinkelacker F, Beyrau F, et al. High resolution dual-plane stereo-PIV for validation of subgrid scale models in large-eddy simulations of turbulent premixed flames. Combustion and Flame, 2009, 156: 1552-1564.

[39] Bücker I, Karhoff D C, Klaas M, et al. Stereoscopic multi-planar PIV measurements of in-cylinder tumbling flow. Experiments in Fluids, 2012, 53: 1993-2009.

[40] Bardet P M, Peterson P F, Savaş Ö. Split-screen single-camera stereoscopic PIV application to a turbulent confined swirling layer with free surface. Experiments in Fluids, 2010, 49: 513-524.

[41] Prenel J P, Bailly Y. Recent evolutions of imagery in fluid mechanics: From standard tomographic visualization to 3D volumic velocimetry. Optics and Lasers in Engineering, 2006, 44: 321-334.

[42] Knutsen A N, Lawson J M, Dawson J R, et al. A laser sheet self-calibration method for scanning PIV. Experiments in Fluids, 2017, 58: 145.

[43] Lawson J M, Dawson J R. A scanning PIV method for fine-scale turbulence measurements. Experiments in Fluids, 2014, 55: 1857.

[44] Hinsch K D. Holographic particle image velocimetry. Measurement Science and Technology, 2002, 13: R61-R72.

[45] Schroeder A, Willert C E. Partide Image Velocimetry: New Developments and Recent Application. Heidelberg: Springer, 2008: 127-154.

[46] Katz J, Sheng J. Applications of holography in fluid mechanics and particle dynamics. Annual Review of Fluid Mechanics, 2010, 42: 531-555.

[47] Meng H, Pan G, Pu Y, et al. Holographic particle image velocimetry: From film to digital recording. Measurement Science and Technology, 2004, 15: 673-685.

[48] Scarano F. Tomographic PIV: Principles and practice. Measurement Science and Technology, 2013, 24: 012001.

[49] Elsinga G E, Scarano F, Wieneke B, et al. Tomographic particle image velocimetry. Experiments in Fluids, 2006, 41: 933-947.

[50] Fahringer T W, Lynch K P, Thurow B S. Volumetric particle image velocimetry with a single plenoptic camera. Measurement Science and Technology, 2015, 26: 115201.

[51] Shi S, Wang J, Ding J, et al. Parametric study on light field volumetric particle image velocimetry. Flow Measurement and Instrumentation, 2016, 49: 70-88.

[52] Shi S, Ding J, Atkinson C, et al. A detailed comparison of single-camera light-field PIV and tomographic PIV. Experiments in Fluids, 2018, 59: 46.

[53] Shi S, Ding J, New T H, et al. Light-field camera-based 3D volumetric particle image velocimetry with dense ray tracing reconstruction technique. Experiments in Fluids, 2017, 58: 78.

[54] Tan Z P, Thurow B S. Perspective on the development and application of light-field cameras in flow diagnostics. Measurement Science and Technology, 2021, 32: 101001.

[55] Shi S, Ding J, New T H, et al. Volumetric calibration enhancements for single-camera light-field PIV. Experiments in Fluids, 2019, 60: 21.

[56] Xiong J, Idoughi R, Aguirre-Pablo A A, et al. Rainbow particle imaging velocimetry for dense 3D fluid velocity imaging. ACM Transactions on Graphics (TOG), 2017, 36: 1-14.

[57] Santiago J G, Wereley S T, Meinhart C D, et al. A particle image velocimetry system for microfluidics. Experiments

in Fluids, 1998, 25: 316-319.

[58] Li H F, Yoda M. Multilayer nano-particle image velocimetry（MnPIV）in microscale Poiseuille flows. Measurement Science and Technology, 2008, 19: 9.

[59] Bourdon C J, Olsen M G, Gorby A D. The depth of correlation in micro-PIV for high numerical aperture and immersion objectives. Journal of Fluids Engineering-Transactions of the ASME, 2006, 128: 883-886.

[60] Zettner C M, Yoda M. Particle velocity field measurements in a near-wall flow using evanescent wave illumination. Experiments in Fluids, 2003, 34: 115-121.

[61] Jin S, Huang P, Park J, et al. Near-surface velocimetry using evanescent wave illumination. Experiments in Fluids, 2004, 37: 825-833.

[62] Lindken R, Westerweel J, Wieneke B. Stereoscopic micro particle image velocimetry. Experiments in Fluids, 2006, 41: 161-171.

[63] Sheng J, Malkiel E, Katz J. Using digital holographic microscopy for simultaneous measurements of 3D near wall velocity and wall shear stress in a turbulent boundary layer. Experiments in Fluids, 2008, 45: 1023-1035.

[64] Park J, Kihm K. Three-dimensional micro-PTV using deconvolution microscopy. Experiments in Fluids, 2006, 40: 491.

[65] 梅迪, 丁俊飞, 施圣贤. 基于双光场相机的高分辨率光场三维 PIV 技术. 实验流体力学, 2019, 33: 9.

[66] Frank J H, Frank J H, Patterson B D, et al. Simultaneous temperature and velocity measurements with 2D-CARS and PIV. Sandia National Lab.（SNL-NM）, Albuquerque, NM（United States）, 2017.

[67] Arndt C M, Severin M, Dem C, et al. Experimental analysis of thermo-acoustic instabilities in a generic gas turbine combustor by phase-correlated PIV, chemiluminescence, and laser Raman scattering measurements. Experiments in Fluids, 2015, 56: 69.

[68] Sadanandan R, Stöhr M, Meier W. Flowfield-flame structure interactions in an oscillating swirl flame. Combustion, Explosion, and Shock Waves, 2009, 45: 518-529.

[69] Boxx I, Slabaugh C, Kutne P, et al. 3kHz PIV/OH-PLIF measurements in a gas turbine combustor at elevated pressure. Proceedings of the Combustion Institute, 2015, 35: 3793-3802.

[70] Sadanandan R, Stöhr M, Meier W. Simultaneous OH-PLIF and PIV measurements in a gas turbine model combustor. Applied Physics B, 2008, 90: 609-618.

[71] Trunk P, Boxx I, Heeger C, et al. Premixed flame propagation in turbulent flow by means of stereoscopic PIV and dual-plane OH-PLIF at sustained kHz repetition rates. Proceedings of the Combustion Institute, 2013, 34: 3565-3572.

[72] Severin M, Lammel O, Ax H, et al. High momentum jet flames at elevated pressure: B—detailed investigation of flame stabilization with simultaneous PIV and OH-LIF. ASME Turbo Expo 2017: Turbomachinery Technical Conference and Exposition, 2017.

[73] Boxx I, Heeger C, Gordon R, et al. Simultaneous three-component PIV/OH-PLIF measurements of a turbulent lifted, C_3H_8-argon jet diffusion flame at 1.5kHz repetition rate. Proceedings of the Combustion Institute, 2009, 32: 905-912.

[74] Steinberg A, Boxx I, Arndt C, et al. Experimental study of flame-hole reignition mechanisms in a turbulent non-premixed jet flame using sustained multi-kHz PIV and crossed-plane OH PLIF. Proceedings of the Combustion Institute, 2011, 33: 1663-1672.

[75] Skiba A W, Carter C D, Hammack S D, et al. The influence of large eddies on the structure of turbulent premixed flames characterized with stereo-PIV and multi-species PLIF at 20 kHz. Proceedings of the Combustion Institute,

2019, 37: 2477-2484.

[76] Hammack S D, Carter C D, Skiba A W, et al. 20 kHz CH$_2$O and OH PLIF with stereo PIV. Optics Letters, 2018, 43: 1115-1118.

[77] Wabel T M, Skiba A W, Driscoll J F. Evolution of turbulence through a broadened preheat zone in a premixed piloted Bunsen flame from conditionally-averaged velocity measurements. Combustion and Flame, 2018, 188: 13-27.

[78] Fugger C A, Roy S, Caswell A W, et al. Structure and dynamics of CH$_2$O, OH, and the velocity field of a confined bluff-body premixed flame, using simultaneous PLIF and PIV at 10 kHz. Proceedings of the Combustion Institute, 2019, 37: 1461-1469.

[79] Osborne J R, Ramji S A, Carter C D, et al. Relationship between local reaction rate and flame structure in turbulent premixed flames from simultaneous 10kHz TPIV, OH PLIF, and CH$_2$O PLIF. Proceedings of the Combustion Institute, 2017, 36: 1835-1841.

[80] Steinberg A M, Coriton B, Frank J H. Influence of combustion on principal strain-rate transport in turbulent premixed flames. Proceedings of the Combustion Institute, 2015, 35: 1287-1294.

[81] Wang G, Liu X, Li L, et al. Investigation on the flame front and flow field in acoustically excited swirling flames with and without confinement. Combustion Science and Technology, 2022, 194: 130-143.

[82] Wang G, Liu X, Wang S, et al. Experimental investigation of entropy waves generated from acoustically excited premixed swirling flame. Combustion and Flame, 2019, 204: 85-102.

[83] Wang G, Guiberti T F, Xia X, et al. Decomposition of swirling flame transfer function in the complex space. Combustion and Flame, 2021, 228: 29-41.

[84] Yang Z, Wang S, Zheng J, et al. 20kHz dual-plane stereo-PIV measurements on a swirling flame using a two-legged burst-mode laser. Optics Letters, 2020, 45: 5756-5759.

[85] Wang S, Zheng J, Li L, et al. Evolution characteristics of 3D vortex structures in stratified swirling flames studied by dual-plane stereoscopic PIV. Combustion and Flame, 2022, 237: 111874.

[86] Zheng J, Wang S, Yang Z, et al. Experimental investigations on coherent flow structures in acoustically excited swirling flames using temporally-separated dual-plane Stereo-PIV. Experimental Thermal and Fluid Science, 2022, 136: 110673.

[87] Wang S, Zheng J, Xu L, et al. Experimental investigation of the helical mode in a stratified swirling flame. Combustion and Flame, 2022, 244: 112268.

第7章 图像分析及可视化方法

基于图像的实验研究是燃烧诊断学的重要组成部分，而相关的图像分析及可视化方法大多零散地分布于前人文献中，缺乏系统的总结与归纳。本章总结了燃烧诊断学中常用图像采集硬件的基本特性、获取图像的分析技术与可视化方法，包括图像的类型、映射、特征分析、序列分析及可视化工具等。这些方法是分析实验图像的有力工具，能够提取火焰和流场的宏观结构，并揭示其动态演化规律。

7.1 图像采集硬件与核心参数

在燃烧诊断中，图像的获取通常以相机/摄像机类传感器来实现。基于光学系统、相机搭建和成像系统的火焰测量体系，可以获得燃烧诊断所需的关键信息。CCD 芯片相机的优点是对火焰光强信号响应的线性度高，便于定量分析；CMOS 芯片相机的优势在于能够进行高速测试。因此，燃烧诊断所用的相机也通常分为两类，一类是以获取高保真、高解析的火焰图片为目标的 CCD 相机，此类相机一般拍摄帧率较低；另一类是以获得高时间和空间分辨率的火焰动态信息为目标的 CMOS 相机，相对来说这类相机的保真率有所损失。

两类相机的主要性能参数类似，包括像素分辨率、时间响应特性(曝光时间)、内存量、量子效率等。其中，像素分辨率为成像芯片纵横方向排列的像素数目，其主要影响图幅大小与图像空间分辨率。曝光时间指相机像素实际接收光强的时间周期，在低速激光测试中，由于激光信号脉冲短，曝光时间一般较短(约 μs)；而在高速测试中，由于经常采集火焰的自发光信号，故曝光时间相对较长。由于高速相机的采集速率高，图像数据很难快速传输，所以高速相机能拍摄的图像数量一般由内置内存决定，内置内存越大，相机可拍摄的图片数量越多。最后，量子效率决定了光子能量转化为相机电信号的特性性能。需要注意的是，量子效率一般是以入射光波长为自变量的函数，不同相机对不同波长光线的响应不同，以应用来划分，有侧重紫外、可见光、红外、多光谱分光测试的不同种类相机，实验中应基于实际需求进行选择。根据成像芯片是否安装颜色滤镜，相机也可以分为灰度相机与彩色相机，这将在 7.2 节进行详细介绍。最后，评估相机成像与光学测试的关键参数是成像的信噪比(signal-to-noise ratio，SNR)[1]。由于传感器自身的特性，其在没有信号接收的位置也会产生随机信号，同时也存在固定的本底噪声。本底噪声可以通过遮挡镜头拍摄背景再减掉背景信号的形式去除，而随机噪声通常无法完全去除。信噪比主要表征信号平均强度与随机噪声强度的相对关系，信噪比越高说明成像质量越好。一般而言，在燃烧诊断应用中，比较合理的信噪比至少应在 5.0 以上，对于某些信号强度很弱的测试技术而言，常见信噪比可能低于推荐数值。

在燃烧诊断中，成像镜头也是保证图像质量的重要组件，镜片材质、焦距、物距、光圈等参数直接影响了成像质量。镜片材质与镀膜情况决定了镜头的透光性，尤其是对紫外光的透过特性。对于紫外测试，整套系统需采用石英类材质来保证其透过性。镜头的焦距影响光学系统的搭建，故需进行计算来确定适宜镜头，根据实际需要，火焰测试中有时采用微距镜头。镜头的光圈决定了进光量，光圈越大，进光量越多。整体上进光量增多对燃烧诊断有促进作用，但应注意随着光圈的增大，镜头的成像景深随之减小。景深指在被摄主体(对焦点)前后，其影像仍然有一段清晰范围的距离长度。景深增加会在摄像景深方向发生图像堆叠，在某些应用中对成像质量会有一定影响，因此需要合理选择景深参数。除常用相机镜头外，也有特种镜头与相机适配以满足测试需求，如显微镜头、内窥镜等，应用这类成像系统时同样应注意进光量等特性参数。此外，实际成像结果可能会因镜头或光学系统发生扭曲(distortion)，需要进行标定处理，详细的标定方法将于7.3 节介绍。对于信号强度过低的诊断方法，通常需结合成像系统与信号放大器进行测量。

7.2　图　像　类　型

根据测试相机是否添加色彩滤镜，所获图像可以分为单通道的灰度图像和三通道的彩色图像。在燃烧诊断领域，单通道的灰度图像更常见，用以表征火焰信号的强度。矩阵中每点的像素值代表该处的灰度(gray scale)，图像灰度近似与信号强度成正比。根据上文提及，每台相机均有其读数与光强的对应关系，CCD 相机的线性度高，而 CMOS 相机在高读数与低读数位置的线性度较差，精准对应关系需要通过标定实验获取。对于灰度图像 $G(n_y, n_x)$，其数学本质是一个行数为 n_y、列数为 n_x 的像素矩阵。对于彩色图像 $C(n_y, n_x)$，其矩阵中每点的数值一般由安装不同颜色滤镜的相机像素提供三个 R (红)、G (绿)、B (蓝)基色分量，每个分量数值反映了该基色的强度。通过式(7.1)的线性加权处理，彩色图像中每一点的像素值可以转换为相应的灰度，转换结果如图 7.1 所示。具体线性加权系数受实际相机选用的影响。

$$\text{Gray} = (R, G, B) \cdot (0.299, 0.587, 0.114) \tag{7.1}$$

彩色图像　　　　　　　　　　灰度图像

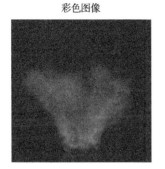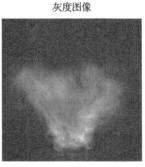

图 7.1　彩色图像转换为灰度图像(彩图扫二维码)

在激光燃烧诊断中，灰度图像结果最为常见，尤其是在弹性散射与非弹性散射技术中。在特定情况下，根据需要捕捉火焰的光谱信息，彩色图像也有一定的应用需求，如红色通道读数表示火焰碳烟或热点的位置。此外，彩色火焰图像也可以定性地描述当量比特性，如用蓝色度(bluish)和黄色度(yellowish)表示燃烧中碳烟的生成位置与状况。目前，也有采用彩色通道之间的定量关系确定当量比的研究[2,3]，然而这一方法受广谱碳烟辐射的影响较明显，在处理贫燃火焰时更适宜。总体而言，彩色火焰图像在一定程度上提供了燃烧的光谱信息，但其深度和广度均不及采用光谱仪得到的分析结果。

弹性散射与非弹性散射技术中通常需要采用脉冲激光进行激发，只有激发区域会产生目标信号。基于两方面原因，这类测试一般获取的是火焰某一平面上的信息。首先，激发激光能量通常有一定的阈值要求，将激光束扩展为平面激光一般可以满足激光能量密度的需求，但再次扩展为体积光则可能面临激光能量不足的问题。此外，相机拍摄的图像实际上为火焰沿视线积分(line-of-sight)的投影，深度方向上的亮度堆叠可能掩盖实际所需信息。激光激发火焰获得的实验结果一般可以认为是火焰切面上的物理信息，如粒子图像测速和平面激光诱导荧光的测量结果。由于激光片的厚度很薄，通常小于 1mm，因此可以认为这些图像代表零厚度的二维亮度分布，对应于流场和火焰的二维剖面。图像在二维平面上的空间分辨率主要受视场范围和相机分辨率的影响，同时摄影技术因受限于衍射极限，成像尺度并不能无限缩小，在一般火焰二维测试中，不会触及衍射极限，图像分辨率可以达到微米量级。

对于火焰化学荧光分析与某些特定需要火焰三维信息的测量手段，相机捕捉结果为沿视线积分投影。区别于二维亮度分布，沿视线积分投影包含三维火焰(或流场)沿视线方向上的亮度分布信息，如要还原对应的三维亮度分布，则需要用到去卷积算法。若认为三维亮度分布呈轴对称分布，则利用 Abel 逆变换可以还原出中心平面上的亮度分布[4-6]。如图 7.2 所示，对于 Abel 逆变换，接收点 C 的辐射强度值是沿路径 AB 上各点实际辐射强度的积分。对于三维亮度呈柱对称分布的

火焰，在 y 处观察到的火焰亮度 I 与 r 处实际亮度 ε 的关系表达式如下，即

$$I(y) = 2\int_0^x \varepsilon(r)\mathrm{d}x \tag{7.2}$$

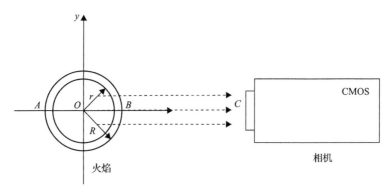

图 7.2　Abel 逆变化原理示意图

由于 $I(R)=0$，$r = \sqrt{x^2 + y^2}$，则上式可以表示为

$$I(y) = 2\int_y^R \frac{\varepsilon(r)r\mathrm{d}r}{\sqrt{r^2 - y^2}} \tag{7.3}$$

对上式进行反变换可得

$$\varepsilon(r) = -\frac{1}{\pi}\int_r^R \frac{\mathrm{d}I(y)/\mathrm{d}y}{\sqrt{y^2 - r^2}}\mathrm{d}y \tag{7.4}$$

图 7.3 为甲烷预混旋流火焰的时均 CH*化学自发光投影进行 Abel 反演前后的结果对比，可见去卷积处理能使火焰结构更清晰，从而便于后续的图像分析。若三维亮度分布不满足轴对称条件，则需要用到层析重构（tomographic reconstruction）方法来获得相应的三维分布[7-9]。值得注意的是，在火焰层析重构中，视角数目一般有

图 7.3　甲烷预混旋流火焰的时均自发光投影(左)和 Abel 逆变换图像(右)

限，重建性能受算法和标定的影响较为显著。在二维成像中，图像分辨率主要由相机和光学系统决定，而层析重构三维体空间分辨率则主要由相机分辨率、相机数目、算法等共同决定，分析将变得更加困难，一般认为三维空间分辨率可以达到亚毫米量级。本节对层析技术不进行详细的数学推导与展开，感兴趣的读者可以阅读相关著作[10]。

7.3　图像修正与图像映射

火焰经光学系统至相机芯片成像后，图像已经基本可以反映出火焰中的关键信息。然而由于图片中的目标信号受激发光源、荧光成像、光学系统缺陷等因素的影响，需要对图片进行预处理后才能开展进一步分析。从误差来源分类，图像的预处理主要包括图像修正与图像映射，下面将分别展开介绍。

7.3.1　图像修正

图像修正(image correction)主要针对图像的强度信息进行修正，一般不涉及像素之间的空间对应关系。由前面的介绍可知，像素的信号强度是光信号转化而成的二进制的相对强度值，因此需要进行像素读数的标定。同时，由于激光能量在空间上和时间上均存在不均匀性，所以需要对激光强度进行校准处理。

像素读数的修正一般分为光强定量标定与图片去噪修正。光强定量标定可以通过相机厂商提供的参数和光学系统参数，如量子效率、镜头光圈、镜片衰减等进行计算。此外，比较常用的标定方法是采用标准标定光源进行光强与相机读数标定。标准标定光源一般分为球型光源和平行光源，其中平行标定光源经长管内散射产生光强流明量已知的均匀光线，此后用相机成像感光，则可以获得相机读数与光强的精准对应关系。在图片去噪修正中，首先需要开展背景去噪(background subtraction)以去除相机背景噪声，目前相机一般自带背景去噪功能。除背景去噪外，一般还需要对背景随机噪声进行处理，处理方法一般采用图像算法，具体在 7.4 节进行介绍。

对激光诊断而言，理想的激光束截面形状应为正圆，局部光强沿半径方向呈高斯分布，整体能量随时间均匀稳定。然而，激光器输出能量常随时间波动，并且实际激光输出光斑形状也通常不是正圆形，能量分布不均匀。对于激光能量波动，可行的修正方法是在光路中布置分光器，将 5%~10% 的激光能量引导至脉冲激光能量计进行测量并记录，此后在图片上根据激光能量变化进行线性修正。对于激光能量不均匀的特性，尤其是片激光的能量不均匀性，一般可在测试目标后放置含灵敏荧光剂均匀溶液的方形容器，通过激发荧光的强度分布推断片激光强度的空间分布，最终在测试图片上通过线性形式进行修正，从而控制激光不稳定性对测量图像结果的影响。对于激光能量的吸收性损耗，一般可以根据朗伯-比尔定律(Beer-Lambert law)修正激光光强。

7.3.2　图像映射

除像素强度偏差外，由镜头畸变或光学系统折射产生的图像空间扭曲也需要在图像预处理的过程中加以修正。图像映射(image mapping)是联立测试目标与二维投影成像(空间与强度)的重要渠道，它可将图像中的亮度分布由相机底片上的像素坐标系映射至三维空间中的世界坐标系，提供图像中亮度单元的空间位置信息。常用的图像映射方法包括多项式拟合法和 Pinhole 模型法。多项式拟合法(张正友标定法)是一种常用的图像映射方法[11,12]，即通过多项式拟合实现对畸变图形精确的几何校正，再应用校正后的几何图像进行线性模型标定，从而实现图像映射，方便后续对图像进行定量分析。

对畸变图像的精确几何校正，首先需要根据两幅图像的已知位置点集建立函数关系式，本节以二阶多项式法为例进行介绍，即将标准图像的空间坐标(u,v)和被校正的畸变图像的空间坐标(u',v')之间的映射关系用二元 n 次多项式来描述，其关系式如下，即

$$\begin{cases} u' = \sum_{i=0}^{n} \sum_{j=0}^{n-i} a_{ij} u^i v^j \\ v' = \sum_{i=0}^{n} \sum_{j=0}^{n-i} b_{ij} u^i v^j \end{cases} \tag{7.5}$$

式中，a_{ij}、b_{ij} 均为多项式系数；n 为多项式阶数。

对于u'，拟合总误差 ε 可以表示为式(7.6)，其最小化的条件可以通过式(7.7)对多项式系数 a_{st} 求导得到，即

$$\varepsilon = \sum_{l=1}^{L} \left[u_l' - \sum_{i=0}^{n} \sum_{j=0}^{n-i} a_{ij} u_l^i v_l^j \right]^2 \tag{7.6}$$

$$\frac{\partial \varepsilon}{\partial a_{st}} = 2 \sum_{l=1}^{L} \left[\sum_{i=0}^{n} \sum_{j=0}^{n-i} a_{ij} u_l^i v_l^j - u_l' \right] u_l^s v_l^t = 0 \tag{7.7}$$

将式(7.7)整理后可得

$$\sum_{l=1}^{L} \left[\sum_{i=0}^{n} \sum_{j=0}^{n-i} a_{ij} u_l^i v_l^j - u_l' \right] u_l^s v_l^t = \sum_{l=1}^{L} u_l' u_l^s v_l^t \tag{7.8}$$

对于v'，同理可以得到拟合总误差最小化的条件为

$$\sum_{l=1}^{L}\left[\sum_{i=0}^{n}\sum_{j=0}^{n-i}b_{ij}u_l^{i}v_l^{j}-v_l'\right]u_l^{s}v_l^{t}=\sum_{l=1}^{L}v_l'u_l^{s}v_l^{t} \tag{7.9}$$

式 (7.8) 和式 (7.9) 为两组由 M 个方程组成的线性方程组，每个方程包含 M 个未知数，$M=(n-1)(n+2)/2$ 是待求系数的个数。分别求解上述两式即可得到 a_{ij} 和 b_{ij}，再将其代入式 (7.5) 就可以实现两坐标系之间的变换。

多项式拟合法的精度与所用校正多项式的次数有关，多项式次数越高，拟合误差越小。但是，所需要控制点对的数目随 n 的增加而急剧增加，这会导致计算时间急剧增加。对于本节介绍的二阶多项式法，式 (7.5) 可以简化为

$$\begin{cases}u'=a_{00}+a_{10}u+a_{01}v+a_{11}uv+a_{20}u^2+a_{02}v^2\\v'=b_{00}+b_{10}u+b_{01}v+b_{11}uv+b_{20}u^2+b_{02}v^2\end{cases} \tag{7.10}$$

为了求解式 (7.10) 中的 12 个参数，至少需要 6 个控制点对的坐标。实际操作中则要选用更多的控制点对，每个控制点对生成 2 个方程。最后，用最小二乘法求解相关系数，完成对图像的几何校正。

完成图像的几何校正后，应用校正后的几何图像进行线性模型标定，并转换为相应的世界坐标。若 (X_w,Y_w,Z_w) 为世界坐标系中的坐标，(X_c,Y_c,Z_c) 为相机坐标系中的坐标，(u',v') 为该点畸变校正后的图像坐标，则图像坐标和世界坐标之间的映射关系如式 (7.11) 所示，即

$$Z_c\begin{bmatrix}u'\\v'\\1\end{bmatrix}=M\begin{bmatrix}X_w\\Y_w\\Z_w\\1\end{bmatrix} \tag{7.11}$$

式中，3×4 规模的变换矩阵 M 包含所有的空间变换信息，确定各元素 $m_{ij}(i=1\sim3,j=1\sim4)$ 即可完成线性模型标定。对式 (7.11) 进行分解并消去 Z_c 后可得

$$\begin{cases}X_wm_{11}+Y_wm_{12}+Z_wm_{13}+m_{14}-u'X_wm_{31}-u'Y_wm_{32}-u'Z_wm_{33}=u'm_{34}\\X_wm_{21}+Y_wm_{22}+Z_wm_{23}+m_{24}-v'X_wm_{31}-v'Y_wm_{32}-v'Z_wm_{33}=v'm_{34}\end{cases} \tag{7.12}$$

式中，(X_w,Y_w,Z_w) 和 (u',v') 可由每一个空间坐标点得到，待求解参数为矩阵 M 中的各个元素 m_{ij}。当标定点个数为 N 时，可以得到 $2N$ 个线性方程组。因此，理论上只需 6 个标定点即可获得 12 个有效的线性方程组，从而完成对式 (7.12) 中 12 个未知数的求解。在实际操作中，可取 $m_{34}=1$，使式 (7.12) 中的待求解参数减少为 11 个，并且为了保证参数的求解精度，通常选用数十个标定点作为已知参数，使有效方程的个数多于待求解参数的个数，由此构成一个超定方程组。最后，用最小二乘法对超定方程组进行求解，完成对图像的标定过程。图 7.4 为使用多项式拟

合法标定棋盘格图像的结果对比，可以看到标定过程能够有效地消除图像畸变。

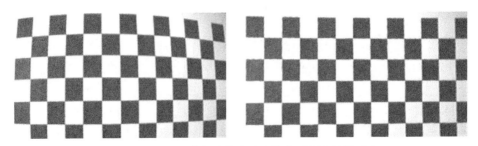

图 7.4　棋盘格图像标定前(左)和标定后(右)结果对比

7.3.3　Pinhole 模型法

Pinhole 模型起源于计算机视觉领域，最早由 Tsai 提出[13]，用于建立相机底片上像素坐标和物平面上世界坐标之间的映射关系。相比于多项式拟合法，Pinhole 模型具有更明确的物理意义且参数的数量更少。Pinhole 模型基于坐标系变换和小孔成像原理，能够准确地量化物平面和相机底片之间的相对偏移、偏转、由小孔成像引起的图像缩放及由相机镜头产生的光学畸变效应。改进后的 Pinhole 模型总共包含 12 个参数[14]，即 6 个内部相机参数 $I_C = \left(f, S_{pixel}, k_1, k_2, x_0, y_0 \right)$ 和 6 个外部相机参数，包括旋转参数 $\left(r_x, r_y, r_z \right)$ 和平移参数 $\left(t_x, t_y, t_z \right)$。图 7.5 为基于 Pinhole 模型的图像映射示意图，基于 Pinhole 模型的图像映射过程如下。

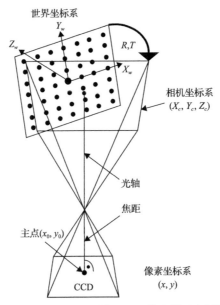

图 7.5　基于 Pinhole 模型的图像映射示意图[14]

首先，通过旋转矩阵 $\boldsymbol{R} = \boldsymbol{R}(r_x, r_y, r_z)$ 和位移矩阵 $\boldsymbol{T} = \boldsymbol{T}(t_x, t_y, t_z)$ 将世界坐标系中的坐标点 $\boldsymbol{X_w} = (X_w, Y_w, Z_w)$ 变换至相机坐标系中的坐标点 $\boldsymbol{X_c} = (X_c, Y_c, Z_c)$，这一变换过程可以表示为式 (7.13)，即

$$\boldsymbol{X_c} = \boldsymbol{R}\boldsymbol{X_w} + \boldsymbol{T} \tag{7.13}$$

式中，$\boldsymbol{R} = \boldsymbol{R}(r_x, r_y, r_z)$ 为旋转矩阵，表示将世界坐标系中相应的坐标点分别绕 X 轴、Y 轴和 Z 轴旋转 r_x、r_y 和 r_z 的角度；而 $\boldsymbol{T} = \boldsymbol{T}(t_x, t_y, t_z)$ 为位移矩阵，表示将世界坐标系中相应的坐标点分别沿 X 轴、Y 轴和 Z 轴平移 t_x、t_y 和 t_z 的距离。

由小孔成像的几何关系可以得到相机底片上未发生光学畸变的理想坐标点 (x_u, y_u)，如式 (7.14) 和式 (7.15) 所示，即

$$x_u = \frac{fX_c}{Z_c} \tag{7.14}$$

$$y_u = \frac{fY_c}{Z_c} \tag{7.15}$$

式中，f 为相机镜头的小孔 (pinhole) 与相机底片的主点 (principal point) 之间的距离，可用式 (7.16) 表示，即

$$f = f_{\text{lens}}\left(1 + \frac{f_{\text{lens}}}{T_z + f_{\text{lens}}}\right) \tag{7.16}$$

而实际镜头对相机底片上的成像都存在光学畸变效应，其中径向变形 (radial distortion) 是最常见的一类光学畸变现象[15]，它可以使相机底片上的实际成像点 (x_d, y_d) 相对于理想坐标点 (x_u, y_u) 发生向内或向外的径向偏移。径向变形前后，两坐标点间的数量关系可以表示为式 (7.17) 和式 (7.18)，即

$$x_u = x_d\left(1 + k_1 r_d + k_2 r_d^2\right) \tag{7.17}$$

$$y_u = y_d\left(1 + k_1 r_d + k_2 r_d^2\right) \tag{7.18}$$

式中，k_1、k_2 分别为一阶和二阶径向变形系数，$r_d^2 = x_d^2 + y_d^2$。最后，根据相机底片上像素单元 (假设其为正方形) 的尺寸 S_{pixel}，即可将实际成像点 (x_d, y_d) 的长度坐标转换为相应的像素坐标 (x, y)，如式 (7.19) 和式 (7.20) 所示，即

$$x = \frac{x_d}{S_{\text{pixel}}} + x_0 \tag{7.19}$$

$$y = \frac{y_d}{S_{\text{pixel}}} + y_0 \qquad (7.20)$$

由此，便能将世界坐标系上的某一空间点映射到相机底片上对应的像素坐标点。

而基于 Pinhole 模型的图像标定（image calibration），则是以上 Pinhole 模型推导的逆过程，这一方法又称为反向投影（back-projection）法。根据相机底片上的像素坐标 (x, y)，通过式(7.14)和式(7.15)可以得到相机坐标系中相应坐标点的位置 (X_c, Y_c, Z_c)，之后将其代入式(7.13)中，可以得到式(7.21)，即

$$\begin{pmatrix} x_u Z_c / f \\ y_u Z_c / y \\ Z_c \end{pmatrix} = \boldsymbol{R} \begin{pmatrix} X_w \\ Y_w \\ Z_w \end{pmatrix} + \boldsymbol{T} \qquad (7.21)$$

式中，旋转矩阵 $\boldsymbol{R}$ 由沿 X 轴、Y 轴和 Z 轴三个方向的旋转矩阵 $\boldsymbol{R}_X$、$\boldsymbol{R}_Y$ 和 $\boldsymbol{R}_Z$ 组成，如式(7.22)～式(7.25)所示，即

$$\boldsymbol{R}_X = \begin{pmatrix} 1 & 0 & 0 \\ 0 & \cos r_x & -\sin r_x \\ 0 & \sin r_x & \cos r_x \end{pmatrix} \qquad (7.22)$$

$$\boldsymbol{R}_Y = \begin{pmatrix} \cos r_y & 0 & \sin r_y \\ 0 & 1 & 0 \\ -\sin r_y & 0 & \cos r_y \end{pmatrix} \qquad (7.23)$$

$$\boldsymbol{R}_Z = \begin{pmatrix} \cos r_z & -\sin r_z & 0 \\ \sin r_z & \cos r_z & 0 \\ 0 & 0 & 1 \end{pmatrix} \qquad (7.24)$$

$$\boldsymbol{R} = \boldsymbol{R}_X \boldsymbol{R}_Y \boldsymbol{R}_Z = \begin{pmatrix} R_{11} & R_{12} & R_{13} \\ R_{21} & R_{22} & R_{23} \\ R_{31} & R_{32} & R_{33} \end{pmatrix} \qquad (7.25)$$

而位移矩阵 $\boldsymbol{T}$ 则由沿 X 轴、Y 轴和 Z 轴三个方向的平移分量 t_x、t_y 和 t_z 构成，其表达式如式(7.26)所示，即

$$\boldsymbol{T} = \begin{pmatrix} t_x \\ t_y \\ t_z \end{pmatrix} \qquad (7.26)$$

由式(7.21)可知，该线性方程组共有 4 个待求解未知数(Z_c, X_w, Y_w, Z_w)，但只有 3 个约束方程，在数学上属于无法求解的欠定方程组。为了使该方程组可解，标定板平面(激光片的中心面)通常人为地设定在 $Z_w = 0\text{mm}$ 的平面上[14]。将这一限定条件连同式(7.25)和式(7.26)代入式(7.21)，整理后可得式(7.27)，即

$$\begin{pmatrix} x_u/f & -R_{11} & -R_{12} \\ y_u/f & -R_{21} & -R_{22} \\ 1 & -R_{31} & -R_{32} \end{pmatrix} \begin{pmatrix} Z_c \\ X_w \\ Y_w \end{pmatrix} = \begin{pmatrix} t_x \\ t_y \\ t_z \end{pmatrix} \tag{7.27}$$

通过求解式(7.27)，可以得到标定板平面(激光片的中心面)上每一点的世界坐标($X_w, Y_w, Z_w = 0$)。

使用 Pinhole 模型时需要注意：由于其小孔假设，相机镜头光圈越小，成像规律越符合 Pinhole 模型；而当信号强度为主要考虑因素时，光圈值一般较大，此时 Pinhole 模型的适用性较差。除简化 Pinhole 模型外，也有研究利用光线追迹(ray-tracing)方法[16,17]，并通过精准建模光学系统，对目标与成像之间的对应关系进行精准预测，并通过权重矩阵(weight matrix)等形式储存火焰与图像的映射关系，这部分内容不做详细介绍。对于常规光学标定需求，应用棋盘格标定法就能够实现较好的分析。

7.4　单帧图像分析

在燃烧诊断的低速测试中(或高速测试的部分应用场景中)，只需要针对单帧图像进行分析，也无需考虑图像时序上的关联性。在这个前提下，传统计算机视觉相关图形算法均可应用于单帧图像处理。通常而言，对燃烧图像，研究者需要获取火焰轮廓、火焰分区、火焰图像统计参数等特征。因此，本节从图像边缘提取、图像分割、图像特征分析等方面进行介绍。

7.4.1　图像平滑滤波

在图像处理中，边界/轮廓提取经常是理解图像数据并实施控制的重要步骤，最简单的边界提取方法是规定图像边界阈值(threshold)，当像素数值低于某值时(一般为图像像素数值极值乘以阈值系数)，则认为该处为背景噪声，常用的边界阈值判断方法为大津阈值分割法(Otsu thresholding method)[18]。

然而，阈值法的规律性和系统性较差，阈值系数选取上的差别将导致对图像理解的错位。因此，在目前的图像边界识别研究中，更多地采用传统计算机视觉技术开展图像分析。较常用的图像处理方法就是图像卷积滤波运算，实验得到的原始图像通常要通过空间滤波来提升图像质量[19]。卷积算法中，若假设 $f(x, y)$ 为

原始图像，则滤波后的图像可以表示为

$$g(x,y) = \sum_{s=-a}^{a} \sum_{t=-b}^{b} w(s,t) f(x-s, y-t) \tag{7.28}$$

式中，$w(s,t)$ 为卷积核尺寸，是 $(a \times b)$ 的滤波函数。卷积过程可以理解为将卷积核中心位置定位到原图像上，并划分出一个与卷积核大小相同的邻域，该邻域与卷积核对应位置元素相乘后再相加，得到输出图像的对应像素。将卷积核从左至右、从上至下滑动，遍历原图像所有像素（或以一定间隔），直到获得新图像为止。一般来讲，卷积核大小通常为 3×3、5×5 或 7×7。为了得到合理的图像结果，需要对卷积核步长（stride）、边界填充（padding）参数与形式进行合理设置。从去噪角度考虑，通常采用均质滤波或高斯滤波模式消除噪点。例如，图 7.6 为均值滤波示意图，将图中 3×3 区域与每个元素为 1/9 的 3×3 算子相乘后求和作为处理后图像的新像素值，从而实现去噪目的。实验数据中的随机噪声服从高斯分布（即正态分布），为了消除图像在数字化过程中产生的高斯噪声，通常使用高斯滤波函数对图像进行卷积处理[20]，高斯滤波作为一种线性滤波器，其本质是带权值的加权均值滤波，相较于均值滤波，高斯滤波除了中心位置为 1，其他位置根据距离远近，越远滤波系数权重越低。高斯滤波函数可以参考公式（7.29），即

$$K(x,y) = \frac{1}{2\pi\sigma^2} \mathrm{e}^{\left[-\frac{(x-x_c)^2 + (y-y_c)^2}{2\sigma^2}\right]} \tag{7.29}$$

式中，$(x - x_c)$ 为模板中心坐标，即坐标系原点；σ 为标准差，σ 越大，数据分布越分散，平滑程度越强，对高频的抑制程度越大。理论上需要一个无限大的卷积核，但实际上，仅需要取均值周围 3 倍标准差内的值（高斯核单边大小为 3σ）。这类算子主要可以实现对尖锐噪点的排除，从而避免噪点被识别为火焰边界。通常而言，图像处理的先决步骤即对图像进行高斯滤波，此后再进行后续步骤。由于高斯滤波将去除图像中的跳跃、波动特征（高频特征）而非宏观、整体特征（低频特征），因此高斯滤波与均质滤波也称为低通滤波模式。

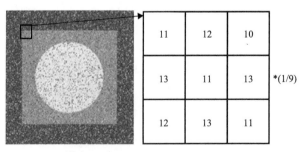

图 7.6　均值滤波示意图

低通滤波去噪之后，一般可以采用边界提取算子进行火焰轮廓提取。相应地，这类滤波可以保证高频特征通过，而排除火焰整体或背景低频信息，因此该过程也称为高通滤波。高通滤波常用的算子包括一阶梯度索贝尔(Sobel)算子公式(7.30)、二阶梯度拉普拉斯(Laplacian)算子公式(7.31)等。

$$\nabla f = \left[\frac{\partial f}{\partial x}, \frac{\partial f}{\partial y} \right]^{\mathrm{T}} \tag{7.30}$$

$$\nabla^2 f = \frac{\partial^2 f}{\partial x^2} + \frac{\partial^2 f}{\partial y^2} \tag{7.31}$$

索贝尔算子主要应用于边缘检测，在技术上是离散性差分算子，常用的 Sobel 卷积算子如图 7.7 所示。拉普拉斯算子是在图像增强中常用的二阶微分算子，常用的拉普拉斯卷积算子如图 7.8 所示，其中图 7.8(a)和(b)具有 90°旋转不变性，

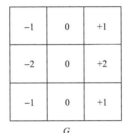

图 7.7　常用 Sobel 卷积算子

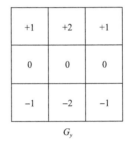

图 7.8　常用拉普拉斯卷积算子

图 7.8(c)和(d)具有 45°旋转不变性。

高通滤波可以有效实现对图像特征突变区域(即边界)的捕捉,从而实现对火焰边缘(或火焰锋面)特征的提取。应当注意的是,以上处理过程实质上等效于基于二维傅里叶变换的幅度谱滤波,同样也可以去除图像的高频信息与低频信息并进行火焰边界提取。上述方法是最基本的滤波图像处理手段,为了实现更好的图像处理质量,可以采用基于二阶导数的 Marr-Hildreth 边缘检测器(应用高斯拉普拉斯算子,Laplacian of Gaussian)[21],或者应用 Canny 边缘检测器[22]并采取双阈值检测和非极大值抑制方法,抑制孤立弱边缘,获得图像边缘信息。由于本书篇幅所限,相关方法在此不再赘述。

7.4.2 图像轮廓提取

图像分割与聚类是图像处理任务中的关键步骤之一,通过进行图像空间上的分割与分类,将一张图片归类为具有不同特性的区域,将相近的数据点组合在一起,并用一个标记符号来表示,从而开展分析研究。理论上,基于边界提取也可以实现图像分割与聚类。但提取边界可能断续或非封闭,所以应用边界界定图像分割具有一定难度。在图片分割与聚类应用中,一般采用专用算法进行解析。对于一张图片而言,以最常见的彩色火焰图片为例,图片信息存储于五个不同维度,分别为(x, y, R, G, B),对应二维空间坐标系与三颜色通道。因此,燃烧诊断中图像分割的具体过程既要包含空间的相互联系(火焰的邻近性),又要注重火焰光谱的特性(预混火焰、扩散火焰等)。

面对上述需求,常用的聚类(clustering)与图像分割算法包括层次(agglomerative)聚类[23]、k-means 聚类[24]、mean-shift 聚类[25]等[26,27]。层次聚类试图在不同的"层次"上对样本数据集进行划分,一层一层地进行聚类。就划分策略可以分为自下向上的凝聚方法与自上向下的分裂方法。其优点是距离和规则的相似度容易定义,限制少,不需要预先制定聚类数,可以发现类的层次关系,可以聚类成其他形状。但是,计算复杂度太高,奇异值影响显著,并且算法很可能聚类成链状。然而,面向燃烧诊断应用,类之间的层次关系相对不重要,并且层次聚类运算的复杂度较高,因此适用性相对较差。

k-means 是最简单的聚类算法之一,应用十分广泛,k-means 以距离作为相似性的评价指标,基本思想是按照距离将样本聚成不同的簇,两个点的距离越近,相似度就越大,从而得到独立紧凑的簇作为聚类目标。k-means 算法需要确定两个核心要素,即多维空间上的聚类中心与属于本中心的聚类成员(在本应用中,聚类成员为像素数值)。确定一个核心要素则可以推导另一个核心要素,因此 k-means 算法可以通过设定初解进行迭代的方式进行求解。k-means 聚类是一个迭代的过程,具体过程如下。

（1）对于给定中心值 $(m_1, m_2, \cdots, m_k)$，在聚类中心确定的情况下，将样本 x_i 划分到每一个类中，使样本与其聚类中心 m_l 的距离总和最小，即

$$\min_C \sum_{l=1}^k \sum_{C(i)=l} \|x_i - m_l\|^2 \tag{7.32}$$

（2）对于给定划分方式 C，求各类的中心 $(m_1, m_2, \cdots, m_k)$，使样本与其聚类中心的距离最小化，即

$$\min_{(m_1, m_2, \cdots, m_k)} \sum_{l=1}^k \sum_{C(i)=l} \|x_i - m_l\|^2 \tag{7.33}$$

对于包含 n_l 个样本的类 G_l，使用求解结果更新聚类中心 m_l，即

$$m_l = \frac{1}{n_l} \sum_{C(i)=l} x_i \tag{7.34}$$

重复以上两个步骤，直到划分方式不再改变，即得到聚类结果。

事实上，k-means 聚类方法在大量工程热物理研究中均有应用[28,29]，是通用的数据处理算法之一。在算法实施中，聚类簇数 k 没有明确的选取准则，但在实际应用中 k 一般不会设置很大，可以通过枚举法，如令 k 为 2～10，观察 k 的变化对分类算法的影响。同时，从 k-means 算法的框架可以看出，该算法的每一次迭代都要遍历所有样本，并计算每个样本到所有聚类中心的距离，所以当样本规模非常大时，算法的时间成本非常大。另外，k-means 算法是基于距离的划分方法，只适用于分布为凸形的数据集。

最后是 mean-shift 方法[30]，顾名思义该方法为事先假定聚类中心的初始个数与初始位置，与 k-means 方法类似，每进行一次迭代，聚类中心都将移动，但在mean-shift 算法中，聚类中心的平移（shift）由局部的数据梯度决定，而非依赖于聚类成员的平均作用效果（k-means）。在 mean-shift 方法中，对于给定的 d 维空间 R^d中的 n 个样本点 x_i，对于 x 点，其聚类中心的移动向量为

$$M_h(x) = \frac{1}{k} \sum_{x_i \in S_h} (x_i - x) \tag{7.35}$$

式中，S_h 为半径，是 h 的高维球区域。在以上 mean-shift 移动向量的计算中，S_h 中每个点对 mean-shift 向量的贡献都是一样的，为了克服该缺点，引入核函数计算每个点对 mean-shift 向量的权重，即

$$M_h(x) = \frac{\sum\limits_{i=1}^{n} G\left(\dfrac{x_i - x}{h_i}\right)(x_i - x)}{\sum\limits_{i=1}^{n} G\left(\dfrac{x_i - x}{h_i}\right)} \tag{7.36}$$

式中，$G\left(\dfrac{x_i - x}{h_i}\right)$ 为核函数，常采用的核函数包括高斯核函数。

因此，实质上 mean-shift 方法与最优化方法中的梯度下降法类似。从理解层面，mean-shift 方法与流体力学中寻找旋涡中心的过程十分类似[31]，也是通过移动假定旋涡中心直到误差最小为止。mean-shift 需要设定的变量为窗口大小 h，即允许的聚类成员到聚类中心的最大距离。mean-shift 算法的计算时间相对较高，输出受 h 的选择影响也较大。

除常用的聚类算法外，也有其他专用的图像算法可以进行图像分割与聚类，如泛洪填充(flood fill)，也称为种子填充(seed fill)，是一种用于图像填充和着色的算法，能够确定连接到多维数组中给定节点的区域[32]。在图像轮廓的提取中，泛洪算法可用于扣除图像中颜色相似的背景，基本原理是从一个像素点出发，向周边像素点扩充填色，直至给定的图像边界。泛洪填充算法共有三个参数：起始节点(start node)、目标颜色(target color)和替换颜色(replacement color)。该算法能找到阵列中通过目标颜色路径连接到起始节点的所有节点，并将它们更改为替换颜色。根据是否考虑在连接角落处相接触的节点，泛洪填充算法共有两种变体，即八领域泛洪和四领域泛洪。目前已有许多开源的泛洪填充程序，可以直接调用来处理相关图像。与大津阈值分割法类似，使用泛洪填充进行火焰区域分类或背景移除研究时，泛洪阈值的选择对结果的影响较显著，并且泛洪填充同一类别中必定是连通域，因此其对于空间离散但图像特性相近的火焰区域归类效果相对较差。

7.4.3　图像形态特征量化

1. 火焰不对称度的量化

火焰因不稳定性会呈现出非定常流动的特性，由此将导致不断变化的形态特征。在火焰动力学特性研究中，对火焰形态的分析是十分关键的，其中火焰的不对称性就是一种关键的形态学特征。

对于一组火焰图像序列，可以定义一个基于火焰形态的参数用于定量描述火焰不对称性，称为火焰不对称度(flame asymmetry，As)。As 可以通过分析火焰图像计算得到，定义为

$$\text{As} = \frac{1}{N}\sum_{i=1}^{N}\text{As}_i, \ \text{As}_i = \sqrt{\frac{1}{M}\sum_{j=1}^{M}\left(\frac{C_j - C_0}{C_w}\right)^2} \tag{7.37}$$

式中，As_i 为每一组火焰图像(总共 N 帧)中第 i 帧图像的火焰不对称度。如图 7.9 所示，C_0 为火焰根部中心的水平位置，C_j 为高度 j 处火焰中心的水平位置，C_w 为高度 j 处的火焰宽度，M 为火焰总高度，需要指出的是位置和高度的单位均为像素值。C_j 和 C_w 的确定依赖于对火焰表面的识别。以单帧火焰图像为例，首先，原始火焰图像通过基于灰度值选定的阈值进行二值化，这样得以区分明亮的火焰区域和黑色的背景区域。当只考虑火焰主体的不对称性时，As 的计算基于火焰主体部分，因此只保留二值图像中的火焰主体部分。实际上，式(7.37)定义的火焰不对称度 As 具有明确的统计意义，其表示局部火焰中心与火焰根部中心距离的标准偏差。

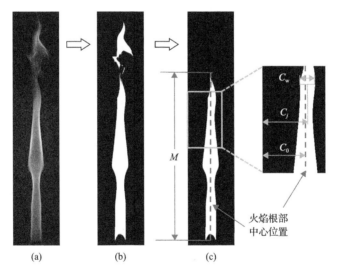

图 7.9　火焰不对称度计算中单帧火焰图像的处理过程：(a)原始灰度图像；(b)二值图像；
(c)仅保留主体火焰的图像

通过对火焰不对称性的量化，可以进行深入的火焰不稳定性机理分析，读者可以参考 Zhang 等的工作[33]。需要指出的是，火焰不对称度是一种基于火焰形态学分析的唯象参数，虽然不具有直接的物理意义，但有助于定量描述不稳定性转变的物理过程，是进一步分析物理机制的基础。

2. 火焰面波动幅值的量化

为了获得火焰面的波动幅值，需要首先确定火焰锋面的位置。自发光火焰图像是沿视线上火焰自发光积分的结果，图像中火焰锋面随下游距离的增加而变得越来越模糊。此处以锥形火焰的自发光图像为例，火焰锋面的提取过程如图 7.10 所示。首先使用阿贝尔反演将沿视线积分的图像[图 7.10(a)]转换成中心平面上的光强信息[图 7.10(b)]。锥形火焰的释热集中于火焰锋面位置，在此处存在光强的极大值[图 7.10(c)]。由此，通过求取极大值的方法可以确定火焰的左右锋面。在部分火焰中，也可以通过设定阈值的方法来确定火焰的左右锋面。对单个图像中的所有行重复此过程，并推广到整个时间序列。将每幅图像中不同轴向高度的面积进行叠加，则可以获得单个图像中整个火焰的面积，由此则可以对火焰面波动进行量化处理。这些时域数据也可以通过快速傅里叶变换转换成频域结果。

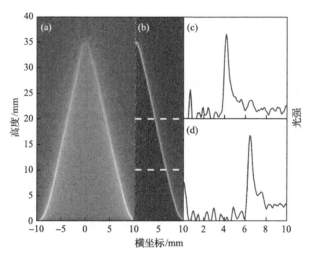

图 7.10　火焰图像的处理过程：(a)原始图像；(b)阿贝尔反演结果；(c)、(d)和(e)通过最大值
提取火焰锋面

7.5　序列图像分析

近年来，随着高重频激光器和高帧频相机技术的发展，随时间连续变化的图像序列包含所拍摄火焰和流场的动态信息。通过合适的分析算法，能够从这些序列图像中提取出相应的变化速率和动态模式，从而为分析和预测相关时间分辨的物理过程提供更多的定量信息。

7.5.1　运动速度计算

7.2 节中的图像映射建立了物平面上实际物体的世界坐标和二维像平面上亮度单元的像素坐标之间的对应关系。当物平面上的物体与相机底片间发生相对运动时, 像平面上的亮度单元会发生相应的表观运动(apparent motion)。这种表观运动就好像是一种"光的流动", 故称为光流(optical flow)[34]。光流的概念最早由 Gibson 于 20 世纪 40 年代首先提出, 光流的产生由物体、镜头及相机底片三者之间的相对运动共同决定。以图 7.11 中的静止图像为例, 当我们观察该图案时, 眼睛视线的移动使瞳孔和视网膜之间发生相对运动。静止的图案由此在视网膜上形成连续变化的影像序列, 进而产生图像中部的"圆球"在不停抖动的错觉。反之, 当我们只盯住图像中的某一点时, 这一"抖动"便会消失。如果把我们的眼睛比作一台相机, 那么这一"抖动"的视觉表观运动便是由镜头和相机底片间的相对运动产生的。为了便于后续的建模与分析, 这里只讨论相机底片和镜头保持固定, 仅有物平面上存在运动的这种情况。

图 7.11　静止图像上的伪表观运动

图像序列中的光流运动可以通过光流法(optical flow method, OFM)进行定量计算。与基于互相关算法的 PIV 相比, 光流法的示踪介质不再局限于示踪粒子, 水中扩散的墨水滴[35]、卫星图像中的水蒸气云团[36]、血管造影术中的 X 光影像[37]等均可作为光流法的示踪介质。这一算法最早由 Horn 和 Schunck 于 1981 年提出[34], 其理论推导是基于以下两个约束条件。

(1)亮度恒定(constant brightness)条件: 所有像素单元的亮度 $I(x,y,t)$ 在相邻两帧间的运动过程中保持不变, 即 $I(x,y,t) = I(x+dx, y+dy, t+dt)$。这是光流法的基本假设。

(2)平滑约束(smoothness constraint)条件: 相邻位置处的光流速度具有相似性, 并且全场光流速度均连续变化。这一条件要求 dt 时间内相邻两帧间亮度单元的位移量(dx, dy)不能过大。

基于亮度恒定条件, 将右侧的 $I(x+dx, y+dy, t+dt)$ 进行泰勒展开后可得

$$I(x,y,t) = I(x,y,t) + \frac{\partial I}{\partial x}\mathrm{d}x + \frac{\partial I}{\partial y}\mathrm{d}y + \frac{\partial I}{\partial t}\mathrm{d}t + \delta \tag{7.38}$$

忽略式(7.38)中的二阶误差项，整理后可得式(7.39)中的光流方程

$$I_x u + I_y v + I_t = 0 \tag{7.39}$$

式中，$I_x = \dfrac{\partial I}{\partial x}$，$I_y = \dfrac{\partial I}{\partial y}$，已知的亮度梯度项（$u = \dfrac{\mathrm{d}x}{\mathrm{d}t}$，$v = \dfrac{\mathrm{d}y}{\mathrm{d}t}$）即待求解的光流速度。光流方程建立了像平面上的二维光流速度和图像亮度之间的关联性，但包含 u 和 v 两个待求解参数，需要引入额外的约束条件使方程可解。本书仅介绍基于平滑约束条件的求解过程。

在离散的像素坐标系中，平滑约束条件的一种近似表述是使式(7.40)中的光流速度梯度的平方和最小化。

$$\xi_c^2 = \left(\frac{\partial u}{\partial x}\right)^2 + \left(\frac{\partial u}{\partial y}\right)^2 + \left(\frac{\partial v}{\partial x}\right)^2 + \left(\frac{\partial v}{\partial y}\right)^2 \tag{7.40}$$

另外，式(7.40)中的亮度恒定条件在离散的像素坐标系中同样无法严格成立，存在误差 ξ_b，即

$$\xi_b = I_x u + I_y v + I_t \tag{7.41}$$

因此，光流方程的求解可以转换为求解相应的光流速度 u 和 v，使式(7.42)中的积分误差最小化。

$$\xi^2 = \iint \left(\alpha_1^2 \xi_c^2 + \xi_b^2\right)\mathrm{d}x\mathrm{d}y \tag{7.42}$$

式中，权重系数 α_1 控制光流速度场的平滑度，α_1 越大，光流速度场越平滑。ξ^2 取得极小值的条件可以通过变分法(calculus of variation)得到，如式(7.43)所示，即

$$\begin{cases} I_x^2 u + I_x I_y v = \alpha_1^2 \nabla^2 u - I_x I_t \\ I_x I_y u + I_y^2 v = \alpha_1^2 \nabla^2 v - I_y I_t \end{cases} \tag{7.43}$$

将上式进行离散化后，利用高斯-塞德尔迭代法可以得到最终的光流速度场 $(u_{\mathrm{OF}}, v_{\mathrm{OF}})$[34]。然而传统的 Horn-Schunck 光流法[34]只建立了像平面上的光流速度与图像亮度之间的数学关系，求解出的光流速度矢量 $(u_{\mathrm{OF}}, v_{\mathrm{OF}})$ 与物平面上的流体速度矢量 (U, V, W) 并没有明确的物理对应，这一不足限制了光流法在实际速度测量中的应用。针对这一问题，Liu 等在 Horn-Schunck 光流法的基础上提出了基于

物理的光流法(physics-based optical flow method)，感兴趣的读者可以阅读相关文献[38,39]。这一方法在式(7.39)中补偿了速度梯度项和源项，拓宽了光流法的应用场景并显著提高了光流法的精度，奠定了光流测速的理论基础，使其有望成为基于互相关算法的粒子图像测速的互补方法。

PIV 是一种基于询问窗口内互相关估计的测速方法。得益于互相关算法的积分特性，PIV 对背景噪声的敏感性较低，并且具有较好的算法鲁棒性，适用于绝大多数的流速测量。但 PIV 同样也受限于互相关算法的积分特性，为了保证互相关估计的精度，询问窗口的尺寸必须足够大以包含足够数量的示踪粒子，使最终速度场的空间分辨率远低于原始粒子图像的空间分辨率，难以获得流场中的细小拟序结构。同时，每个速度矢量只能代表询问窗口中粒子群的平均位移量，因此对有较大速度梯度的区域(如火焰锋面处)及低流速区(旋涡中心附近)的测量精度较差。而光流法是一种基于光流控制方程和平滑约束条件的微分方法，与 PIV 相比，示踪介质的选择范围更广。同时，得益于其微分特性，光流法能够获得超高空间分辨率的速度场，可分辨流场中细小的拟序结构，流场的连续性更好。但受限于平滑约束条件，光流法的测速误差随流体的位移量而快速增加，故一般只适合于小位移的流动测量[40]。另外，光流法的微分特性也使光流的计算结果对背景噪声和所选参数十分敏感。然而，最优参数的选择需要通过人工试错的方法来确定，并没有统一的理论指导。此外，在燃烧条件下，由于难以直接确定火焰释热在光流方程源项中的具体形式，因此光流法在燃烧流场中的测速能力有待进一步验证和发展。

基于取长补短的思想，Yang 等[41]于 2017 年提出了混合 PIV (Hybrid PIV)方法。该方法通过光流法与 PIV 的有机结合，极大地弥补了每种独立方法的固有缺陷，能够提升速度场的空间分辨率和测量精度。图 7.12 为混合 PIV 方法的算法流程，该方法首先对两帧粒子图像进行互相关估计，获得了大位移的粗网格速度场，并通过线性插值得到粒子图像上每个像素点处的插值速度矢量 $\vec{v}_I$。然后，用高斯滤波器对两帧粒子图像进行平滑处理，并利用插值速度场 $\vec{v}_I$ 将第一帧粒子图像向第二帧粒子图像进行像移(image shift)[37]。随后，基于像移后的第一帧粒子图像和第二帧粒子图像使用基于物理的光流法获得两帧粒子图像间剩余的小位移速度场 $\vec{v}_{OF}$。最后，通过线性叠加获得优化后的速度场 $\vec{v}_r = \vec{v}_I + \vec{v}_{OF}$。Yang 等[41]的研究表明，混合 PIV 的测量精度优于每种单独方法(PIV 或 OFM)，尤其是在低速区和边界区域。Liu 等[42]随后对混合 PIV 做了进一步完善，但仅局限于优化 2D-2C 速度场。近期，Wang 等[43]基于三维速度重构算法成功地将混合 PIV 方法推广至 3D-3C 速度场优化中，显著提升了三维涡量场的空间分辨率和测量精度，与 DaVis 算法的结果对比如图 7.13 所示。

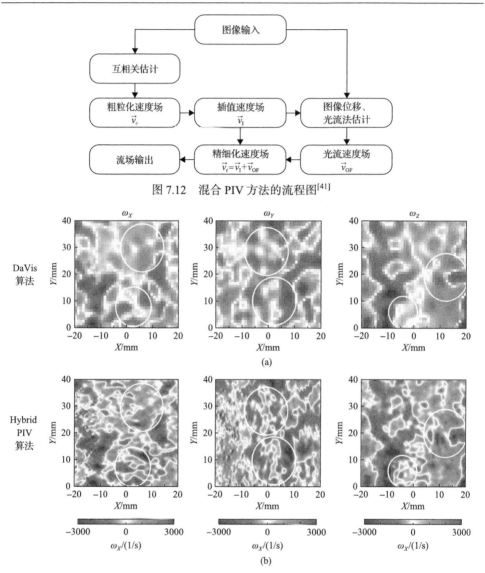

图 7.12　混合 PIV 方法的流程图[41]

图 7.13　混合 PIV 优化前后的三维涡量场[43]：（a）DaVis 算法；（b）Hybrid PIV 算法

7.5.2　动态模态分析

　　图像序列包含所拍摄物理场的动态信息，通过求解由图像序列构成的快照矩阵的特征值和特征向量，并利用矩阵近似的方法提取和分析其中所包含的动态模态，进而揭示和预测相关物理过程的演化规律。常用的三种统计分析方法包括本征正交分解（proper orthogonal decomposition，POD）、动态模态分解（dynamic mode decomposition，DMD）和谱本征正交分解（spectral proper orthogonal decomposition，

SPOD）。

1. 周期特征提取

由三分解（triple decomposition）理论可知，火焰及其内部流场中的任一物理量 $f(x,y,z,t)$ 均可被分解为时均项 $\bar{f}$、周期性（或准周期性）的相干项 $\tilde{f}$ 和随机的湍流项 f'，如式(7.44)所示，即

$$f(x,y,z,t) = \bar{f}(x,y,z,t) + \tilde{f}(x,y,z,t) + f'(x,y,z,t) \qquad (7.44)$$

相干项 $\tilde{f}$ 的存在使对应的物理场呈现出周期性（或准周期性）的动态模式，而相平均方法（phase averaging）是提取这一周期模式的常用方法。理论上可以证明，经过足够多次的相平均处理后，可以有效滤除湍流项 f'，仅保留时均项 $\bar{f}$ 和相干项 $\tilde{f}$，其处理过程可以表示为式(7.45)，即

$$\langle f(x,y,z,t) \rangle = \bar{f}(x,y,z,t) + \tilde{f}(x,y,z,t) \qquad (7.45)$$

式中，$\langle \cdot \rangle$ 为相平均处理后的量。相平均处理的关键在于参考信号的选择和初始相位(0°)的确定。对于外加声激励条件下的火焰或流场，其参考信号可以是外加声激励信号。而对于自激条件下的工况，其对应的参考信号可以通过人为构造的方式获得。图 7.14(a) 和(b)分别给出了分级旋流火焰的瞬时 CH_2O-PLIF 图像和瞬时 CH*化学自发光投影，中部值班火焰在螺旋模态的作用下呈现出准周期的运动模式[44]。通过对图 7.14(a) 和(b)中方框内的亮度值进行积分，可以分别得到图 7.14(c) 和(d)中的参考信号。由参考信号可以进一步获得相干项对应的波动频率，并确定相平均处理中的初始相位。初始相位(0°)定为参考信号的波峰位置，相平均后的 CH_2O-PLIF 图像和 CH*化学自发光投影序列分别如图 7.15(a) 和(b)所示。

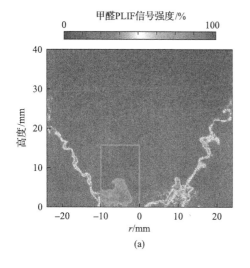

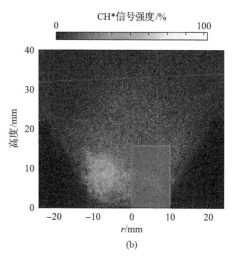

(a)　　　　　　　　　　　　　　　(b)

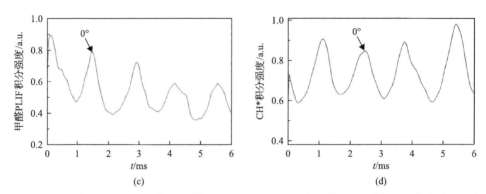

图 7.14　分级旋流火焰的准周期运动模式：(a)瞬态甲醛荧光图像；(b)瞬态 CH*化学自发光投影；(c)由瞬态甲醛荧光图像序列提取的参考信号；(d)由瞬态 CH*化学自发光投影序列提取的参考信号[45]

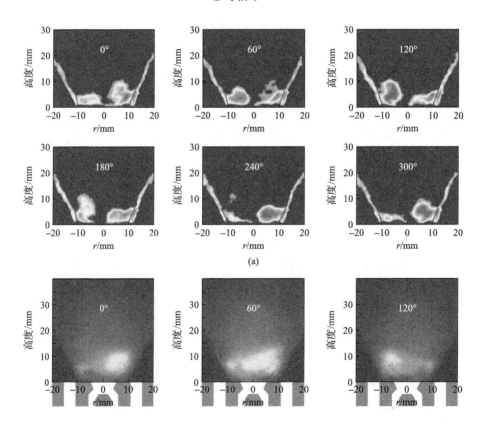

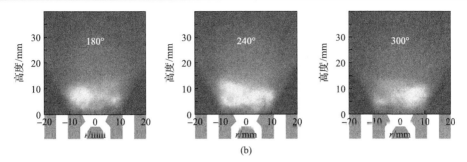

图 7.15　相平均后的 CH_2O 荧光图像序列 (a) 和 CH*化学自发光图像序列 (b)[45]

2. 本征正交分解

本征正交分解 (POD) 是一种基于矩阵特征值分解的统计分析方法[46]，其基本思想与主成分分析 (principal component analysis，PCA) 类似，通过将原始数据集分解为若干个相互正交的本征模态和时间系数，实现了对数据序列的模态分解和降维处理[47]。这种数据驱动的分析方法最初由 Lumley 于 1967 年提出，用于提取湍流中的大尺度拟序结构[48]，之后才被广泛应用于流动和燃烧分析中[49-52]。

POD 分析的数据集既可以是标量场 (组分、亮度等) 序列，也可以是矢量场 (速度、涡量等) 序列。本节以二维平面两速度分量 (two components in two dimensions，2D-2C) 的速度矢量场序列 $\vec{v}^{(M)}(x,y)$ 为例，推导 POD 算法的数学公式。如式 (7.46) 所示，速度场序列 $\vec{v}^{(M)}(x,y)$ 共有 M 个瞬时速度场，对应的速度波动序列为 $\vec{v}'^{(M)}(x,y) = \vec{v}^{(M)}(x,y) - \overline{\vec{v}}(x,y)$。

$$\vec{v}^{(M)}(x,y) = \left\{ \vec{v}_1(x,y), \vec{v}_2(x,y), \cdots, \vec{v}_M(x,y) \right\} \tag{7.46}$$

式中，$\overline{\vec{v}}(x,y) = \dfrac{1}{M}\displaystyle\sum_{i=1}^{M} \vec{v}_i(x,y)$ 为时均速度场。POD 算法基于 L_2 范数 (能量)，通过求解相应的本征模态 $\vec{\varphi}_i(x,y)$ 和时间系数 $\psi_i(t)$ 来最优地近似原本的速度波动序列 $\vec{v}'_t(x,y)$，可以表示为式 (7.47)，即

$$\vec{v}'_t(x,y) \approx \sum_{i=1}^{R} \vec{\varphi}_i(x,y)\psi_i(t) \tag{7.47}$$

式中，R 为本征模态的阶数，其取值范围为 $[1,M]$。为了实现以上分解，首先将速度波动序列 $\vec{v}'^{(M)}(x,y)$ 逐列整形至快照矩阵 X 中。如图 7.16 所示，快照矩阵 X 包含速度波动序列 $\vec{v}'^{(M)}(x,y)$ 的动态演化信息，其行数 $N = n_x n_y$ 为每一张速度矢量场的空间数据点数，列数为总采样张数 M，其中 n_x 和 n_y 分别为速度矢量点阵在

水平和竖直方向上的尺寸。由此可将式(7.47)中的模态分解转换为对快照矩阵 $\boldsymbol{X}$ 的低秩近似[53]。

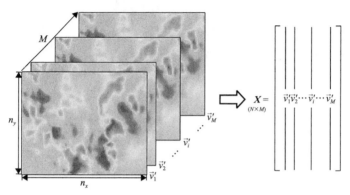

图 7.16　数据序列的整形[54]

快照矩阵 $\boldsymbol{X}$ 的低秩近似有多种实现方法，最终结果大多殊途同归。经典的 POD 算法是通过求解空间相关矩阵 $\boldsymbol{C} = \boldsymbol{X}\boldsymbol{X}^{\mathrm{T}}$ 的特征值，实现对快照矩阵 $\boldsymbol{X}$ 的低秩近似。但这种方法的缺点是当 $N \gg M$ 时，矩阵 $\boldsymbol{C}$ 的规模将变得巨大（$N \times N$），难以求解其特征值。为了解决这一问题，Sirovich 于 1987 年提出了"快照法"（method of snapshots）[55]。"快照法"通过求解式(7.48)中时间相关矩阵 $\boldsymbol{K}$ 的特征值，从而实现对快照矩阵 $\boldsymbol{X}$ 的低秩近似，矩阵 $\boldsymbol{K}$ 中的每一项系数为 $K_{ij} = (1/M)\sum\limits_{x=1}^{n_x}\sum\limits_{y=1}^{n_y}\vec{v}_i'(x,y)\vec{v}_j'(x,y)$。该方法能够得到和经典 POD 一样的计算结果，并将相关矩阵的规模缩减为（$M \times M$），极大地减小了 $N \gg M$ 时矩阵特征值求解所需的计算量。

$$\boldsymbol{K} = \frac{1}{M}\boldsymbol{X}^{\mathrm{T}}\boldsymbol{X} = \begin{bmatrix} K_{11} & \cdots & K_{1M} \\ \vdots & \vdots & \vdots \\ K_{M1} & \cdots & K_{MM} \end{bmatrix} \tag{7.48}$$

之后，将矩阵 $\boldsymbol{K}$ 进行特征值分解后可得

$$\boldsymbol{K}\boldsymbol{A} = \lambda\boldsymbol{A} \tag{7.49}$$

式中，对角矩阵 λ 包含矩阵 $\boldsymbol{K}$ 的全部特征值，并按递减顺序排列，即 $\lambda_1 > \lambda_2 > \cdots > \lambda_M$。同时，由方阵的特征值性质可知

$$\sum_{i=1}^{M}\lambda_i = \mathrm{tr}(\boldsymbol{C}) = \sum_{i=1}^{M}K_{ii} \tag{7.50}$$

由式(7.50)可知,矩阵 K 的特征值之和代表速度波动序列 $\vec{v}'^{(M)}(x,y)$ 的全部湍动能(扰动能量)之和。因此,POD 是一种按照本征模态湍动能(扰动能量)进行排序的统计分析方法,各阶模态的能量占比如图 7.17 所示。从图中可以看出,前两阶模态包含的湍动能占总湍动能的 50% 以上,是非定常流场中的主导模态。对于式(7.47)中阶数 R 的选择,Sirovich 指出当前 R 阶本征模态包含的湍动能之和占总湍动能的 99% 以上,即 $\sum\limits_{i=1}^{R}\lambda_i \Big/ \sum\limits_{i=1}^{M}\lambda_i > 99\%$ 时,所以认为前 R 阶本征模态能够反映数据序列的绝大多数动态特征[55]。

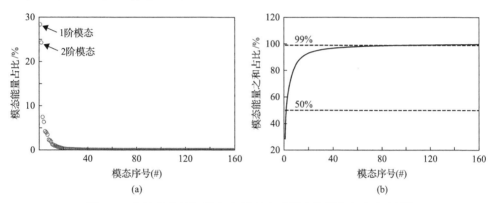

图 7.17　各阶模态的能量占比(a)和各阶模态能量之和占比(b)[54]

在式(7.49)中, $A = \{A_1, A_2, \cdots, A_M\}$ 为矩阵 K 的单位特征向量集合,第 i 个本征模态对应的时间系数 $\psi_i(t)$ 可以写作

$$\psi_i = \sqrt{\lambda_i M}\, A_i \tag{7.51}$$

时间系数 $\psi_i(t)$ 是速度波动场 $\vec{v}'_t$ 在本征模态 $\vec{\varphi}_i$ 上的投影,反映了本征模态 $\vec{\varphi}_i$ 随时间的演化特性[51]。结合式(7.47),由时间系数 $\psi_i(t)$ 的正交性可以得到对应本征模态 $\vec{\varphi}_i$ 的表达式为

$$\vec{\varphi}_i(x,y) = \frac{1}{\lambda_i M} \sum_{t=1}^{M} \vec{v}'_t(x,y)\psi_i(t) \tag{7.52}$$

得到的 $\vec{\varphi}_i(x,y)$ 为对应模态下速度波动幅值的空间分布。由以上两式得到的前 3 阶本征模态和时间系数如图 7.18 所示。在涡量场的前 2 阶本征模态中,可以观察到清晰的旋涡运动轨迹,并且其对应的时间系数也具有高度的周期性。而第 3 阶模态中的涡量场则呈现出相对无序的状态,时间系数也无明显的周期性。同时,通过 FFT 频域分析发现,前 2 阶本征模态的时间系数具有相同的主频,存在一个

恒定的相位差。图 7.19(a) 为前 2 阶模态时间系数的相关性分析, 从图中可以看出, 由前 2 阶本征模态的时间系数构成的散点 ($\psi_1/\sqrt{2\lambda_1}$, $\psi_2/\sqrt{2\lambda_2}$) 大多落在单位圆(黑色虚线)附近, 部分偏离单位圆的散点可能是由湍流效应导致的[51]。由此可知, 前两阶本征模态具有强相关性, 可以认为它们对应的是同一拟序结构。随后按照文献的方法[51], 拟序结构的相位角 θ 可以通过式(7.53)来确定, 其中 i 为虚数 ($i^2 = -1$)。如图 7.19(b) 所示, 相位角 θ 随时间在 $[-\pi, \pi]$ 往复变化, 反映了拟序结构的周期演化特性。

$$\theta = \frac{1}{i} \ln\left(\frac{\psi_1 + i\psi_2}{\sqrt{\psi_1^2 + \psi_2^2}} \right) \tag{7.53}$$

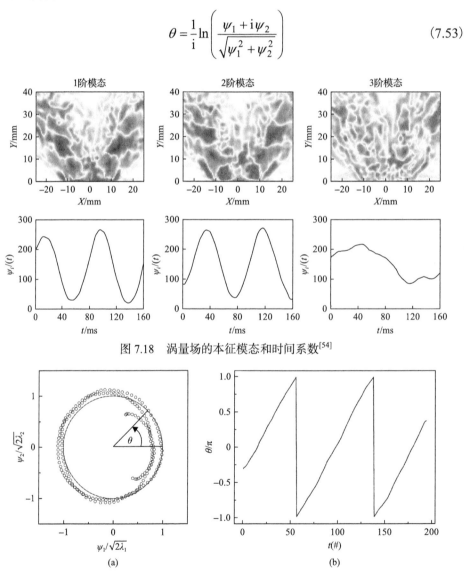

图 7.18　涡量场的本征模态和时间系数[54]

图 7.19　前 2 阶模态时间系数的相关性分析(a) 和由前 2 阶模态时间系数确定的相位角(b)[54]

另外,由于前两阶模态拥有的能量占总湍动能的 50% 以上,因此可以用式(7.54)中的低阶模型(low-order modeling)来重构流场中的主要拟序结构[51]。

$$\vec{v}_{LO} = \overline{v} + \sqrt{2\lambda_1} \cos\theta\vec{\varphi}_1 + \sqrt{2\lambda_2} \sin\theta\vec{\varphi}_2 \tag{7.54}$$

图 7.20 对比了不同相位角处的原始涡量场与低阶近似后的涡量场。从图中可以看出,低阶模型方法能够获得与相平均方法类似的处理结果[51]。两种方法都能有效滤除原始流场中的无序湍流成分,提取出流场中的旋涡交替脱落过程。此外,对于火焰和流场同步测量的数据,可用文献中的拓展 POD 方法[56]来分析同步获得的标量场(组分、亮度等)与流场中拟序结构的相关性。然而,POD 方法也有其固有缺陷,其得到的本征模态中通过只有前几阶模态与实际的拟序结构有一定的对应关系,其他大多数模态并没有实际的物理意义[44]。此外,由于 POD 方法是按照能量对本征模态进行排序和分解的,因此 POD 方法对不同频率模态的选择性较低[57]。某些本征模态中可能含有多个频率成分,而同一个频率成分也有可能存在于多个本征模态中。针对这些缺陷,人们在 POD 方法的基础上不断改进并发展出了其他统计分析算法,如 DMD、SPOD 方法等。

3. 动态模态分解

动态模态分解(DMD)是一种用于提取非定常数据中动力学信息的数据驱动算法,由 Schmid 于 2010 年提出[57]。在流动和燃烧研究中,可用于对实验或仿真所得的非定常流场和火焰数据进行相干结构的模态提取和动态分析[58-65]。DMD 的基本思想是线性近似,该方法将流场或火焰的动态变化看作是线性动力学的过程,通过对整个动态过程的数据快照进行特征提取,得到表征流场或火焰变化的模态及其动态信息,并从理论上根据模态计算可以预测未来时刻的变化。

下面介绍 DMD 的基本思路。首先,将通过实验或数值模拟获得的动态流场或火焰的 n 个时刻快照数据按时间排列为快照矩阵 $\{x_1, x_2, \cdots, x_n\}$,时间间隔为 Δt , x_i 为第 i 时刻的快照所对应的数据向量。值得注意的是,快照矩阵 $\{x_1, x_2, \cdots, x_m\}$ 中 x_i 要严格按照时间递增排列。DMD 方法认为存在一个矩阵 A ,使得

$$x_{i+1} = Ax_i \tag{7.55}$$

定义 $X = \{x_1, x_2, \cdots, x_{n-1}\}$, $Y = \{x_2, x_3, \cdots, x_n\}$,根据式(7.55)可以得到下列关系式

$$Y = AX \tag{7.56}$$

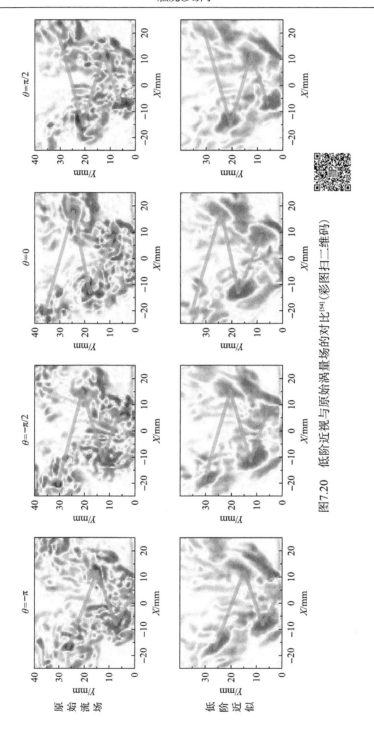

图7.20　低阶近视与原始涡量场的对比[54]（彩图扫二维码）

DMD 方法基于式(7.56)得出矩阵 A，然后求解矩阵 A 的特征向量 $\boldsymbol{\Phi}_i$ 及其对应的特征值 λ_i。特征向量 $\boldsymbol{\Phi}_i$ 表示动态流场或火焰的某一模态，特征值 λ_i 包含该模态的时间特征信息。根据式(7.57)和式(7.58)，可以分别计算得到相应模态的频率 f_i 和增长率 g_i。

$$f_i = \frac{1}{2\pi\Delta t}\mathrm{Im}\left\{\ln\left(\lambda_i\right)\right\} \tag{7.57}$$

$$g_i = \frac{1}{\Delta t}\mathrm{Re}\left\{\ln\left(\lambda_i\right)\right\} \tag{7.58}$$

在实际应用中，矩阵 A 的维度较高将导致直接求解 A 的计算量大且计算稳定性差。目前，广泛使用的是基于相似变换和奇异值分解(SVD)的 DMD 算法。

下面结合图 7.21 的释热脉动频率为 62Hz 的旋流火焰 OH*化学自发光图像序列的处理来说明具体计算过程。实验图像包含 OH*亮度波动的动态演化信息，n_x 和 n_y 分别为实验采集的点阵在水平和竖直方向上的像素点数，每个时刻的 OH* 化学自发光图像用 x_i 表示，共有 n 个时刻的图像序列。

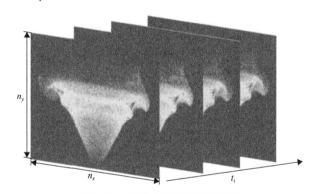

图 7.21　原始火焰实验图像序列

(1)首先，将原始数据严格按照时间顺序排列并表示为两个矩阵，即

$$X = \left\{x_1, x_2, \cdots, x_{n-1}\right\} \tag{7.59}$$

$$Y = \left\{x_2, x_3, \cdots, x_n\right\} \tag{7.60}$$

(2)对矩阵 X 进行 SVD 分解，即

$$X = U\Sigma V^H \tag{7.61}$$

式中，矩阵 Σ 为对角矩阵，对角线元素为奇异值；矩阵 U 和 V 为酉矩阵，满足 $U^H U = I$ 及 $V^H V = I$。

(3)根据式(7.56)和式(7.61)，可以得到矩阵 A，即

$$A = YV\Sigma^{-1}U^H \tag{7.62}$$

在实际应用中，通过求解矩阵 A 的低维相似矩阵 $\tilde{A}$ 可使 DMD 的计算更加高效。

$$\tilde{A} = U^H AU = U^H YV\Sigma^{-1} \tag{7.63}$$

(4)对相似矩阵 $\tilde{A}$ 进行特征分解，即

$$\tilde{A}\varphi = \varphi\lambda \tag{7.64}$$

式中，矩阵 φ 的每列为矩阵 $\tilde{A}$ 的特征向量。矩阵 λ 为对角矩阵，对角线上的值 λ_i 为矩阵 $\tilde{A}$ 的特征值。在获得值 λ_i 后，根据式(7.57)和式(7.58)可以得到相应模态的频率 f_i 和增长率 g_i，如图 7.22 所示。增长率小于 0 说明该频率下的释热脉动会随时间而消失，增长率大于 0 说明在该频率有释热脉动。从图中可以发现，增长率在约 62Hz 时最大，说明在火焰中频率为 62Hz 的释热脉动是主导模态。

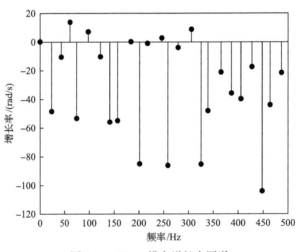

图 7.22　DMD 模态增长率图谱

(5)计算矩阵 A 的特征向量和特征值，因为矩阵 $\tilde{A}$ 是 A 的相似变换，$\tilde{A}$ 的特征值即是 A 的特征值，而 A 的特征向量可以根据式(7.65)计算，即

$$\Phi = YV\Sigma^{-1}\varphi \tag{7.65}$$

频率 62Hz 对应的特征向量 Φ_i 表示火焰在该频率下的模态，如图 7.23 所示。从图可以看出，该主导模态为空间对流模态。

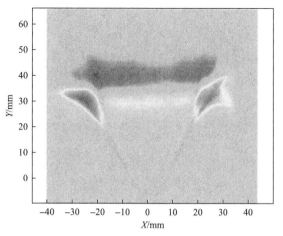

图 7.23　主导模态的空间形态（f=62Hz）

（6）根据式（7.66）计算 DMD 各模态对应的初始值 $\boldsymbol{b}$，即

$$\boldsymbol{x}_1 = \boldsymbol{\Phi b} \qquad (7.66)$$

各模态对应的初始值 $\boldsymbol{b}$ 也可以表示各模态的能量。如图 7.24 所示，0Hz 表示时均模态；在其他频率中，模态能量最大时对应的频率为 62Hz，这也进一步表明在火焰中有频率为 62Hz 的释热脉动，并且其为主导模态。

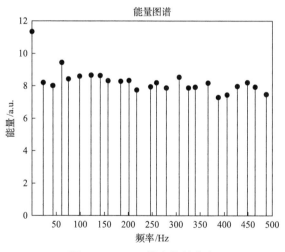

图 7.24　DMD 模态能量分布

（7）根据以上计算结果，可以将各个时刻的快照按下式重构，即

$$\boldsymbol{x}_k = \sum_{j=1}^{r} \phi_j \lambda_j^k b_j = \boldsymbol{\Phi \lambda}^k \boldsymbol{b} \qquad (7.67)$$

式中，r 为重构时采用前 r 阶模态数；k 为任意正整数。和 POD 方法一样，DMD 方法可以重构已有流场或火焰。

综上，通过对火焰图像的时间序列进行 DMD 分解，可以发现火焰中存在 62Hz 的释热脉动，并且其脉动模式为空间对流模态，基于 DMD 分解结果也可以给出将来时刻火焰的动态变化。对于其他数据，如速度场[64,65]、OH*自发光[63]、PLIF 荧光等实验数据及数值模拟得到的流场和火焰数据，都可以使用上述 DMD 方法进行分析。DMD 方法可用于流场和火焰的动态特性分析，揭示主要相干结构及时间特性，但 DMD 也有其局限性，如原始快照中的数据特性及噪声对 DMD 计算精度的影响[66,67]、DMD 对强非线性过程的适用性等问题[68]，这些都需要进行深入研究，并发展更先进的 DMD 算法来解决。

4. 谱本征正交分解

谱本征正交分解（SPOD）分析的目标是找到最能代表给定数据的最佳基向量，换句话说，寻找以最佳方式和最小模态表示相关矩阵 $\boldsymbol{K}$ 及其特征向量 $A = \{A_1, A_2, \cdots, A_i, \cdots, A_M\}$ 的方式。这个问题可以通过找到特征向量 ϕ_j 和特征值 λ_j 来解决，特征向量和特征值都是通过对速度的二阶相关矩阵 $\boldsymbol{K}$ [式(7.48)]进行特征值分解得到。而 SPOD 算法的核心则是对该矩阵沿对角线方向进行低通滤波，进而提高矩阵的对角相似性，从而提高一对耦合模态的两个分量时间谱的相似性。通过对耦合模态的时间谱相似性进行排序，可以获得按照相干程度排序的流动模态，同时获得模态中一对耦合的特征向量。这会产生一个滤波后的相关矩阵 $\boldsymbol{S}$，其元素由式(7.68)给出，即

$$S_{i,j} = \sum_{k=-N_f}^{N_f} g_k R_{i+k, j+k} \tag{7.68}$$

上式所用滤波器只是一个对称的有限脉冲响应滤波器，滤波器系数向量 $\boldsymbol{g}$ 的长度为 $2N_f + 1$。其中最简单的是箱式滤波器，所有系数都具有相同的值 $g_k = 1/(2N_f + 1)$。事实上，可以使用任何类型的数字有限脉冲响应滤波器对相干矩阵进行滤波，SPOD 的进一步处理过程与经典 POD 相同。在滤波后的相关矩阵 $\boldsymbol{S}$ 中，时间系数 $\boldsymbol{b}_i$ 和模态能量 μ_i 可从特征值分解中获得，如式(7.69)所示，即

$$\boldsymbol{S}\boldsymbol{b}_i = \mu_i \boldsymbol{b}_i, \quad \mu_1 \geqslant \mu_2 \geqslant \cdots \geqslant \mu_N \geqslant 0 \tag{7.69}$$

同时，时间系数也与模态能量成比例，并且满足正交关系，如式(7.70)所示，即

$$\frac{1}{N}(b_i, b_j) = \mu_i \delta_{ij} \tag{7.70}$$

最终，空间模态从快照到时间系数的投影中获得，如式(7.71)所示，即

$$\boldsymbol{\psi}_i(x) = \frac{1}{N\mu_i}\sum_{j=1}^{N}\boldsymbol{b}_i(t_j)\boldsymbol{u}'(x,t_j) \tag{7.71}$$

这些模态不再正交。数据集的总能量仍由 $\sum\lambda_i = \sum\mu_i$ 表示，但对于一阶模态，每个模态的能量减小。因此，SPOD 方法是以空间正交性和更加分散的 SPOD 谱为代价，获得了更简单的时间动态特性。但是，如果所有 N 个 SPOD 模态都用于重构原场信息，那么得到的信息和原场信息依然是不变的，如式(7.72)所示，即

$$\boldsymbol{u}(x,t) = \bar{\boldsymbol{u}}(x) + \sum_{i=1}^{N}\boldsymbol{b}_i(t)\boldsymbol{\psi}_i(\boldsymbol{x}) \tag{7.72}$$

如果滤波器大小扩展到整个时间序列，则滤波后的相关矩阵会收敛到对称的 Toeplitz 矩阵，该矩阵的形式见式(7.73)，即

$$S_{i,j} = \hat{\boldsymbol{R}}\big(\Delta t\,|i-j|\big) \tag{7.73}$$

其对角线元素由平均相关系数给出，见式(7.74)，即

$$\hat{\boldsymbol{R}} = \frac{\displaystyle\int_{\tau}^{T}\langle u'(\boldsymbol{x},t),u'(\boldsymbol{x},t-\tau)\rangle\mathrm{d}t}{\displaystyle\int_{\tau}^{T}\langle u'(\boldsymbol{x},t),u'(\boldsymbol{x},t)\rangle\mathrm{d}t} \tag{7.74}$$

这个特殊的矩阵也称为协方差矩阵，该特征值描绘了基础时间序列的功率谱密度。为了讨论有限序列的这个特征，必须给出对时间序列的开始和结束位置的处理。在 $\boldsymbol{R}$ 的边界处，滤波器算子没有正确定义，因为对称滤波器缺少有限级数前后的元素。这些元素可以用零代替，或者假设时间序列是周期性的。对于零填充边界，对于域 $[1,N]$ 之外的任何 i 或 j，式(7.68)中的 $R_{i,j}=0$。在周期性边界条件的情况下，有效域外的索引通过加或减 N 映射回矩阵内部区域（例如，如果 $i>N$，则 $R_{i,j}=R_{i-N,j}$）。对于周期性条件和与快照数量相同的箱式滤波器，可以获得对称循环矩阵，其中特征值和特征向量由傅里叶变换给出[69]。因此，对于这种极限情况，DFT（离散傅里叶变换）和 SPOD 可以得到相同的分解结果。对于高斯滤波器，只有使用无限大的滤波器尺寸才能准确达到这个限制，但实际上，对于 $N_f > N$ 值，分解结果几乎保持不变。在以下应用示例中，DFT 使用 $N_f = N$ 和箱式滤波器计算。

　　POD 和 SPOD 中的一个关键点是相干模态的识别。假设原场中存在周期性相干结构，其动力学特性由一对耦合模态描述，类似于傅里叶空间中的正弦和余弦或 DMD 模态的实部和虚部。它们构成了分析信号的实部和虚部，见式（7.75），即

$$\tilde{b}(t) = b_i(t) + \mathrm{i}b_j(t) = A(t)\mathrm{e}^{\mathrm{i}\phi(t)} \tag{7.75}$$

式中，A 为信号幅度；ϕ 为信号相位（$i = \sqrt{-1}$）。这种模态对应的耦合并不是由 SPOD 给出的，所以它必须被后验识别。耦合模态通常在 POD 频谱中存在明显的配对和能量相似[70]。对于具有多个能量模态的更复杂的动力学现象，这些耦合模态不容易识别，需要对 Lissajous 图形和空间模态进行目视检查。这种以主观来判断的方法较麻烦，而且不够客观。为了提供替代方案，Sieber 等[71]提出了一种无偏方法，该方法给出了单个模态耦合程度的定量测量。这个方法是在一对存在 π/2 相位滞后的模态之间评估模态系数交叉谱，以测量 POD 频谱的相似性，因为描述单个频率相干结构的一对模态必须具有相同的频谱内容，但两者的时间谱相对偏移 1/4 周期。

　　对于 SPOD 时间系数的 DMD 方法，假设其时间演变由线性算子 $\boldsymbol{T}$ 控制，见式（7.76），即

$$\boldsymbol{b}(t + \Delta t) = \boldsymbol{T}\boldsymbol{b}(t) \tag{7.76}$$

　　为了估计该算子，SPOD 系数被安排在两个矩阵中，分别为 $\boldsymbol{X} = [b(0), b(\Delta t), \cdots, b((N-2)t)]$ 和 $\boldsymbol{Y} = [b(\Delta t), b(2\Delta t), \cdots, b((N-1)\Delta t)]$。该线性算子 $\boldsymbol{T}$ 由式（7.77）给出，即

$$\boldsymbol{T} = \boldsymbol{Y}\boldsymbol{X}^{-1} \tag{7.77}$$

式中，$\boldsymbol{X}^{-1}$ 为 $\boldsymbol{X}$ 的 Moore-Penrose 伪逆，这可以作为最小二乘问题加以解决，通过获得最小化的 $\|\boldsymbol{T}\boldsymbol{X} - \boldsymbol{Y}\|$ 来求得该算子。为了在识别过程中减弱测量噪声的干扰，所以在计算算子 $\boldsymbol{T}$ 时只考虑 SPOD 模态的"物理部分"，这意味着只考虑具有可接受信噪比的模态。因此，最终保留模态的数量是根据 SPOD 解析的能量分布计算的，在 N_C 模态之后截断，其中 N_C 满足式（7.78），即

$$\varsigma(N_C) = \frac{\sum\limits_{k=1}^{N_C} \mu_k}{\sum\limits_{k=1}^{N} \mu_k} \tag{7.78}$$

　　该值取决于测量信号的信噪比，可以从 POD 谱进行估计。对于更宽的 SPOD

滤波器和相应更平坦的 SPOD 频谱，保留模态的数量会增加。DMD 模态是通过矩阵 $\boldsymbol{T}$ 的特征值分解获得的，满足式 (7.79)，即

$$\boldsymbol{T}\boldsymbol{c}_i = v_i \boldsymbol{c}_i \tag{7.79}$$

式中，特征值 v_i 包括频率 ω_i 和算子 $\boldsymbol{T}$ 的放大率 σ_i，它们通过 $\ln(v_i)/\Delta t = \sigma_i + \mathrm{i}\omega_i$ 与特征值对数相关。向量 $\boldsymbol{c}_i$ 的元素 $c_{i,j}$ 是单个模态系数 b_j 相对于 v_i 的频谱。实际模态由式 (7.80) 给出，即

$$b_j(t) = \sum_{i=1}^{N_C} c_{i,j} \mathrm{e}^{(\sigma_i + \mathrm{i}\omega_i)t} \tag{7.80}$$

必须注意的是，这种分解仅在 $N_C = N$ 时才是准确的，而在当前方法中 $N_C < N$。然而，分解给出了一个共同的 SOP 频谱基函数，这允许对时间系数 $b(t)$ 的频谱相似性进行排序。更合理的时间谱相似度量参数由式 (7.81) 给出，即

$$C_{i,j} = \mathrm{Im}\left\{ \sum_{k=1}^{N_C} c_{k,i} c_{k,j}^* \, \mathrm{sgn}\big(\mathrm{Im}(v_k)\big) \right\} \tag{7.81}$$

式中，$*$ 为复共轭，系数被归一化，使 $(c_i, c_i) = 1$。此表达式中的符号函数 $\mathrm{sgn}()$ 说明出现在 DMD 频谱中的共轭对（镜像在实轴上）。

对于要耦合的两种模态，它们必须具有相似的频谱内容，相对向前或向后移动 1/4 周期。这分别对应谐波相关性的正虚部或负虚部，并且耦合模态时间谱相似度在矩阵中显示为峰值。因此，C 为最大值的行和列索引标识了第一个耦合 SPOD 模态。然后，将 C 中的相应行和列设置为零，并识别下一个较低的最大值。重复这个过程，直到所有模态都配对为止。必须注意的是，这种方法也会产生弱相关和可能的非物理模态配对。

连同耦合模态的识别，该程序给出了平均模态表示的相干结构频率。因此，矩阵 $\boldsymbol{T}$ 的特征值 v_k 按其降序排序已识别模态对的内容。频率通过特征值的加权和给出，见式 (7.82)，即

$$f = \frac{\displaystyle\sum_{i=1}^{n} \mathrm{Im}\big\{\ln(v_i)\big\}}{2\pi\Delta t \displaystyle\sum_{i=1}^{n} \tilde{c}_i} \tag{7.82}$$

加权考虑了模态对相对于单个频率的相对能量含量。一般情况下，只能选择最相关的特征值（$n=1$）来确定频率，但在实际应用中，建议使用多个特征值，因

为噪声可能会影响获取频率的准确性。对于下面讨论的示例，使用三个特征值（$n=3$）的平均值来获得准确结果。

这里认为耦合的 SPOD 模态是一种类似于傅里叶模态的复杂模态。识别模态的相对能量含量计算为式（7.83），即

$$K = \frac{\mu_i + \mu_j}{\sum\limits_{k=1}^{N_C} \mu_k} \tag{7.83}$$

式中，i 和 j 指耦合 SPOD 模态的索引。

图 7.25 为不同的模态分解方法对二维翼型后缘涡脱落的典型流场的分析结果，左图给出了频谱图及前三个谐振模态的特征频率，右图三列的上下两排分别给出了前三个模态的空间结构和时间系数。通过比较可以发现，相对于 POD 和 DFT 方法，SPOD 方法在空间模态的单一性上和提取各个模态频率特性的能力上均优于 POD 方法，在识别特征模态上明显优于 DFT 方法。

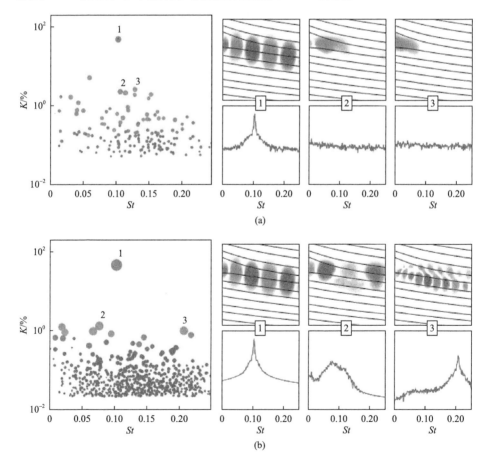

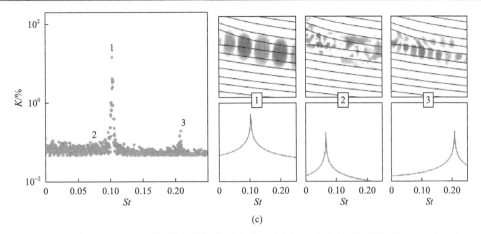

图 7.25　带 Gourney 襟翼的翼型涡脱落模态分解方法：不同过滤器长度的 SPOD 结果
(a) N_f=0（POD）、(b) N_f=15（SPOD）和 (c) N_f=2000（DFT）［对于每个滤波器长度，SPOD 光谱显示为散点图（左），其中单个点表示一个模式对（大小和颜色 $C(i,j)$ 在式 (7.81) 中）。对于三种分解方式，图中分别表示了时间系数的空间模态（上排）和功率谱密度（下排）。它们由 SPOD 频谱中的数字与模态图之间的数字互相对应[71]］

7.6　基于深度学习的图像分析

　　图像处理与计算机视觉是当前蓬勃发展的技术领域，其发展主要受近年来 GPU 运算能力的提升与深度学习算法演化的影响。应用深度神经网络可以对燃烧图像进行更深层次的分析，尤其是对于高速摄像中获得的大量火焰图片数据而言，可以为深度神经网络提供数量适宜的训练集开展模型训练，从而获得常规图像处理可以获得的信息，如边界提取、图像分割、模态提取等，甚至是常规方法无法获得的信息，如燃烧效率、碳烟排放预测等。由于本领域的覆盖范围十分广阔，因此本书对此仅做简要介绍。

　　深度神经网络的本质是通过大量变量（parameters）建立数学模型，利用含较少变量的大量神经网络层数提升模型深度与非线性度，并依赖大量数据集（对于监督学习而言）对参数值进行调整以获得最小的代价函数值来最大程度地拟合复杂且不可知的物理系统。深度神经网络的挑战在于超参数（hyperparameter）的合理设定与对深度神经网络的物理理解。在模型建立上，端对端（end-to-end）算法可以不依赖物理意义而直接输出感兴趣的物理量，但这类模型的可迁移性较差，当边界条件发生改变时模型性能下降得较显著。对于在燃烧诊断中的应用，由于涉及大量热力学与反应动力学定律，因此合理的深度学习模型应当包含对真实燃烧过程和热力学特性的物理描述，从而使模型具有更好的普适性。如图 7.26 所示，可以通过火焰图像推测火焰温度场，此后对燃烧生成的 NO_x 排放进行预测，从而获取更佳的预测效果,而非单纯应用火焰图像作为输入,NO_x排放作为输出开展端对端学习[72]。

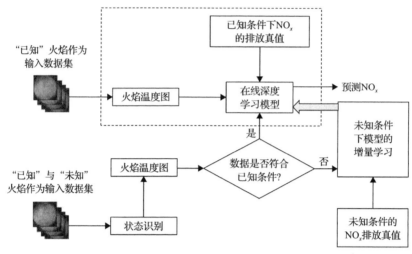

图 7.26　基于火焰图像与温度场的 NO_x 深度学习预测策略[72]

　　从样本的应用角度来讲,深度学习是对模型进行训练,需要提供算法可理解、已处理的(标签化)图像数据作为训练样本。通常将完全依靠标签数据进行训练的方式称为监督学习;直接输入无标签图片进行训练的方式称为无监督学习;而介于二者之间,依靠少量含标签数据与大量无标签数据库进行模型训练的则称为半监督学习。但实际中标签的添加主要还是依靠人力完成,而对于在燃烧诊断中的应用,标签的定义并不像其他场景中的应用(如无人驾驶等)那样明晰。另外,由于与燃烧相关的公开数据集较少,因此较难应用公开数据对燃烧模型开展深度学习训练。假设分析对象为高速摄影得到的火焰图像序列等大量数据集,对每张图片进行人力标注是不太现实的。因此,通常应用半监督学习[73]或无监督学习对火焰、喷雾等进行类别判定是更常见的应用方式。目前,基于火焰图像特征对燃烧模态等进行分类或简单预测的研究也取得了一定进展。

　　除高速火焰图像处理外,也有面向低速火焰处理或特殊燃烧状态进行图像分析的应用需求,如面向低速早燃、爆震等极端燃烧特性的分析。由于极端工况下的燃烧特性显著,比较适合进行标注学习分析。但是,低速测试与极端工况测试的难点在于可用的图像数据量一般较少(低速测试)或重点图片数据与通常图片数据占比不平衡(极端工况测试)。在这种条件下,一般需要对已有数据进行增强,即通过人工合成方法生成缺陷数据与不平衡数据,以避免模型训练的过拟合。数据增强通常可以采用图像变换、泊松融合、对抗式神经网络(GAN)等方法来实现。图像向量操作通常包括图像的平移[式(7.84)]、拉伸[式(7.85)]、旋转[式(7.86)]等方式变换,可以较好地扩充训练数据。设原图为 (v, w) ,变换后的目标图像

为 (x, y)。

$$(x, y, 1) = (v, w, 1) \begin{bmatrix} 1 & 0 & 0 \\ 0 & 1 & 0 \\ t_x & t_y & 1 \end{bmatrix} \tag{7.84}$$

$$(x, y, 1) = (v, w, 1) \begin{bmatrix} c_x & 0 & 0 \\ 0 & c_y & 0 \\ 0 & 0 & 1 \end{bmatrix} \tag{7.85}$$

$$(x, y, 1) = (v, w, 1) \begin{bmatrix} \cos\theta & \sin\theta & 0 \\ -\sin\theta & \cos\theta & 0 \\ 0 & 0 & 1 \end{bmatrix} \tag{7.86}$$

如图 7.27 所示，泊松融合可以实现前景和其他背景的无缝拼接，因此可以通过前景火焰区域与其他背景相融合，从而合成质量较高的数据。

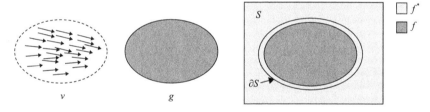

图 7.27　泊松融合数据增强方法示意图（v 表示原始前景图像的矢量场，f^* 表示背景图像，f 表示融合后的前景图像[74]）

融合的本质是使融合后前景区域的矢量场与原前景区域矢量场具有很高的相似度，同时用边界约束条件来保证融合边缘平滑过渡，如式 (7.87) 所示，即

$$\min_f \iint_\Omega |\nabla f - v|^2, \ f\big|_{\partial\Omega} = f^*\big|_{\partial\Omega} \tag{7.87}$$

对抗式神经网络属于生成类模型，主要包括生成器和判别器两部分，生成器主要基于噪声或特征向量来生成一系列图片，而判别器对生成的图片进行辨别，通过生成器与判别器之间的相互博弈，最终使生成器生成的图片与真实图片的质量相近。

深度学习模型的计算时间也是实际应用中需要考虑的问题，对于需要实时判断或实时监测的燃烧诊断需求而言，必须选用实时高速深度学习算法。当前最主流的实时图像算法为 YOLO (you only look once) 算法[75]，目前已推广 YOLOv5 版

本，可实现 140fps（frames per seconds）图像检测。YOLO 算法的主要特点是图像
边框回归与图像检测同步进行，而非像 RCNN（region-concolutional neural network）
算法类需要单独的学习边框。YOLO 的核心思想是利用整张图作为网络的输入，
直接在输出层回归边界框的位置和边界框所属的类。所以，YOLO 算法的定位误
差较大，但背景误检率比较低。对于燃烧诊断这类需要快速控制介入或实时监控
燃烧效果的应用中，通常对特征定位需求并不是很强，而是对整体图像特性或图
像分类要求较高，因此可以采用 YOLO 类算法开展图像处理类的研究应用。目前，
实时深度学习算法在燃烧诊断中的应用多见于火灾检测和火焰捕捉，而进行燃烧
机理分析相对有限，未来此类算法有可能在燃烧实时监控与分析控制得到较为广
泛的应用。

为了定量联立相机二维成像投影与真实物理场，需开展图像标定实验与计算，
使图像可以反映真实物理场的特性。基于传统计算机图像处理原理的边缘提取技
术、分割聚类技术与模态识别技术，目前均可采用深度神经网络方法取得类似的
效果。从创新性与应用性角度，可以预见基于深度神经网络且融合真实燃烧机理
的深度学习模型将在本领域获得更多的应用与重视，也是未来燃烧图像处理的重
要发展方向之一。

7.7　图像分析及可视化工具

图像分析和可视化方法的实现需要依靠相关的软件载体。Python 和 MATLAB
是两门高效易操作的编程语言，为用户提供了丰富的图形界面，能够快速完成图
像分析及可视化工作。本节主要总结这两门编程语言中常用的图像分析及可视化
模块。

1. Python

Python 是一门可跨平台（Windows/Unix/MacOS）使用的编程语言，由荷兰科学
家 van Rossum 于 1990 年代初设计，提供了各种常用的数据结构和高度集成的开
源软件库，能够对图像数据进行快速分析与可视化。用户享受 Python 社区的免费
更新，并且可以根据需求在原始代码的基础上自行改写，或者在网络平台（如
GitHub）上共享代码。由于 Python 中的集成软件库众多，本节仅介绍 Python 中涉
及本章中图像处理方法的软件库。

对于沿视线积分投影的去卷积处理，在轴对称情况下可以使用 PyAbel 模块对
其进行 Abel 逆变换；在非轴对称情况下，可以根据不同视角处所获得的投影序列，
使用 Skimage 库中的 SART 模块对其进行层析重构。对于图像映射，OpenCV、
PIL 和 Scipy 库中提供了映射变换中常用的旋转和变形，而图像标定中的线性方程

组求解则可以使用 Numpy 库来完成。对于图像特征提取，可以使用 OpenCV 库中的 CV2 模块完成图像的空间滤波及泛洪提取。对于图像序列分析，相邻帧之间的运动估计可以使用 OpenCV 中的光流法估计模块和 OpenPIV 中的互相关估计模块来完成，而图像序列的波动模态分析中涉及的矩阵分解可以使用 Numpy 库中的 Linalg 模块实现。在图像可视化方面，Python 中的 Matplotlib 库提供了丰富的二维和三维可视化功能，其详细的功能介绍可参考相关著作[76]。在深度学习方面，Python 是标准的深度神经网络代码语言，绝大部分深度学习图像处理模型均可通过 Python 实现，如图像目标检测中的 YOLO、Fast RCNN 模型，数据增强中的 GAN 生成模型等，详细模型的种类繁多，在此不再展开介绍。目前主流的深度学习框架如 Pytorch、Tensorflow、Mxnet 等均需要使用 Python 编程语言，结合上述图像处理及图像可视化功能，Python 可以完成关于图像的绝大部分操作，具有很好的通用性。

2. MATLAB

MATLAB 是 MathWorks 公司推出的一款科学计算软件，具有强大的图像分析及可视化功能。它可以实现如点图、线图、云图、曲面图、瀑布图等二维和三维图像的绘制，并且支持以交互式或编程方式自定义图形参数。除绘制图形外，MATLAB 还通过内置图像处理工具箱(image processing toolbox)提供了一套用于图像处理、分析及可视化的全面标准算法，支持处理二维、三维和任意大的图像，可以使用传统图像处理技术和深度学习实现图像去噪、增强、分割、几何变换等功能。除内置工具箱外，还存在大量的第三方工具箱。这些工具箱实际上可以看作库函数，每个工具箱包含一系列函数以实现特定功能。本节介绍一种用于 PIV 图像后处理及数据分析的开源工具箱——PIVMat。

MATLAB 中的 PIVMat 工具箱包含一组命令行函数，用于从 PIV、立体-PIV 或 BOS(面向背景的纹影技术)应用中导入、后处理和分析二维和三维矢量场。该工具箱能够处理和执行大量速度场的复杂操作，如滤波、统计、谱分析等，并能够生成高质量的图形。需要注意的是，该工具箱本身不执行任何 PIV 计算，从原始粒子图像得到速度场信息的 PIV 计算需要依赖其他软件完成。PIVMat 工具箱可以兼容目前最流行的 PIV 计算软件，如 DaVis(LaVision)、DynamicStudio(Dantec)、Insight(TSI)、PIVlab、ImageJ(NIH)、OpenPIV 等。该工具箱包含 60 种以上的函数，而且具有完整的帮助文档和示例。此外，其中所有运算均直接对导入的物理量矩阵进行，避免循环使用，从而可以极大地提高运算速度。我们可以在 MATLAB 的附加工具箱管理程序中直接下载 PIVMat 工具箱，参考其官方网站可以获取更多信息[77]。

参 考 文 献

[1] Sweeney M, Hochgreb S. Autonomous extraction of optimal flame fronts in OH planar laser-induced fluorescence images. Applied Optics, 2009, 48: 3866-3877.

[2] Huang H W, Zhang Y. Flame colour characterization in the visible and infrared spectrum using a digital camera and image processing. Measurement Science and Technology, 2008, 19: 085406.

[3] Sun Z, Cui M, Nour M, et al. Study of flash boiling combustion with different fuel injection timings in an optical engine using digital image processing diagnostics. Fuel, 2021, 284: 119078.

[4] Montgomery S L, Keefer D R, Sudharsanan S I. Abel inversion using transform techniques. Journal of Quantitative Spectroscopy and Radiative Transfer, 1988, 39: 367-373.

[5] Fan L S, Squire W. Inversion of Abel's integral equation by a direct method. Computer Physics Communications, 1975, 10: 98-103.

[6] Kalal M, Nugent K. Abel inversion using fast Fourier transforms. Applied Optics, 1988, 27: 1956-1959.

[7] Moeck J P, Bourgouin J F, Durox D, et al. Tomographic reconstruction of heat release rate perturbations induced by helical modes in turbulent swirl flames. Experiments in Fluids, 2013, 54: 1498.

[8] Wang Q, Liu H, Liu X, et al. Three-dimensional concentration field imaging in a swirling flame via endoscopic volumetric laser-induced fluorescence at 10-kHz-rate. Science China Technological Sciences, 2020, 63: 2163-2168.

[9] Geraedts B D, Arndt C M, Steinberg A M. Rayleigh index fields in helically perturbed swirl-stabilized flames using doubly phase conditioned OH* chemiluminescence tomography. Flow, Turbulence and Combustion, 2016, 96: 1023-1038.

[10] Kak A C, Slaney M. Principles of computerized tomographic imaging. Philadelphia: Society for Industrial and Applied Mathematics, 2007.

[11] Tsai R Y. A versatile camera calibration technique for high-accuracy 3D machine vision metrology using off-the-shelf TV cameras and lenses. IEEE Journal on Robotics & Automation, 2003, 3: 323-344.

[12] Lin H Y, Su J, Liu Y M, et al. Camera calibration technique based on rectification of image aberration. Journal of Jilin University (Engineering and Technology Edition), 2007, 37: 433-437.

[13] Tsai R Y. An efficient and accurate camera calibration technique for 3D machine vision. Proceedings CVPR '86: IEEE Computer Society Conference on Computer Vision and Pattern Recognition, 1986: 364-374.

[14] Wieneke B. Stereo-PIV using self-calibration on particle images. Experiments in Fluids, 2005, 39: 267-280.

[15] Weng J, Cohen P, Herniou M. Camera calibration with distortion models and accuracy evaluation. IEEE Transactions on Pattern Analysis and Machine Intelligence, 1992, 14: 965-980.

[16] Shirley P, Morley R K. Realistic Ray Tracing. 2nd ed. Oxfordshire: Routledge, 2003.

[17] Peddie J. Ray Tracing: A Tool for All. Los Angeles: Springer, 2019.

[18] Otsu N. A threshold selection method from gray level histograms. IEEE Transactions on Systems, Man, Cybernetics, 1979, 9: 62-66.

[19] Qian X, Li F, Yan Y, et al. Characterisation of the combustion behaviours of individual pulverised coal particles entrained by air using image processing techniques. Measurement Science and Technology, 2020, 32: 034005.

[20] Hall M. Smooth operator: Smoothing seismic interpretations and attributes. The Leading Edge, 2007, 26: 16-20.

[21] Marr D, Hildreth E. Theory of edge detection. Proceedings of the Royal Society Series B-Biological Sciences, 1980, 207: 187-217.

[22] Canny J. A computational approach to edge detection. IEEE Transactions on Pattern Analysis and Machine

Intelligence, 1986, PAMI-8: 679-698.

[23] Bouguettaya A, Yu Q, Liu X, et al. Efficient agglomerative hierarchical clustering. Expert Systems with Applications, 2015, 42: 2785-2797.

[24] Žalik K R. An efficient k'-means clustering algorithm. Pattern Recognition Letters, 2008, 29: 1385-1391.

[25] Xiao C, Liu M. Efficient mean-shift clustering using Gaussian KD-tree. Computer Graphics Forum, 2010, 29: 2065-2073.

[26] Maronna R. Data clustering: algorithms and applications. Statistical Papers, 2016, 57: 565-566.

[27] Xu R, Wunsch II D C. Clustering. Hoboken: John Wiley & Sons, 2008.

[28] Zhao F, Hung D L S, Wu S. K-means clustering-driven detection of time-resolved vortex patterns and cyclic variations inside a direct injection engine. Applied Thermal Engineering, 2020, 180: 115810.

[29] Liukkonen M, Heikkinen M, Hiltunen T, et al. Artificial neural networks for analysis of process states in fluidized bed combustion. Energy, 2011, 36: 339-347.

[30] Yamasaki R, Tanaka T. Properties of mean shift. IEEE Transactions on Pattern Analysis and Machine Intelligence, 2020, 42: 2273-2286.

[31] Mathis R, Hutchins N, Marusic I. Large-scale amplitude modulation of the small-scale structures in turbulent boundary layers. Journal of Fluid Mechanics, 2009, 628: 311-337.

[32] Smith A R. Tint fill. Proceedings of the 6th Annual Conference on Computer Graphics and Interactive Techniques, 1979: 276-283.

[33] Zhang H, Xia X, Gao Y. Instability transition of a jet diffusion flame in quiescent environment. Proceedings of the Combustion Institute, 2021, 38: 4971-4978.

[34] Horn B, Schunck B. Determining optical flow. Artificial Intelligence, 1981, 17: 185-203.

[35] Yang Z, Johnson M. Velocimetry based on dye visualization for a pulsatile tubing flow measurement. Applied Optics, 2019, 58: C7-C13.

[36] Sun F, Min M, Qin D, et al. Refined typhoon geometric center derived from a high spatiotemporal resolution geostationary satellite imaging system. IEEE Geoscience and Remote Sensing Letters, 2019, 16: 499-503.

[37] Yang Z, Yu H, Huang G P, et al. Divergence compensatory optical flow method for blood velocimetry. Journal of Biomechanical Engineering, 2017, 139: 061005.

[38] Liu T, Shen L. Fluid flow and optical flow. Journal of Fluid Mechanics, 2008, 614: 253-291.

[39] Wang B, Cai Z, Shen L, et al. An analysis of physics-based optical flow. Journal of Computational and Applied Mathematics, 2015, 276: 62-80.

[40] Liu T, Merat A, Makhmalbaf M H M, et al. Comparison between optical flow and cross-correlation methods for extraction of velocity fields from particle images. Experiments in Fluids, 2015, 56: 166.

[41] Yang Z, Johnson M. Hybrid particle image velocimetry with the combination of cross-correlation and optical flow method. Journal of Visualization, 2017, 20: 625-638.

[42] Liu T, Salazar D M, Fagehi H, et al. Hybrid optical-flow-cross-correlation method for particle image velocimetry. Journal of Fluids Engineering, 2020, 142: 054501.

[43] Wang S, Zheng J, Li L, et al. Extensional study of optical flow enhanced hybrid PIV method for dual-plane stereoscopic PIV measurement. Measurement Science and Technology, 2022, 33: 095012.

[44] Oberleithner K, Sieber M, Nayeri C N, et al. Three-dimensional coherent structures in a swirling jet undergoing vortex breakdown: Stability analysis and empirical mode construction. Journal of Fluid Mechanics, 2011, 679: 383-414.

[45] Wang S, Zheng J, Xu L, et al. Experimental investigation of the helical mode in a stratified swirling flame. Combustion and Flame, 2022, 244: 112268.

[46] Berkooz G, Holmes P, Lumley J L. The proper orthogonal decomposition in the analysis of turbulent flows. Annual Review of Fluid Mechanics, 1993, 25: 539-575.

[47] Taira K, Brunton S L, Dawson S T M, et al. Modal analysis of fluid flows: an overview. AIAA Journal, 2017, 55: 4013-4041.

[48] Lumley J L. The structure of inhomogeneous turbulent flows//Yaglom A M, Tartarsky V I. Wuhan: Atmospheric Turbulence and Radio Wave Propagation. Scientific Research Publishing, 1967.

[49] Druault P, Guibert P, Alizon F. Use of proper orthogonal decomposition for time interpolation from PIV data: Application to the cycle-to-cycle variation analysis of in-cylinder engine flows. Experiments in Fluids, 2005, 39: 1009-1023.

[50] Stöhr M, Boxx I, Carter C D, et al. Experimental study of vortex-flame interaction in a gas turbine model combustor. Combustion and Flame, 2012, 159: 2636-2649.

[51] Stöhr M, Sadanandan R, Meier W. Phase-resolved characterization of vortex-flame interaction in a turbulent swirl flame. Experiments in Fluids, 2011, 51: 1153-1167.

[52] Oudheusden B W v, Scarano F, Hinsberg N P v, et al. Phase-resolved characterization of vortex shedding in the near wake of a square-section cylinder at incidence. Experiments in Fluids, 2005, 39: 86-98.

[53] Eckart C, Young G. The approximation of one matrix by another of lower rank. Psychometrika, 1936, 1: 211-218.

[54] 王思睿. 中心分层预混旋流火焰的非定常燃烧特性研究. 上海: 上海交通大学, 2022.

[55] Sirovich L. Turbulence and the dynamics of coherent structures. I. Coherent structures. Quarterly of Applied Mathematics, 1987, 45: 561-571

[56] Borée J. Extended proper orthogonal decomposition: A tool to analyse correlated events in turbulent flows. Experiments in Fluids, 2003, 35: 188-192.

[57] Schmid P J. Dynamic mode decomposition of numerical and experimental data. Journal of Fluid Mechanics, 2010, 656: 5-28.

[58] Wan Z H, Zhou L, Wang B F, et al. Dynamic mode decomposition of forced spatially developed transitional jets. European Journal of Mechanics-B/Fluids, 2015, 51: 16-26.

[59] Ghani A, Poinsot T, Gicquel L, et al. LES of longitudinal and transverse self-excited combustion instabilities in a bluff-body stabilized turbulent premixed flame. Combustion and Flame, 2015, 162: 4075-4083.

[60] Sayadi T, Schmid P J, Richecoeur F, et al. Parametrized data-driven decomposition for bifurcation analysis, with application to thermo-acoustically unstable systems. Physics of Fluids, 2015, 27: 037102.

[61] Huang C, Anderson W E, Harvazinski M E, et al. Analysis of self-excited combustion instabilities using decomposition techniques. AIAA Journal, 2016, 54: 2791-2807.

[62] Hua J C, Gunaratne G H, Talley D G, et al. Dynamic-mode decomposition based analysis of shear coaxial jets with and without transverse acoustic driving. Journal of Fluid Mechanics, 2016, 790: 5-32.

[63] Palies P, Ilak M, Cheng R. Transient and limit cycle combustion dynamics analysis of turbulent premixed swirling flames. Journal of Fluid Mechanics, 2017, 830: 681-707.

[64] Salvador F, Carreres M, García-Tíscar J, et al. Modal decomposition of the unsteady non-reactive flow field in a swirl-stabilized combustor operated by a Lean Premixed injection system. Aerospace Science and Technology, 2021, 112: 106622.

[65] Roy S, Yi T, Jiang N, et al. Dynamics of robust structures in turbulent swirling reacting flows. Journal of Fluid

Mechanics, 2017, 816: 554-585.

[66] Pan C, Xue D, Wang J. On the accuracy of dynamic mode decomposition in estimating instability of wave packet. Experiments in Fluids, 2015, 56: 1-15.

[67] Bagheri S. Effects of weak noise on oscillating flows: Linking quality factor, floquet modes, and koopman spectrum. Physics of Fluids, 2014, 26: 094104.

[68] Kutz J N, Brunton S L, Brunton B W, et al. Dynamic mode decomposition: Data-driven modeling of complex systems. SIAM, 2016.

[69] Gray R M. Toeplitz and circulant matrices: A review. Communications and Information Theory, 2005, 2: 155-239.

[70] Oberleithner K, Paschereit C O, Wygnanski I. On the impact of swirl on the growth of coherent structures. Journal of Fluid Mechanics, 2014, 741: 156-199.

[71] Sieber M, Paschereit C O, Oberleithner K. Spectral proper orthogonal decomposition. Journal of Fluid Mechanics, 2016, 792: 798-828.

[72] Qin L, Lu G, Hossain M M, et al. A flame imaging-based online deep learning model for predicting NO_x emissions from an oxy-biomass combustion process. IEEE Transactions on Instrumentation and Measurement, 2022, 71: 2501811.

[73] Han Z, Li J, Zhang B, et al. Prediction of combustion state through a semi-supervised learning model and flame imaging. Fuel, 2021, 289: 119745.

[74] Chen X, Wang H, Li L, et al. Detection of weak defects in weld joints based on poisson fusion and deep learning. Cyberspace Data and Intelligence, and Cyber-Living, Syndrome, and Health, 2019: 296-308.

[75] Redmon J, Divvala S K, Girshick R B, et al. You only look once: Unified, real-time object detection. IEEE Conference on Computer Vision Pattern Recognition（CVPR）, 2016: 779-788.

[76] 张杰. Python 数据可视化之美: 专业图表绘制指南. 北京: 电子工业出版社, 2020.

[77] Moisy F. Pivmat-a PIV post-processing and data analysis tollbox for Matlab. http://www.fast.u-psud.fr/pivmat/.

第8章 基于分子束-光电离质谱的燃烧诊断

8.1 简 介

大分子量碳氢燃料，如汽油、煤油和柴油的燃烧过程中包含成百上千的组分和成千上万的反应，包括燃料的热解、氧化和组分间的复合反应等。因此，通过实验室燃烧系统的测量对发展和验证燃烧反应动力学模型至关重要。理想的诊断方法既能鉴别火焰中的化学组分，又能给出其相应的浓度定量信息，如组分浓度随空间、时间、温度、压力的变化等。对组分及其相应浓度的测量通常采用光谱、气相色谱和质谱等方法。光谱法最大的优势是对火焰没有扰动，可以得到真实的火焰结构，但光谱法只能对火焰中少量的组分进行探测，无法获得火焰中全面的组分信息，如本书前几章介绍的基于激光光谱和成像技术的燃烧诊断。色谱法可以与多种燃烧装置结合，用于分析燃烧产物，该方法相对简单和成熟，但测量过程耗时较长，无法做到实时原位测量；另外，色谱法无法探测火焰中的活性中间组分，如自由基、烯醇、过氧化物等。与适当的取样技术相结合，质谱可以提供火焰的详细结构，包括主要组分、中间组分及大质量组分如多环芳烃等信息。将质谱与同步辐射真空紫外光电离技术相结合，可以提供更全面的火焰结构信息。本章将系统介绍同步辐射真空紫外光电离质谱(synchrotron vacuum ultraviolet photoionization mass spectrometry，SVUV-PIMS)技术及其在燃烧研究中的应用。

基于质谱的燃烧诊断可以追溯到 20 世纪 40 年代。1947 年，Eltenton 将磁质谱仪与燃烧室结合，研究了燃料的分解和燃烧反应，他们采用一种独特的取样方法，即后来的分子束取样[1]。随后，使用分子束或其他探针取样技术的质谱法广泛用于研究氢气或简单碳氢化合物的火焰[2-7]，但早期研究都是基于电子轰击(electron impact，EI)电离源的质谱技术。1977 年，Biordi 系统总结了分子束质谱(molecular beam mass spectrometry，MBMS)技术在燃烧研究中的应用[8]，这些研究为发展和验证动力学模型提供了有价值的实验数据。本章不详细介绍基于电子轰击电离的分子束质谱技术(EI MBMS)，该技术的最大缺点是在电离过程中会产生大量的碎片离子，从而干扰关键中间组分，尤其是不稳定活性组分的测量，也无法区分火焰中大量存在的同分异构体。此外，原始的 EI-MBMS 质谱数据也难以提供准确的组分浓度信息，感兴趣的读者可以参考 Hansen 等的综述论文[9]。

早期使用质谱法对火焰的研究还包括直接观察火焰中产生的离子，因为离子在火焰中普遍存在。Deckers 和 Van Tiggelen[10]、Knewstubb 和 Sugden[11]研究小组首次应用质谱法直接测量火焰中的离子，而不使用额外的电离源。20 世纪 60～80 年代，这是一个活跃的研究领域，主要是学者认为离子在碳烟形成中起到了重要作用[12]。然而，随着碳烟形成过程中自由基化学及其前驱体反应越来越得到认可，20 世纪 90 年代末对火焰中离子-分子反应的研究几乎销声匿迹。近年来，随着质谱探测灵敏度和分辨率的提高，火焰中的离子-分子反应研究又受到了一定程度的重视。本章不包括火焰中的分子-离子反应，感兴趣的读者可以参考相关文献[13-16]。

　　Qi 和 Cool 等将 SVUV-PIMS 技术首次应用于低压层流预混火焰[17-19]。随后，Qi 等进一步发展了 SVUV-PIMS 在多个方向的应用，包括柱塞流反应器中燃料的热解[20]、射流反应器中燃料的氧化[21]、非预混扩散火焰[22]、生物质热解和催化反应等[23-27]。本章只介绍与燃烧相关的实验方法，煤、生物质等固体燃料的热解、均相与异相催化反应等应用不再作介绍。得益于同步辐射真空紫外光的波长连续可调和光子能量的高分辨率，SVUV-PIMS 技术可以最大限度地减少碎片干扰、区分同分异构体和检测自由基，是一种具有选择性好、灵敏度高的测量方法。近 20 年来，SVUV-PIMS 技术在燃烧诊断领域的应用越来越广泛，下面详细介绍该技术及其在燃烧中的应用。

8.2　分子束-光电离质谱技术

8.2.1　分子束取样

　　分子束取样的开创性工作可以追溯到 20 世纪 30 年代。在早期研究中，分子束通常是发散的，密度较低[28]。1951 年，Kantrowitz 和 Grey[29]从理论上提出了一种新的方法，能够克服 20 世纪 50 年代以前传统分子束的局限性，随后 Kistiakowsky 和 Slichter[30]、Becker 和 Bier[31]通过实验证实了 Kantrowitz 和 Grey 理论的可行性，并可以产生高密度、窄速度分布的超声分子束。从此，超声分子束技术为物理和化学等研究提供了有力手段。

　　图 8.1 为典型的分子束系统示意图[29]，主要包括由高压腔体、小孔、漏勺（skimmer）和下游的低压腔体。在超声速分子束实验中，惰性气体常作为载气，其平动温度可降至极低。例如，利用氦气作为载气的分子束平动温度可以降低到 0.006K[32]。在气体膨胀过程中，高压载气与其中的多原子分子发生了多次碰撞，从而导致冷却分子的内部和外部自由度。一般来说，碰撞过程导致分子平动和转动温度冷却比振动冷却更有效。

　　假设分子束膨胀过程是等熵的，则其温度、压力和分子束密度的关系可以描述为[33]

$$\frac{T}{T_0} = \left(\frac{P}{P_0}\right)^{(\gamma-1)/\gamma} = \left(\frac{\rho}{\rho_0}\right)^{\gamma-1} = \frac{1}{1+\frac{1}{2}\times(\gamma-1)\times M^2} \tag{8.1}$$

式中，T、P 和 ρ 分别为分子束温度、压力和密度；T_0、P_0 和 ρ_0 分别为起始高压腔体中的温度、压力和气体密度；γ 为气体的热容比 C_p/C_v；M 为马赫数。如果将膨胀气体视为连续介质[33]，则马赫数可由下式计算，即

$$M = A \times \left(\frac{X}{D}\right)^{\gamma-1} \tag{8.2}$$

式中，A 为依赖于 γ 的常数，单原子气体等于 3.26；X 为到喷嘴的距离；D 为喷嘴直径。

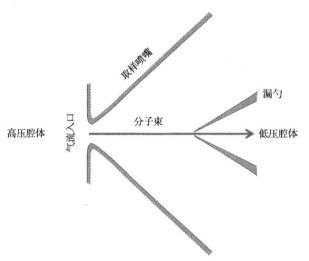

图 8.1　常用超声分子束装置示意图[29]

由式(8.1)和式(8.2)可知，随着分子束的传播，马赫数增大，温度、压力和密度相应减小。在温度停止下降的无碰撞环境下，马赫数最终达到常数值。根据 Anderson 和 Fenn 的模型[34]，氩气的最终马赫数为

$$M_T = 2.05 \times \varepsilon^{-(1-\gamma)/\gamma} \times \left(\frac{\lambda_0}{D}\right)^{(1-\gamma)/\gamma} = 133(P_0 D)^{0.4} \tag{8.3}$$

式中，ε 为碰撞有效常数；λ_0 为气体在压力为 P_0 时的平均自由程。由于 P_0 一般为常压，碰嘴直径约为微米级，对于氩气来说，式(8.3)中的前一项 $2.05 \times \varepsilon^{-(1-\gamma)/\gamma}$ 约等于 133。

正如前面讨论的，当分子进入无碰撞区域时，分子束中的分子温度和密度迅

速下降。在这种条件下，活性组分将在超低温的自由流动中存活较长时间，其寿命仅受腔体大小和分子束速度的限制，从而有效"冻结"被取样气体的化学组分，使其与未扰动条件下的化学成分接近。但在取样过程中，分子会与探针内壁发生有限次的碰撞。众所周知，碳氢自由基，如烷基自由基，即使经过数百次壁面碰撞也能够存活下来[35]。

对于分子束取样在燃烧研究中的应用，需要考虑四个问题：冷却效应、能量漂移、碎片离子和探针微扰。对于冷却效应，Kamphus 等利用共振增强多光子电离(REMPI)技术测量分子束采样后的组分温度，发现低压火焰采样后的转动温度可以冷却到 300~400K[36]。通常情况下，超声分子束中的组分温度可以低至几十开尔文，这主要是由于火焰本身温度较高，一般在 1800K 以上。另外，燃烧腔体为低压环境，而低压火焰取样后的组分温度一般在 300K 左右。由于组分分子存在非零的振动能级且火焰中的分子处于较高振转能级，所以测量的电离能阈值较真实的电离能向低能端漂移。Qi 和 McIlroy 利用四波混频产生可调谐真空紫外激光并结合分子束质谱技术，测量了火焰中和常温下相同组分的光电离效率谱，发现电离阈值的能量漂移较小，一般在 meV 量级，显示了分子束取样结合 VUV-PIMS 技术鉴别组分的可靠性[37]。MBMS 的另一个问题是质谱的碎片离子可能与温度有关[8]，Ancia 等采用 GC 和 MBMS 两种相互补充的技术研究了低压火焰，他们认为火焰温度不足以产生碎片离子[38]。由于分子束取样属于接触式的点测量，对火焰结构有一定扰动，关于探针微扰问题，将在 8.2.5 节中做详细说明。

8.2.2 电离源

质谱结合各种电离源已被证明是一种强大又通用的分析工具，在化学、物理和生物等领域有着广泛应用，常用的电离源有电子轰击电离(EI)、基质辅助激光解吸/电离(MALDI)、电喷雾电离(ESI)等。在燃烧研究中较常用的三种电离源是电子轰击电离、激光真空紫外(VUV)光电离或激光共振增强多光子电离(REMPI)及同步辐射紫外光电离。

1. 电子轰击电离

在商品化的质谱中，一般采用电子能量为 70eV 的电子轰击电离，在该能量下的电子可以电离任何化学组分，但会产生大量的碎片离子。通过降低电子能量，可以减少碎片离子的产生，但当电子能量略高于电离阈值时，电离截面较低，信号较弱。另外，由于电子的单色性较差，标称低能电子束也含有少量高能电子，因此即便标称的电子能量低于分子的电离能，但仍可以检测到分子离子和碎片离子峰。例如，图 8.2(a)为 9.5eV 电子轰击电离的异丁烯质谱(异丁烯 IE=9.22eV[39])。除了探测到分子离子峰(m/z=56)，也探测到了质量数分别为 m/z=28、40、41 和

55 的碎片离子。图 8.2(b) 为电子能量是 9.0eV 电子轰击电离的异丁烯质谱图，尽管电子能量低于异丁烯的电离能，理论上不应该产生任何离子，但除信号强度降低外，所得质谱图与图 8.2(a) 非常相似。因此，电子轰击电离会导致严重的碎片离子干扰，不利于同分异构体的鉴别及数据的定量分析，使基于电子轰击电离的质谱技术在复杂体系 (如燃烧) 中的应用较为困难。但是，在无法获得同步辐射和真空紫外激光的情况下，低能近阈值电子轰击电离可以减少碎片的产生，在很多实际应用中也较为普遍。图 8.2(c) 为光子能量 9.5eV 的异丁烯质谱图，可以看出，该能量下不产生任何碎片离子。

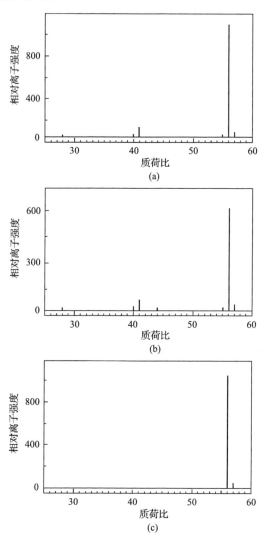

图 8.2　异丁烯质谱图：(a)9.5eV 电子轰击电离；(b)9.0eV 电子轰击电离；(c)9.5eV 光电离（异丁烯的电离能为 9.22eV)[39]

2. 激光真空紫外光电离或激光共振增强多光子电离

利用 Nd:YAG 激光器的三倍频 355nm 输出入射到一定压力的氙气中, 氙原子通过吸收 3 个光子可以产生 118nm 的真空紫外光; 也可以采用共振四波混频方法, 通过氙气或氪气产生波长可调的真空紫外光, 这两种光源与质谱结合都可以应用于对燃烧中间产物的测量[37, 40-42]。前者波长不可调, 后者波长调谐范围有限, 因而限制了对火焰中同分异构体的区分。此外, 与电子轰击电离相比, 基于激光的真空紫外单光子电离技术需要更精密的仪器设备。

另外, 基于激光的共振增强多光子电离(REMPI)技术也成功应用于燃烧诊断[43-46]。该技术涉及共振单光子或多光子吸收过程, 将原子或分子激发到一个电子激发的中间态, 随后再吸收一个或多个光子而发生电离。基于激光的共振增强多光子电离技术仅适用于较小的组分和多环芳烃, 并且对于特定的待测分子, 需要改变激光波长以探测特定构型的分子。由于有些组分缺少必要的中间态光谱数据, 尽管基于激光的共振增强多光子电离技术具有一定的选择性但不具备普适性。本书不介绍基于激光的电离技术, 感兴趣的读者可以参考前人的综述论文[46, 47]。

3. 同步辐射真空紫外光电离

由带电的径向加速粒子发出的电磁辐射称为同步辐射。同步辐射具有广谱、高通量、高亮度、偏振等特性。同步辐射具有在 VUV 波段范围易调谐和高能量分辨率的特点, 并在众多领域中得到应用。在燃烧研究中, SVUV-PIMS 的一个重要特点是可以方便地选择光子能量, 通过近阈值光电离可以最小化或消除碎片离子的产生, 如图 8.2(c)所示, 这个特性对于研究像燃烧这样的复杂体系至关重要。

SVUV-PIMS 的另一个重要特征是光电离效率谱(photoionization efficiency spectrum, PIE)的测量, 这有助于鉴别燃烧中间组分的化学结构。随着光子能量的变化, 测量特定质量数离子的信号强度, 对每个质量数的信号积分随光子能量变化作图, 可以得到包含电离能信息的 PIE 谱, PIE 谱上的拐点对应特定组分的电离能(电离阈值)。通过比较测量的电离能与 NIST 数据库中的文献值[39]或量子化学计算得到的理论值, 可以鉴别燃烧中间组分结构信息。图 8.3 比较了 Ar 的电子轰击电离和光电离的相对离子产率。从图中可以清楚地看到, 图 8.3(a)中的电子轰击电离没有明显的电离阈值, 但图 8.3(b)中即使在低光子能量分辨下也可以观察到一个明显的电离阈值。随着光子能量分辨率的提高, 还可以观察到一系列自电离峰[48], 如图 8.3(c)所示, 这些自电离峰是化学组分的特征指纹图谱, 也可用于简单组分的鉴定, 如原子和双原子分子或自由基。

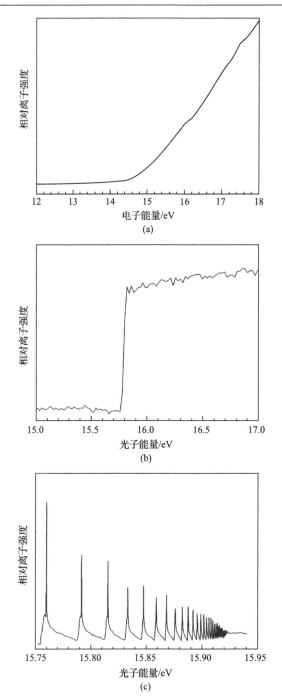

图 8.3　Ar 的相对离子产率：(a)电子轰击电离；(b)低分辨真空紫外光电离(光子能量分辨率~25meV)；(c)高分辨真空紫外光电离(光子能量分辨率 1meV)[48]

8.2.3　定性分析

如前所述，SVUV-PIMS 适用于研究复杂的反应体系，这里举例说明如何将该方法应用于燃烧研究。Yang 等研究了当量比为 1.71、压力为 4.0kPa 下四种丁醇异构体(1 正丁醇、异丁醇、2 仲丁醇和叔丁醇)的预混火焰[49]。图 8.4 为四种火焰

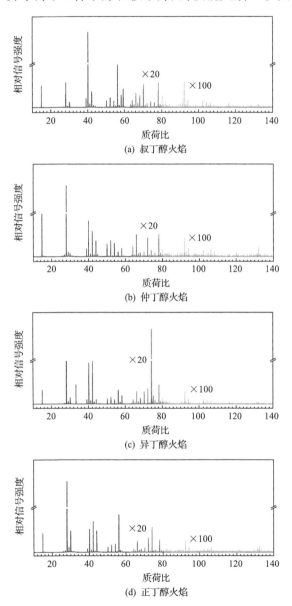

(a) 叔丁醇火焰

(b) 仲丁醇火焰

(c) 异丁醇火焰

(d) 正丁醇火焰

图 8.4　四种丁醇异构体燃料的平面预混火焰质谱图(当量比 1.71，光子能量 10.97eV，取样点距离燃烧炉表面 5mm)[49]

在光子能量为 10.97eV 时的质谱图。质谱图中每个质谱峰对应一个或多个碳氢化合物或含氧化合物，它们可能是燃烧中间组分或光电离碎片。从图中可以看出，这些丁醇火焰的质谱图有明显差异，表明这些同分异构体燃料形成了不同的火焰中间组分。

为了区分同分异构体或鉴别组分的化学结构，需要测量所有组分的 PIE 谱。图 8.5 为四种丁醇火焰在光子能量为 8.5～10.8eV 范围质荷比 m/z=44(C_2H_4O)的 PIE 谱[49]，可以看到在 9.33eV 和 10.23eV 附近有明显的电离阈值，因此在四种丁醇火焰中存在乙烯醇(IE=9.33eV[39])和乙醛(IE=10.23eV[39])两种同分异构体。由图 8.5 可知，四种丁醇火焰中乙烯醇的含量不同，这种差异与燃料本身的结构有关。

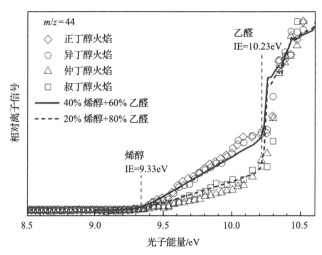

图 8.5　四种丁醇异构体燃料火焰中 m/z=44(C_2H_4O)的归一化光电离效率谱(点为实验测量值，线为拟合值。乙烯醇和乙醛的电离能分别为 9.33eV 和 10.23eV)[49]

近年来，基于同步辐射的光电子-光离子符合(photoion photoelectron coincidence，PEPICO)光谱技术应用于层流预混火焰的研究[50-53]。该方法可以同时测定光电离质谱和阈值光电子谱(threshold photoelectron spectroscopy，TPES)，是研究燃烧过程的一种新方法。主要优点是阈值光电子谱具有更方便的组分鉴别能力，即使某组分含量较低，也依然可以检测到，因此非常适用于鉴别和检测低压层流预混火焰中的自由基等。此外，PEPICO 实验中得到的 TPES 谱与 PIE 谱相比具有一定优势，TPES 谱在电离阈值处是一个谱峰，不像 PIE 谱仅靠斜率变化来判断电离能的位置，所以 PEPICO 谱可以更加精确地鉴定燃烧产物。

8.2.4　定量分析

基于 SVUV-PIMS 的燃烧诊断，离子信号强度与该组分的摩尔分数、电离截面有关。Cool 等提出了离子信号强度计算方程[54]，Li 等做了进一步改进[55]，如

式 (8.4) 所示, 即

$$S_i(T,E) \propto X_i(T) \times \sigma_i(E) \times D_i \times \Phi_p(E) \times F(k,T,P) \qquad (8.4)$$

式中, 组分 i 的离子信号强度 $S_i(T,E)$ 与该组分的摩尔分数 $X_i(T)$、光子能量为 E 时的光电离截面 $\sigma_i(E)$ 和光子通量 $\Phi_p(E)$、质量歧视因子 D_i 和在局部火焰温度 T 和压力 P 下仪器的经验取样函数 $F(k,T,P)$ 成正比, 其中 $F(k,T,P)$ 取决于火焰的整体特性, 对所有火焰组分都相同。前人测量了大多数稳定组分的光电离截面[56-60], 读者可以参考在线数据库[61]。由于 D_i 与特定的分子和仪器相关, 所以可以用已知浓度的混合气体来标定[54]。

通过对式 (8.4) 进行变换, 可以用来推导组分的摩尔分数[54, 55]。在温度分别为 T 和 T_0 的两个不同火焰位置处采样的离子信号的比值可以用来计算摩尔分数比, 即

$$\frac{S_i(T,E)}{S_i(T_0,E)} = \frac{X_i(T)}{X_i(T_0)} \times \frac{F(k,T,P)}{F(k,T_0,P)} \qquad (8.5)$$

通常将燃烧炉表面处的温度定义为 T_0, 归一化的取样函数如下所示, 即

$$FKT(T,T_0) = F(k,T,P) / F(k,T_0,P) \qquad (8.6)$$

同样, 组分 i 与组分 j 的信号强度比可以用来推导同一位置的组分 i 和 j 的摩尔分数比, 即

$$\frac{S_i(T,E)}{S_j(T,E)} = \frac{X_i(T)}{X_j(T)} \times \frac{\sigma_i(E)}{\sigma_j(E)} \times \frac{D_i}{D_j} \qquad (8.7)$$

对于预混火焰, 火焰组分的摩尔分数分布曲线可以很容易地从上述方程得到。这里以 Li 等报道的方法为例, 简要描述数据推导过程[55]。下面的推导主要分为两步: 第一步是确定主要组分的摩尔分数曲线, 如反应物(燃料)和 O_2, 主要产物 H_2、H_2O、CO 和 CO_2 及稀释的惰性气体(大多数情况下用氩气)。惰性气体 Ar 不参与反应, 常用作为参考组分, 用于确定归一化的取样函数 $FKT(T,T_0)$, 并据此计算摩尔分数曲线。随后, 通过公式 (8.7) 从 Ar 的分布来计算其他主要组分的摩尔分数曲线。第二步计算火焰中间组分的摩尔分数曲线, 目标组分在给定光子能量 E 下的摩尔分数曲线可以用已知准确的光电离截面和更高光子能量下摩尔分数分布的参考组分 r 来计算。因此, 该方法可以从高光子能量到低光子能量逐步计算出所有火焰组分的摩尔分数。为了消除目标组分摩尔分数分布的误差, 必须考虑参考组分在两个光子能量下的曲线峰值漂移[55], 并通过变换式 (8.7) 和参考组分的最大摩尔分数来实现, 即

$$X_{\text{tar}}(T) = \frac{X_{\text{ref}}(T_{\text{refmax}}) \times \sigma_{\text{ref}}(E) \times D_{\text{ref}} \times S_{\text{tar}}(T,E) \times FKT(T_{\text{refmax}}, T_0)}{\sigma_{\text{tar}}(E) \times D_{\text{tar}} \times S_{\text{ref}}(T_{\text{refmax}}, E) \times FKT(T, T_0)} \tag{8.8}$$

式中，下标 tar 为目标组分；ref 为参考组分。对于光电离质谱在同向流扩散火焰的应用，推导方法与预混火焰基本一致[22]。

　　对于流动管反应器中燃料的热解或射流搅拌反应器中燃料的氧化实验，摩尔分数的推导方法与层流火焰略有不同，主要是热解和氧化实验中的取样位置保持固定，并且在未反应温度下的燃料浓度保持不变。例如，流动管反应器热解实验中(一般用氩气作为稀释的参考气体)，组分 i 的离子信号强度可以写为[62]

$$S_i(T,E) \propto X_i(T) \times \sigma_i(E) \times D_i \times \Phi_p(T,E) \times \lambda(T) \tag{8.9}$$

式中，气体膨胀系数 $\lambda(T)$ 仅为温度的函数，并且对所有组分都相同。$\lambda(T)$ 的测量可以参考前人的工作[62]。由于在未反应温度下的燃料浓度是恒定的，燃料的摩尔分数曲线作为温度的函数可以根据式(8.10)计算，即

$$X_{\text{fuel}}(T) = \frac{X_{\text{fuel}}(T_0)}{\lambda(T)} \times \frac{S_{\text{fuel}}(T,E)}{S_{\text{fuel}}(T_0,E)} \times \frac{\Phi_p(T_0,E)}{\Phi_p(T,E)} \tag{8.10}$$

式中，T_0 为热解实验的最低温度，$\lambda(T_0)=1$。热解产物的摩尔分数计算方法与预混合火焰的摩尔分数评价方法相似，此处不再讨论。

8.2.5　取样扰动

　　与微探针相比，锥形取样喷嘴因其侵入特性和较大的外部几何尺寸，不可避免地会扰动反应流。事实上，早在 MBMS 技术应用时，研究者就认识到喷嘴对火焰的扰动[63,64]。为了确定由喷嘴导致的热扰动和浓度扰动，研究者已经进行了大量的实验和理论工作，本节以预混火焰为例，简要评述取样扰动问题。

　　1. 热扰动

　　与金属相比，虽然石英的导热系数较低，但由于辐射热损失和喷嘴冷却强化传热，石英喷嘴仍然是重要的散热器件，可以产生显著的散热效果。前人利用热电偶和激光诱导荧光技术测量喷嘴的热扰动。这种热扰动主要体现在两个方面：最大火焰温度的降低和反应区温度曲线的变缓。

　　在早期研究中，Biordi 等使用 Pt/Pt-10%Rh 热电偶探测甲烷火焰，比较了有无 40°锥角石英喷嘴的温度分布，他们发现未扰动火焰的最高温度($T_{\text{u,max}}$)约为 1850K，扰动火焰的最高温度下降了 150K[64]。Desgroux 等利用 OH-LIF 测量了甲醇火焰，发现在未插入喷嘴时火焰的最高温度为 1800K，插入 40°喷嘴后火焰最

高温度降低约 100K[65]。在使用不同的锥角石英喷嘴时，也有研究者测量到更大的热扰动，例如，Bastin 等观察到 250K 温度差异（$T_{u,max}≈2100K$、60°喷嘴）[66]，Pauwels 等观察到 300K 差异（$T_{u,max}≈1950K$、40°喷嘴）[67]，Struckmeier 等测量到 400K 差异（$T_{u,max}≈2000K$、45°喷嘴）[68]。一般情况下，温度扰动随锥角的增加而增强，例如，当锥角从 40°增加到 78°时，温度扰动从 150K 增加到 500K[64]。研究还表明，在取样喷嘴扰动下，预热区温度上升的斜率更小，因此峰值位置进一步远离燃烧炉表面，表明在扰动火焰中的反应区向下游移动[68]。

2. 浓度扰动

对于火焰中的组分，取样喷嘴可使测量组分浓度分布向火焰下游偏移[64, 68]，前人研究过该偏移效应与喷嘴锥角的关系[64, 68]。Biordi 等使用微探针和锥角分别对 40°、78°和 110°的喷嘴测量了甲烷火焰中的燃料浓度分布[64]，研究表明随着锥角的增加，反应区向下游偏移越大，并推荐 40°锥角的喷嘴是一种合理的选择，可以最大限度地减少扰动的影响。Struckmeier 等使用锥角分别对 25°、45°、65°和 85°的喷嘴测量了甲烷火焰中稳定组分和自由基的浓度分布，他们同样观测到随着锥角的增加，组分分布向下游偏移[68]。LIF 和激光吸收光谱等技术也被用来验证取样扰动效应，并观察到自由基分布向下游偏移[65, 69]及 OH[65, 69]、CN[70]浓度的降低，在反应区尤其明显。

前人关于喷嘴对组分浓度的扰动提出了几种可能的解释，主要包括喷嘴的热扰动、火焰贴附喷嘴、喷嘴表面的自由基复合反应及由喷嘴导致的组分反向扩散运动。后两个因素严重干扰了 H、O 和 OH 等非常活泼自由基的测量，并限制了 MBMS 技术对其定量测量[9, 68, 71]。

在火焰温度测量时一般将喷嘴移开，提供未扰动的温度分布曲线，而组分浓度的测量带有喷嘴扰动，因此需要对组分浓度分布曲线进行空间扰动补偿。目前，普遍采用的方法是将摩尔分数分布向上游移动几个喷嘴孔径的距离进行修正[8, 71]。值得注意的是，根据分子束采样条件的不同，校正标准可能会有所不同[8]。

8.3　分子束-光电离质谱技术测量基元反应

基元反应描述了反应机理中每一个微观反应的步骤，也是进行动力学模型研究的基础，只有对动力学模型中的关键基元反应有充分的了解和认识，才能构建出精确的动力学模型，从而对实际化学反应历程进行准确模拟和预测。但是，基元反应涉及各种不稳定中间组分和自由基，它们的活性很高，寿命极短，在实验探测上一直都是难题。

目前，常用于开展燃烧基元反应的实验方法包括流动管反应器、激波管（shock

tube, ST) 和快速压缩机 (rapid compression machine, RCM)。ST 和 RCM 作为近似理想的零维均相反应器，两者均通过物理压缩的方式将实验混合气迅速提升到较高的温度和压力区间，以研究燃料的氧化及热解过程。由于在 ST 和 RCM 中的反应过程是非稳态的，除着火延迟时间、温度、压力等宏观参数的测量外，中间组分随时间的演化可为反应动力学模型的验证及发展提供更多有效信息。因此，将质谱诊断方法应用到 ST、RCM 的实验研究中可以开展详细的中间组分测量，进而推动燃烧反应动力学模型的发展。

8.3.1　慢速流动管反应器

图 8.6 为一种可同时记录时间和光子能量信息的多通道光电离质谱仪，用于研究气相化学反应动力学[72]。该装置通过脉冲激光光解产生自由基，进而引发化学反应，并利用质谱仪监测多种化学组分浓度随时间变化的动态信息，进而用于气相基元反应的动力学研究[73]。该装置包含一个慢速流动管反应器[74]，其中，反应通过光解方式引发，反应器与多通道光电离质谱仪耦合。流动管反应器是一根长 60cm、内径为 1.05cm 的石英管，在流动管出口处通过节流阀调节反应管内的压力。石英管反应器通过镍铬合金加热，以确保管内温度场的均匀性并减少从反应管到真空室的热辐射传递。反应器内部温度在 300~1050K 可调。反应物前驱体通过准分子激光 (193nm、248nm 或 351nm) 光解产生自由基，激光脉冲宽度为 20ns，频率为 4Hz，单脉冲能量密度为 10~60mJ/cm^2。未经聚焦的激光沿反应管射入，从而对反应管中的前驱体进行均匀照射，产生密度均匀的自由基，因此化学反应在反应器内可以均匀进行。在下一个光解激光脉冲之前，较快的气体流速足以使新一轮的气体样品进入管中，从而避免上一个光解激光脉冲引发的干扰。反应后的气体通过管侧的微孔取样，形成超声分子束进入差分室，并进一步通过孔径为 1.5mm 的漏勺进入电离区，与同步辐射真空紫外光相交。

在单个数据周期 (激光脉冲周期) 内，质谱仪通过记录离子的到达位置和相对于光解激光的延迟时间，获得每个检测到的离子的三元组成信息 (x, y, t)。这些原始数据可以采用多种方式进行处理分析，以提取所需的实验数据。

Taatjes 等采用该装置开展了一系列基元反应的研究[73, 75-78]。例如，苯 (C_6H_6) 与 O (^3P) 的氧化实验研究测量了产物的分支比[73]，实验温度范围为 300~1000K，压力为 1~10Torr。在实验过程中，他们通过脉冲激光光解 NO_2 生成 O (^3P) 引发反应，并对产物进行定性分析。图 8.7 为反应产物在 900K 和 4Torr 下的时间分辨质谱图及相应的光电离效率谱。实验的主要产物包括苯酚、苯氧基、环戊二烯和环戊二烯基，其中后两种产物首次在苯的氧化实验中探测到。这些产物的浓度在很大程度上取决于实验压力和温度，当温度低于 500K 时，实验的主要产物为苯酚及一些苯氧基和 H。当实验温度高于 700K 时，可以观察到苯氧基+H 和环戊二烯

+CO 的大量产生。此外，他们还进行了势能面及 RRKM/主方程的计算，将实验测量的分支比外推到更宽范围的压力和温度条件。

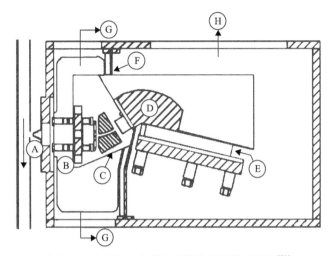

图 8.6　流动管反应器和质谱仪的横截面视图[72]

(A)微孔；(B)离子光学系统；(C)扇形静电场；(D)扇形磁场；(E)时间和位置分辨探测器；(F)电离区与探测区隔板；(G)电离区真空泵口；(H)探测区真空泵口

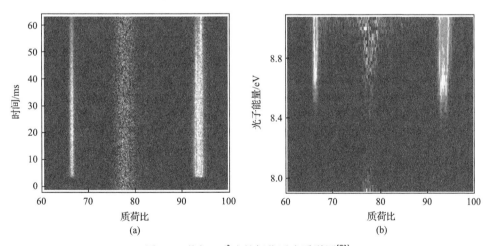

图 8.7　苯与 O(^{3}P) 的氧化反应质谱图[73]

(a)质谱信号随时间变化信息；(b)质谱信号随光子能量变化信息

随后 Taatjes 团队利用这套仪器对羰基氧化物中间组分的反应进行了系统研究。例如，他们研究了最简单的 Criegee 中间组分 CH_2OO（甲醛氧化物）与六氟丙酮（HFA）、丙酮和乙醛的反应[79]。他们利用二碘甲烷光解产生 CH_2I 自由基，再与 O_2 反应生成 CH_2OO+I。在 CH_2OO 与羰基的反应过程中，他们监测了 CH_2OO 的消耗和产物的形成。此外，他们还开展了量化计算和对 Franck-Condon 因子的计算，用于光电离效率谱的拟合，从而对中间组分及产物进行辅助定性。根据实验与理论研究，他们获得了以下结论：CH_2OO 与 HFA 的反应非常迅速，说明 HFA 可以作为 Criegee 中间组分消除剂。在 CH_2OO 与丙酮及 HFA 反应中观察到了次级臭氧化物。臭氧化物异构产物的存在及在 CH_2OO 与乙醛反应中探测到乙酸，表明次级臭氧化物的异构化和分解途径的过渡态接近或低于反应物的能量。

8.3.2　快速微型反应器

　　劳伦斯伯克利国家实验室先进光源(ALS)化学动力学光束线上的高温微型反应装置结合同步辐射光电离质谱技术，可以对基元反应及其中间组分进行探测。如图 8.8 所示，反应装置总共包含三个腔体。第一个腔体为反应腔，高温微型流动管反应器位于该腔体中。反应物前驱体(如碳氢化合物的卤代物)经汽化后由载气和反应气体(如碳氢化合物)载入，并进入高温快速微型流动管反应器中。反应器为碳化硅(SiC)微型反应管，通过直流电压对 SiC 反应管进行加热，最高可加热到 1600K，反应物在 SiC 管中反应。因为上下游两端压差较大，气体将膨胀形成超声分子束。在 SiC 管中的高温环境下，反应物前驱体首先出现 C-卤断键生成自由基，自由基再进一步与其他碳氢反应物进行高温反应。产物通过位于反应器下游的漏勺进入第二个腔体，即光电离室，光电离区产物被同步辐射真空紫外光电离，由此产生的离子被电场加速并被第三个腔体内的飞行时间质谱仪探测。对于化学反应而言，反应物及产物在反应器中的滞留时间越短，则二次反应越弱，因此该反应器可以有效用于基元反应的研究。

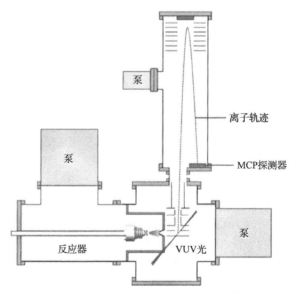

图 8.8　快速微型反应装置示意图[80]

　　Zhao 等利用该装置对多环芳香烃(PAH)的生成机制开展了系列研究[27, 81, 82]。PAH 广泛存在于大气和天体环境中,在燃烧过程中 PAH 是不完全燃烧的产物,也是一种重要的污染物。以 1-/2-萘基($C_{10}H_7$)与乙烯基乙炔(C_4H_4)反应为例[81], 1-/2-溴萘首先在高温反应管中生成 1-/2-萘基,然后再进一步与乙烯基乙炔反应(图 8.9)。进一步测量光电离效率谱(PIE),可用于对产物进行定性分析(图 8.10)。根据实验结果可知,同分异构体产物菲和蒽均在两个反应体系中生成。结合量化计算结果可知,该反应的势能面势垒均低于反应物,因此实际是一个低温无势垒反应。

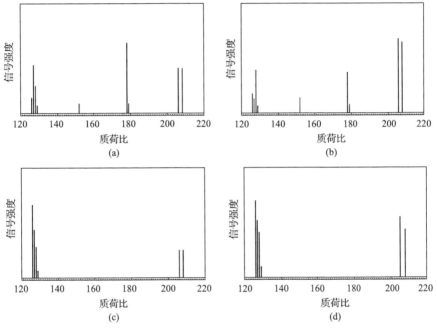

图 8.9　在 9.50eV 光子能量下记录的不同反应体系的质谱图[81]:　(a)1-萘基/乙烯基乙炔;
　　　　(b)2-萘基/乙烯基乙炔;　(c)1-萘基/氦气;　(d)2-萘基/氦气

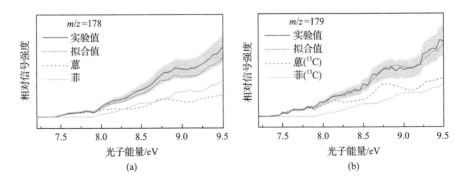

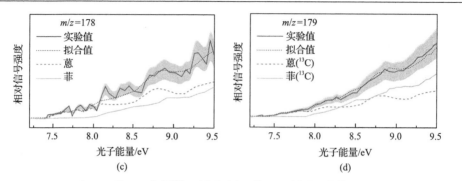

图 8.10　*m/z*=178 和 179 的 PIE 曲线[81]：(a) 和 (b) 1-萘基/乙烯基乙炔体系；(c) 和 (d) 2-萘基/乙烯基乙炔体系［黑线：实验得出的 PIE 曲线及 1σ 误差区间 (灰色区域)］

8.3.3　激波管

ST 是通过产生激波并利用激波压缩实验气体来提高其温度和压力的反应器。其典型压力工况为 2～80bar，气体混合物可以达到极高的反应温度 (1200～2500K)，时间尺度通常为 0.01～2ms，现已广泛应用于燃烧反应动力学实验研究。

1961 年，Bradley 和 Kistiakowsky[83, 84]发展了一种新的诊断方法，通过将飞行时间质谱仪 (time-of-flight mass spectrometer, TOF-MS) 结合到 ST 的端面法兰，观察其反射激波后的组分演化，证明该诊断方法可用于化学反应动力学研究。早期 ST 中的取样方法是在其末端面板中心通过简单的开孔形式进行取样。Dove 和 Moulton[85]首次使用喷嘴形式取样，通过将其伸入 ST 端部来避免直接从热边界层取样造成的影响。随着分子束取样方法的发展，现有的 ST/质谱诊断装置通常使用高精度制造的喷嘴/漏勺设计进行取样[86]，以确保进入质谱的样品不受热边界层的冷气污染，并且保证取样组分能够完全形成分子束。

近年来，Tranter 等将高重频飞行时间质谱仪 (high-repetition-rate time-of-flight mass spectrometer, HRR-TOF-MS) 应用到 ST 实验中，通过提高质量探测器的数据采集频率改善了组分瞬态测量的时间分辨率[86]。基于新发展的实验手段，该团队开展了燃烧反应中非 RRKM 现象的研究，并重新验证了文献中部分高温工况下的基元反应速率。图 8.11 是 TOF-MS 的电离室和 ST 之间的连接示意图。ST 的被驱动段和膨胀室组成第一级差分，分子泵通过接头连接至膨胀室，并保证膨胀室的压力小于 10^{-4}Torr。膨胀室和电离室之间由一个可更换的漏勺连通，二者组成第二级差分。电离室同样由分子泵维持真空，两级差分共同维持了 TOF-MS 所需的超高真空。待测组分经过 ST 和 TOF-MS 之间的喷嘴/漏勺形成分子束，分子束被电离源离子化后由 TOF-MS 进行质量分析。随后，Tranter 团队进一步提出了一种新型的无隔膜激波管 (diaphragmless shock tube, DFST)[87]，相较于传统的 ST，DFST 不再通过破碎隔膜产生激波，简化了操作并提高了测量效率，减少了膜片破裂对冲击后条件的影响，能够在更广的工况范围开展高温化学反应动力学实验研究。

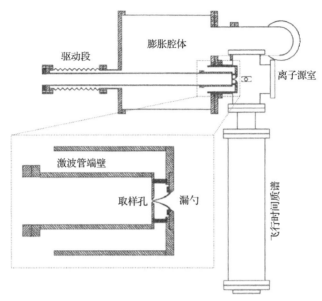

图 8.11　激波管/分子束质谱诊断方法示意图[86]

　　Tranter 等[86]利用 ST/MS 装置测量了环己烯产生乙烯和 1,3-丁二烯的单分子热解速率常数，验证了该实验方法的测量准确性。基于该诊断方法，该团队后续开展了 1,1,1-三氟乙烷[88]、氟乙烷[89]和苯基碘化物的单分子解离速率常数测量[87, 90]。基于其设计的两级差分结构，ST/MS 系统可承受的冲击压力大幅提高，同时在 TOF-MS 中保持高真空，实验压力达到了 1.7bar。采用类似的两级差分结构，Duerrstein 等[91]和 Sela 等[92]各自实现了 ST 与超快时间分辨质谱的结合，由于极短的飞行时间，该诊断方法可以对 3ms 的着火延迟过程进行组分浓度的定量测量。例如，Lynch 等在激波管热解实验中实现了对多组分的时间分辨测量[93]，证明了同步辐射光电离质谱诊断方法可应用于高温($T>600K$)、高压($3<P<16bar$)的时间分辨研究。

8.3.4　快速压缩机

　　RCM 是一种通过活塞的快速压缩迅速提升反应混合气温度和压力的零维均相反应器。RCM 的典型工况为中低温、高压区域(600～1100K，5～80bar)，能够覆盖广泛的发动机运行工况，非常适合开展燃料在内燃机相关工况下的基础实验研究。除测量着火延迟时间等宏观参数外，RCM 中燃料的自着火过程表现为随温度、压力变化的非稳态过程，可测量在着火诱导期中间组分浓度随时间

的变化，能够提供更深层次的反应进程信息，对发展详细燃烧反应动力学机理
至关重要。

将质谱诊断方法与 RCM 实验结合，其与 ST 应用的差异主要体现在两方面：
①RCM 中的实验压力要高于 ST；②由于 RCM 采用机械压缩的方式，在活塞制
动过程中实验台的振动更剧烈。这两方面也是实现 RCM 与质谱诊断方法结合的
难点。反应器更高的压力使质谱仪的电离室、微通道板检测器处的真空维持更加
困难；实验台的剧烈振动直接威胁质谱真空系统（如分子泵）的安全运行。因此，
实现 RCM 与质谱诊断方法的结合既需要保证电离室的真空度，又要有效隔绝
RCM 的振动。

清华大学杨斌团队设计并发展了快速压缩机-分子束质谱（RCM-MBMS）诊
断方法[94]。图 8.12 为该实验装置示意图，RCM 与飞行时间质谱仪的连接采用两
级差分设计。一级差分系统由取样喷嘴、焊接波纹管和连接真空泵的真空腔体共
同组成。通过焊接波纹管的变形压缩，可以有效吸收 RCM 传递的振动，从而保
证分子泵和飞行时间质谱仪不受振动的影响。取样喷嘴根据燃烧室压力的不同，
选择不同的孔径，以调节气体流量的大小。前人的理论计算与实验表明[92, 93]，RCM
燃烧室内边界层的厚度在 3mm 左右，使用毛细管取样可以减小燃烧室内边界层气
体的影响。后续的二级差分由镍制漏勺和电离腔组成。为了实现同步测量，在压
缩段中部布置一对光电二极管发射器和接收器，当活塞压缩至该位置时，光电二
极管产生一个触发信号，随后由信号发生器向触发单元发送 TTL 信号。触发单元
同步触发高频脉冲电压发生器及质谱数据采集卡。高频脉冲电压作用于电离室的
电极，将电离后的离子加速至微通道板（microchannel plate，MCP）探测器。在脉
冲电压工作的同时，质谱信号采集卡工作，记录离子到达 MCP 的时间和信号强

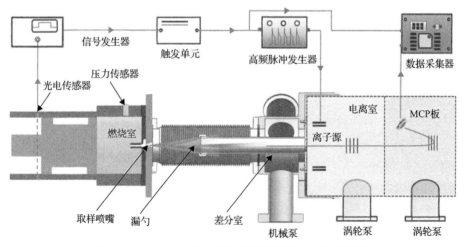

图 8.12　RCM 与超快时间分辨质谱诊断方法示意图[94]

度，实现离子引出和信号测量的同步。

　　杨斌团队选取三聚甲醛热解体系对该诊断方法进行了验证。如图 8.13 所示，该实验方法测量的三聚甲醛热解速率常数与前人研究高度吻合，并且成功将实验测量条件拓展到了高压工况（10～30bar），这表明 RCM 结合超快时间分辨质谱诊断方法能够在高压工况下对燃烧反应体系的中间组分进行超高时间分辨测量。尽管目前研究采用了电子轰击电离，但该方法也可以运用到以同步辐射光作为电离源的质谱诊断中。RCM 与质谱诊断方法的结合将提供有价值的时间分辨组分信息，从而为深入研究高压瞬态工况下的燃烧体系提供有力支撑。

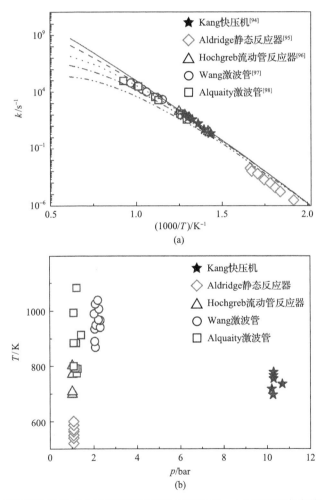

图 8.13　三聚甲醛($C_3H_6O_3$)热解速率及实验工况对比：(a)反应速率常数测量对比，
(b)实验工况对比

8.4　分子束-光电离质谱技术测量热解与氧化反应

8.4.1　燃料热解

热解反应是指燃料在无氧或缺氧条件下受热分解成分子量较小的气态、液态和固态物质的热化学转化过程，热解反应是燃料燃烧的必经阶段。然而，热解过程是一个复杂的物理和化学反应过程，不同的燃料种类、热解条件及反应器类型均会对热解产物的分布造成显著影响。因此，研究不同类型燃料的热解反应过程及其影响因素，了解其热解产物生成的规律和机理可以揭示燃料的燃烧特性。质谱检测技术结合不同类型的热解反应装置是研究热解反应的重要实验方法之一。流动管反应器是燃烧化学研究中一种比较常用的气液燃料热解反应器，而对于热解产物的探测，前人多采用色谱法和传统的电子轰击电离质谱法[22]。

流动管反应器热解结合同步辐射光电离质谱装置如图 8.14 所示，由热解腔、差分腔、光电离腔和飞行时间质谱仪四个部分组成。实验中，将气态燃料或液态燃料气化后的气体分子与 Ar 混合，并通入被热解炉加热的刚玉管中。生成的热解产物经石英喷嘴取样进入差分室，形成的超声分子束再经过漏勺准直后到达光电离室，在电离区与同步辐射光相交并被电离，产生的离子信号由飞行时间质谱仪探测。实验中有两种实验模式：①固定加热温度，通过改变光子能量，测量每种

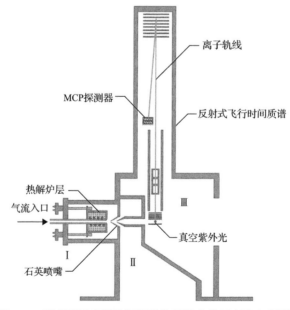

图 8.14　流动管反应器热解实验装置结合分子束光电离质谱

Ⅰ-热解腔体；Ⅱ-差分腔体；Ⅲ-光电离腔体[99]

热解组分的光电离效率谱(PIE)，从而获得热解组分的电离能(IE)信息，进一步确定分子结构；②固定光子能量，改变加热温度，得到燃料的初始分解温度、耗尽温度、各产物的初始生成温度、中间组分的峰值温度及各热解组分浓度随温度的变化曲线。实验中，利用热电偶在流动管外的加热区中部位置监测热解炉的温度(T_{out})。实验后，利用另一根热电偶测量相应管内温度(T_{in})的分布曲线，并建立T_{out}和T_{in}之间的关系，从而推导出实验中所有实验温度点下的管内温度分布曲线，其最高值以T_{max}命名。利用管内温度分布曲线和进出口压力可以推导出管内的压力分布情况，从而为反应动力学模拟提供温度和压力参数。

将 SVUV-PI-MBMS 应用于气液燃料的流动管反应器热解研究，可以利用同步辐射光能量可调和分子束取样的优点实现对多种类型燃料的热解产物开展全面检测[99-102]。低压条件下气态产物滞留时间短、气体密度低、分子间碰撞反应弱，从而有利于探测自由基、烯醇等活性物种。例如，在 30Torr 条件下的四氢萘热解中检测到了甲基(CH_3)、炔丙基(C_3H_3)、烯丙基(C_3H_5)、环戊二烯基(C_5H_5)、苄基($C_6H_5CH_2$)和茚基(C_9H_7)等自由基[102]。值得一提的是，流动管热解中自由基的浓度随压力的改变会产生剧烈变化。例如，5Torr 实验条件下的自由基浓度比 30Torr条件下高近一个量级，而当压力升高到 80Torr，许多自由基因浓度太低而难以检测。这主要是因为低压条件下气态产物的滞留时间较短且分子密度较低，热解产生的自由基有较大一部分尚未进行后续反应而被探测到。

除自由基外，该流动反应热解装置还可以对其他的不稳定中间组分进行探测。例如，烯醇类分子的羟基直接与碳碳双键相连，这种结构非常容易进行异构化并转变为醛酮类化合物。因此，传统的取样手段难以对这类组分进行探测，Cai等在丁醇流动管反应器结合 SVUV-PI-MBMS 热解实验中[103]，成功探测到乙烯醇、丙烯醇、丁烯醇等不同的烯醇类组分，为烯醇机理的发展提供了有价值的实验数据。

8.4.2　燃料氧化

碳氢化合物的低温氧化反应在内燃机的自燃过程中起着重要作用，对其机理的深入了解有利于提高发动机的效率，也有助于均质压燃发动机的设计和控制。低温氧化具有一些特殊的现象，包括冷火焰和负温度系数反应区等[104]。

射流搅拌反应器(jet-stirred reactor, JSR)是开展低温氧化研究的理想反应器[105,106]，该反应器通常是由熔融石英制成的球形反应器，反应器内有四个喷嘴，通过产生射流实现反应物的均匀混合。在反应器表面进行加热，使反应器保持恒定温度，前人一般利用气相色谱来探测反应过程。2010 年，Battin-Leclerc 和 Qi等首次将 SVUV-PI-MBMS 应用于 JSR 氧化的研究(图 8.15)，氧化后的产物在压差下形成超声分子束，通过漏勺进入光电离室，在光电离室被同步辐射真空紫外光电离，再通过飞行时间质谱仪进行分析[21]。

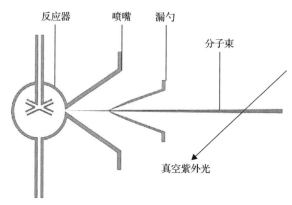

图 8.15 同步辐射光电离质谱—射流搅拌反应器示意图[21, 107]

实验过程中有三种模式：固定氧化温度和停留时间，改变光子能量，可以得到光电离效率谱；固定光子能量和停留时间，改变温度，可以得到反应物、中间物和最终产物随温度变化的摩尔分数分布；固定光子能量和温度，改变停留时间，可以得到反应物和生成物随停留时间变化的摩尔分数分布。

Battin-Leclerc 和 Qi 等研究了正丁烷的低温氧化，压力为 1atm，温度范围为560~720K，当量比为 1.0[21]。他们首次在实验中探测到低温氧化过程中的系列过氧化物，证实了过氧化物在烃类低温氧化中所起的重要作用。图 8.16 为反应温度在 590K，光子能量为 10.0eV 时的质谱图，并探测到质荷比（m/z）分别为 48、62、90 和 104 的产物。通过测量光电离效率谱，得到了这四种产物分别为过氧甲烷、过氧乙烷、过氧丁烷和 C4 羰基过氧化物[21, 108]。

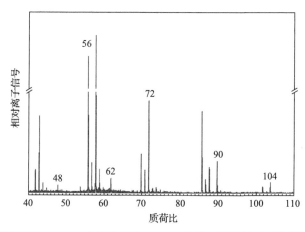

图 8.16 在反应器温度为 590K、光子能量为 10.0eV 条件下测量的正丁烷低温氧化的质谱图[21]

　　图8.17为上述四种过氧化物的摩尔分数随温度的变化曲线,从图中可以看出,四种过氧化物摩尔分数的峰值在 590K 左右,在该温度后快速下降[108]。正丁烷的氧化反应模型比较好地再现了这些活性中间组分的变化趋势。可以看到,实验结果和模拟结果仍有一定差异,原因是这些过氧化物的光电离截面估计不准确,所以对浓度的定量测量有一定误差,而且与这些组分有关的动力学机理也存在较大的不确定性。

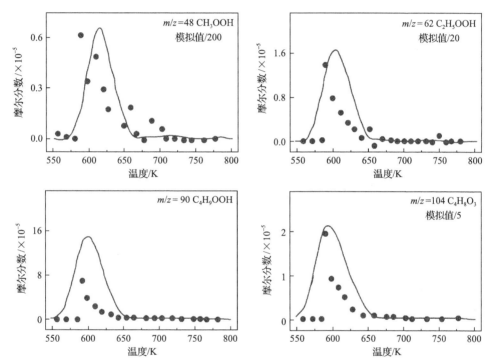

图 8.17　正丁烷低温氧化中过氧甲烷、过氧乙烷、过氧丁烷和 C4 羰基过氧化物的摩尔分数分布(点为实验值,线为模拟值)[108]

　　该研究工作开创了低温氧化研究的一个全新领域[109]。国家同步辐射实验室的研究小组及合作者进一步研究了丙烷、正戊烷、己烷异构体和正庚烷等的低温氧化过程[110-113]。除羰基过氧化物外,实验中还检测到有机酸(甲酸、乙酸等)、双羰基化合物、烯烃过氧化物等,进一步完善了烷烃的低温氧化反应网络,极大地促进了燃烧学界对低温氧化机理的认识[114]。

　　2015 年,Moshammer 等基于劳伦斯伯克利国家实验室的先进光源(ALS),将射流搅拌反应器和同步辐射光电离质谱相结合,发展了第二套基于同步辐射的低温氧化实验平台[115]。利用该实验平台,Wang 等[114]详细研究了不同结构(直链、支链和环烷烃)、不同碳链长度(C$_6$~C$_{10}$)的碳氢化合物和不同官能团的含氧燃料

(醇类、醚类、醛类、酮类、酯类)的低温氧化过程，提出了三次加氧的低温氧化机理。

最近，Battin-Leclerc 等将 JSR 反应器和光电子光离子符合成像(PEPICO)相结合，开展了低温氧化研究。该实验平台基于法国 SOLEIL 光源搭建，采用三级差分的模式。利用该实验平台，Bourgalais 等[116]研究了正戊烷的低温氧化，实验测量的组分分布和相似条件的光电离质谱结果基本一致，但该方法可以更精确地得出 1-戊烯和 2-戊烯的分支比，并更好地对同分异构体进行区分，如甲氧基乙炔、甲基乙烯酮、呋喃酮等中间物。

除了射流搅拌反应器，流动管反应器也是探究低温氧化反应机理的一种较为理想的反应器。2013 年，Guo 等将流动管反应器与电子轰击电离—分子束取样质谱(EI-MBMS)相结合[117]，开展了二甲醚(DME)的低温氧化研究。该研究通过分子束取样质谱直接测量了二甲醚在低温氧化过程中产生的重要中间物 H_2O_2，并检测出 O_2、CO、CO_2、H_2、CH_2O 及 CH_3OCHO 等组分，结合微型气相色谱(μGC)，实现了两种方法测量结果的交叉验证，同时结合理论计算改进了二甲醚的低温氧化动力学模型。Wang 等利用流动管反应器，并结合 EI-MBMS，开展了二甲醚的低温及中温氧化研究，重点探究了二甲醚低温氧化中甲酸的生成路径，进一步完善了二甲醚的低温氧化反应网络[118]。除了对二甲醚的氧化研究，近年来也对其他燃料，如生物柴油替代燃料甲酸甲酯(MF)[119]、丁酸甲酯(MB)[120]等进行了氧化研究，扩展了流动管反应器在低温氧化研究方面的应用。

上述研究仅限于大气压下的流动管氧化反应。2020 年，Hoener 等[121]的研究将流动管反应器氧化从大气压扩展到高压，可以开展 1~6 个大气压、温度范围为室温到 973K 的低温氧化实验，同时结合光电子-光离子符合技术进行产物检测，可以更好地区分同分异构体。

8.5　分子束-光电离质谱技术测量基础火焰

为了研究燃烧反应动力学，设计了一些理想反应器和简单火焰装置，并结合诊断方法如光谱、色谱、质谱等，提供基础燃烧实验数据，从而验证燃烧反应动力学模型。本节主要介绍一些简单火焰装置和光电离质谱技术结合的应用。

8.5.1　层流预混火焰

层流预混火焰的结构在径向上不随半径变化，仅在轴向有变化。这类火焰具有非常好的稳定性和准一维结构，可以帮助人们认识火焰结构并构建详细的反应动力学模型，因此对这类火焰的基础研究具有非常重要的意义[9, 109]。

图 8.18 分别是美国先进光源[18]和合肥同步辐射光源[19]的两台层流预混火焰

装置示意图。两台装置的基本结构类似，主要由燃烧室（Ⅰ）、差分室（Ⅱ）、光电离室（Ⅲ）和飞行时间质谱仪组成。燃烧室内，McKenna 燃烧炉安装在步进马达上，通过改变燃烧炉与取样喷嘴的相对位置可以得到反应物、中间物和产物在火焰轴向上的浓度分布。燃料/氧气/稀释气体可以预先混合并通入燃烧器中，对于液体燃料，在与氧气和稀释气体混合前需要先进行气化。常压下火焰锋面的厚度通常小于 1mm，不利于解析火焰中各组分的空间分布。由于反应区的厚度与压力成反比，所以燃烧室内的压力通常保持在 15～50Torr 的低压，较低的压力可以使火焰面变厚，从而更有利于进行取样分析。

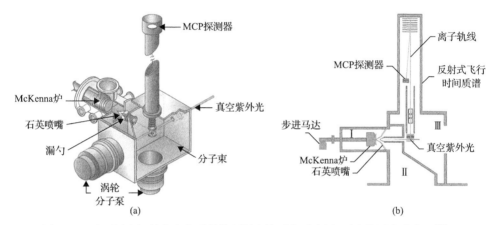

图 8.18　基于同步辐射光电离质谱的预混火焰平台示意图：(a)美国先进光源[18]；
(b)合肥同步辐射光源[19]

实验采用分子束取样方法，取样喷嘴的锥角基于喷嘴的冷却效率及喷嘴对火焰的扰动影响进行折中确定，一般采用角度为 40°。燃烧室内的燃烧产物在压力作用下通过石英喷嘴进入差分室，并在膨胀过程中逐渐冷却，随后通过镍制漏勺形成分子束进入电离室，被同步辐射真空紫外光电离，电离产生的离子被飞行时间质谱仪探测。通过扫描光电离效率谱可以确定火焰中的组分结构，鉴别同分异构体；通过改变喷嘴取样的位置，可以得到火焰不同位置产物的分布曲线。

研究人员在多种单组分燃料及汽油的预混火焰中，检测到了含有 2～4 个碳原子的烯醇[122, 123]，该工作验证了 1880 年 Erlenmeyer 提出的烯醇作为中间组分的假设，为燃烧模型的建立提供了新的反应路径。前人利用同步辐射光电离质谱结合层流预混火焰装置已经对碳氢化合物、含氧生物燃料、含氮燃料及混合燃料等进行了大量研究，2012 年前的研究工作可以参照 Qi 的综述论文[109]。低压层流预混火焰的研究主要围绕化石燃料和可再生燃料开展。除了开展单组分燃料的燃烧研究，研究者还研究了混合燃料的燃烧。

8.5.2　同轴扩散火焰

　　同轴扩散火焰因其特殊的火焰结构，容易生成多环芳烃和碳烟，是研究多环芳烃和碳烟形成机理的理想燃烧器之一。文献中通常使用平面激光诱导荧光（PLIF）、激光诱导炽光（LII）或其他光谱方法[124]对同轴扩散火焰开展研究，测量碳烟粒径大小、体积分数等信息，通过对比实验和数值模拟结果研究多环芳烃和碳烟的生成生长机理。针对同轴扩散火焰中的详细组分，尤其是烃类产物的检测，McEnally 等采用激光真空紫外光电离质谱方法[41, 124]，通过对同轴扩散火焰沿轴向和径向进行质谱检测，可以得到燃料分解产物、含氧化合物、碳氢化合物和多环芳烃的浓度分布，但激光的波长固定，难以区分同分异构体。

　　相比激光真空紫外光电离质谱方法，同步辐射真空紫外光电离质谱技术在同轴扩散火焰研究方面具有更大的优势[125, 126]。图 8.19 为基于同步辐射光电离质谱技术的同轴扩散火焰实验装置示意图。该装置主要由同轴扩散火焰燃烧器、带有分子束取样系统的差分抽气室、光电离室和飞行时间质谱仪组成。由燃料、稀释气体氮气和校准气体氩气组成的混合物通入内管，空气通入内外管道之间的环形

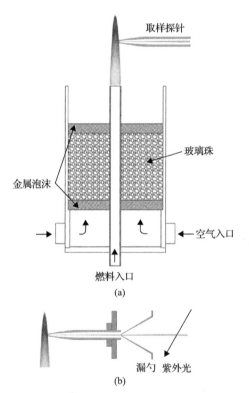

图 8.19　基于同步辐射光电离质谱的同轴扩散火焰实验示意图：（a）燃烧器示意图；
（b）分子束取样分析系统原理图[125, 126]

区域。实验中采用尖端开孔直径约 150μm 的石英探针对火焰进行取样。燃烧器整体安装在二维位移平台上，用以精确控制沿火焰轴向和径向的取样位置。实验采用两种模式，一种是通过扫描光电离效率谱确定火焰中的组分，鉴别同分异构体；另一种是通过改变喷嘴取样位置，得到火焰中组分的摩尔分数随火焰空间变化的曲线。

Jin 等利用同轴扩散火焰实验平台结合同步辐射真空紫外光电离质谱技术，开展了对甲烷掺混正丁醇火焰中多环芳烃的生成机理和动力学模拟研究[127]。通过对火焰组分的鉴别和定量分析，表征了丁醇在燃烧过程中苯和多环芳烃的形成机理，分析了燃料分解和芳烃形成过程中正丁醇与甲烷的相互作用。

8.5.3　对冲流扩散火焰

对冲流扩散火焰也是研究火焰结构和燃烧反应动力学的理想实验平台之一。对冲扩散火焰的特征是具有较高的火焰温度和较大的浓度梯度，通过改变燃料和氧化剂的比例可以控制火焰的结构，从而影响火焰熄火极限及污染物生成路径。

Hansen 等[128]将同步辐射光电离质谱应用于对冲流扩散火焰，实验装置如图 8.20 所示。该装置由低压燃烧室、二级差分取样系统、电离室和飞行时间质谱仪组成。燃烧器是由两个尺寸完全相同、出口相反的不锈钢炉面组成。上管通入氧气和惰性气体，下管通入燃料和惰性气体。通过水平安装的石英取样探针，可

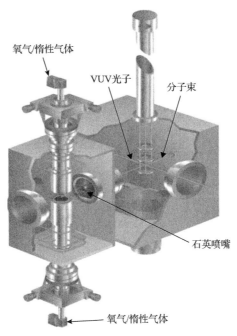

图 8.20　低压对冲流扩散火焰与同步辐射光电离质谱联用装置示意图[128]

以对火焰中的气体产物进行取样，探针虽然对火焰有一定扰动，但总体来说可以忽略不计。取样后的组分通过两级差分后形成分子束，在电离室被同步辐射光电离，离子被飞行时间质谱仪检测。

利用对冲流扩散火焰实验装置结合同步辐射光电离质谱技术，Hansen 等[128]研究了乙炔在对冲扩散火焰中的燃烧反应，并检测到了 H_2、H_2O、CH_3、C_2H_4、CH_2O、C_2H_2O、CO、CO_2、C_6H_6、C_7H_8 等燃烧产物。实验和动力学模拟表明，主要组分的模拟结果和实验值符合得较好。

近年来，随着质谱技术和各类反应器的快速发展，衍生出很多功能的质谱仪和反应器的结合，并应用于各种氛围的燃烧研究，进一步推动了燃烧反应动力学的发展。

参 考 文 献

[1] Eltenton G C. The study of reaction intermediates by means of a mass spectrometer part I. Apparatus and method. Journal of Chemical Physics, 1947, 15: 455-481.

[2] Foner S N, Hudson R L. The detection of atoms and free radicals in flames by mass spectrometric techniques. Journal of Chemical Physics, 1953, 21: 1374-1382.

[3] Friedman R, Cyphers J A. Flame structure studies. III. Gas sampling in a low-pressure propane-air flame. Journal of Chemical Physics, 1955, 23: 1875-1880.

[4] Fristrom R M. The structure of laminar flames. Proceedings of the Combustion Institute, 1957, 6: 96-110.

[5] Bunt E A. Mass analysis of flames and flue gases. Proceedings of the Combustion Institute, 1958, 7: 325-331.

[6] Fabian D J, Bryce W A. A mass spectrometric investigation of the methane-oxygen reaction at low pressures. Proceedings of the Combustion Institute, 1958, 7: 150-156.

[7] Lazzara C P, Biordi J C, Papp J F. Concentration profiles for radical species in a methane-oxygen-argon. Combustion and Flame, 1973, 21: 371-382.

[8] Biordi J C. Molecular beam mass spectrometry for studying the fundamental chemistry of flames. Progress in Energy and Combustion Science, 1977, 3: 151-173.

[9] Hansen N, Cool T A, Westmoreland P R, et al. Recent contributions of flame-sampling molecular-beam mass spectrometry to a fundamental understanding of combustion chemistry. Progress in Energy and Combustion Science, 2009, 35: 168-191.

[10] Deckers J, Van Tiggelen A. Ion identification in flames by mass spectrometry. Nature, 1958, 181: 1460.

[11] Knewstubb P F, Sugden T M. Mass-spectrometric observations of ions in flames. Nature, 1958, 181: 474-475.

[12] Calcote H F. Mechanisms of soot nucleation in flames—A critical review. Combustion and Flame, 1981, 42: 215-242.

[13] Mukherjee N R, Fueno T, Eyring H, et al. Ions in flames. Proceedings of the Combustion Institute, 1961, 8: 1-22.

[14] Miller W J. Ions in flames: Evaluation and prognosis. Proceedings of the Combustion Institute, 1973, 14: 307-320.

[15] Fialkov A B. Investigations on ions in flames. Progress in Energy and Combustion Science, 1997, 23: 399-528.

[16] Alquaity A B S, Chen B J, Han J, et al. New insights into methane-oxygen ion chemistry. Proceedings of the Combustion Institute, 2017, 36: 1213-1221.

[17] Cool T A, Nakajima K, Mostefaoui T A, et al. Selective detection of isomers with photoionization mass spectrometry for studies of hydrocarbon flame chemistry. Journal of Chemical Physics, 2003, 119: 8356-8365.

[18] Cool T A, McIlroy A, Qi F, et al. Photoionization mass spectrometer for studies of flame chemistry with a synchrotron light source. Review of Scientific Instruments, 2005, 76: 094102.

[19] Qi F, Yang R, Yang B, et al. Isomeric identification of polycyclic aromatic hydrocarbons formed in combustion with tunable vacuum ultraviolet photoionization. Review of Scientific Instruments, 2006, 77: 084101.

[20] Zhang T C, Zhang L D, Hong X, et al. An experimental and theoretical study of toluene pyrolysis with tunable synchrotron VUV photoionization and molecular-beam mass spectrometry. Combustion and Flame, 2009, 156: 2071-2083.

[21] Battin-Leclerc F, Herbinet O, Glaude P A, et al. Experimental confirmation of the low-temperature oxidation scheme of alkanes. Angewandte Chemie International Edition, 2010, 49: 3169-3172.

[22] Cuoci A, Frassoldati A, Faravelli T, et al. Experimental and detailed kinetic modeling study of PAH formation in laminar co-flow methane diffusion flames. Proceedings of the Combustion Institute, 2013, 34: 1811-1818.

[23] Weng J, Jia L, Wang Y, et al. Pyrolysis study of poplar biomass by tunable synchrotron vacuum ultraviolet photoionization mass spectrometry. Proceedings of the Combustion Institute, 2013, 34: 2347-2354.

[24] Luo L, Tang X, Wang W, et al. Methyl radicals in oxidative coupling of methane directly confirmed by synchrotron VUV photoionization mass spectroscopy. Scientific Reports, 2013, 3: 1625.

[25] Zhou Z, Chen X, Wang Y, et al. Online photoionization mass spectrometric evaluation of catalytic co-pyrolysis of cellulose and polyethylene over HZSM-5. Bioresource Technology, 2019, 275: 130-137.

[26] Jiao F, Li J, Pan X, et al. Selective conversion of syngas to light olefins. Science, 2016, 351: 1065-1068.

[27] Hu J, Yu L, Deng J, et al. Sulfur vacancy-rich MoS_2 as a catalyst for the hydrogenation of CO_2 to methanol. Nature Catalysis, 2021, 4: 242-250.

[28] Fraser R G J. Possible applications of molecular rays technique to the study of free radicals. Transactions of the Faraday Society, 1934, 30: 182-184.

[29] Kantrowitz A, Grey J. A high intensity source for the molecular beam. Part I. Theoretical. Review of Scientific Instruments, 1951, 22: 328-332.

[30] Kistiakowsky G B, Slichter W P. A high intensity source for the molecular beam. Part II.

Experimental. Review of Scientific Instruments, 1951, 22: 333-337.

[31] Becker E W, Bier K. Die Erzeugung eines intensiven, teilweise monochromatisierten Wasserstoff-Molekularstrahles mit einer Laval-Duse. Zeitschrift füer Naturforschung A, 1954, 9: 975-986.

[32] Campargue R. Progress in overexpanded supersonic jets and skimmed molecular-beams in free-jet zones of silence. Journal of Physical Chemistry, 1984, 88: 4466-4474.

[33] Smalley R E, Wharton L, Levy D H. Molecular optical spectroscopy with supersonic beams and jets. Accounts of Chemical Research, 1977, 10: 139-145.

[34] Anderson J B, Fenn J B. Velocity distributions in molecular beams from nozzle sources. Physics of Fluids, 1965, 8: 780-787.

[35] Blauwens J, Smets B, Peeters J. Mechanism of "prompt" no formation in hydrocarbon flames. Proceedings of the Combustion Institute, 1977, 16: 1055-1064.

[36] Kamphus M, Liu N N, Atakan B, et al. REMPI temperature measurement in molecular beam sampled low-pressure flames. Proceedings of the Combustion Institute, 2002, 29: 2627-2633.

[37] Qi F, McIlroy A. Identifying combustion intermediates via tunable vacuum ultraviolet photoionization mass spectrometry. Combustion Science and Technology, 2005, 177: 2021-2037.

[38] Ancia R, Van Tiggelen P J, Vandooren J. Gas chromatography as a complementary analytical technique to molecular beam mass spectrometry for studying flame structure. Combustion and Flame, 1999, 116: 307-309.

[39] Linstrom P J, Mallard W G. NIST chemistry webbook, NIST standard reference database number 69, National Institute of Standards and Technology. https://webbook.nist.gov/chemistry/.

[40] Werner J H, Cool T A. Kinetic model for the decomposition of DMMP in a hydrogen/oxygen flame. Combustion and Flame, 1999, 117: 78-98.

[41] McEnally C S, Pfefferle L D. Comparison of non-fuel hydrocarbon concentrations measured in coflowing nonpremixed flames fueled with small hydrocarbons. Combustion and Flame, 1999, 117: 362-372.

[42] Hanna S J, Campuzano-Jost P, Simpson E A, et al. A new broadly tunable (7.4~10.2eV) laser based VUV light source and its first application to aerosol mass spectrometry. International Journal of Mass Spectrometry, 2009, 279: 134-146.

[43] Tjossem P J H, Cool T A. Species density measurements with the REMPI method; The detection of CO and C_2O in a methane/oxygen flame. Symposium (International) on Combustion, 1984, 20: 1321-1329.

[44] Zimmermann R, Lenoir D, Kettrup A, et al. On-line emission control of combustion processes by laser-induced resonance-enhanced multi-photon ionization/mass spectrometry. Proceedings of the Combustion Institute, 1996, 26: 2859-2868.

[45] Kohse-Höinghaus K, Schocker A, Kasper T, et al. Combination of laser- and mass-spectroscopic techniques for the investigation of fuel-rich flames. Zeitschrift für Physikalische Chemie, 2005, 219: 583-599.

[46] Kohse-Höinghaus K, Barlow R S, Aldén M, et al. Combustion at the focus: Laser diagnostics and control. Proceedings of the Combustion Institute, 2005, 30: 89-123.

[47] Wolfrum J. Lasers in combustion: From basic theory to practical devices. Proceedings of the Combustion Institute, 1998, 27: 1-41.

[48] Garcia G A, Soldi-Lose H, Nahon L. A versatile electron-ion coincidence spectrometer for photoelectron momentum imaging and threshold spectroscopy on mass selected ions using synchrotron radiation. Review of Scientific Instruments, 2009, 80: 023102.

[49] Yang B, Oßwald P, Li Y Y, et al. Identification of combustion intermediates in isomeric fuel-rich premixed butanol-oxygen flames at low pressure. Combustion and Flame, 2007, 148: 198-209.

[50] Oßwald P, Hemberger P, Bierkandt T, et al. In situ flame chemistry tracing by imaging photoelectron photoion coincidence spectroscopy. Review of Scientific Instruments, 2014, 85: 025101.

[51] Bierkandt T, Oßwald P, Gaiser N, et al. Observation of low-temperature chemistry products in laminar premixed low-pressure flames by molecular-beam mass spectrometry. International Journal of Chemical Kinetics, 2021, 53: 1063-1081.

[52] Krüger J, Garcia G A, Felsmann D, et al. Photoelectron-photoion coincidence spectroscopy for multiplexed detection of intermediate species in a flame. Physical Chemistry Chemical Physics, 2014, 16: 22791-22804.

[53] Mercier X, Faccinetto A, Batut S, et al. Selective identification of cyclopentaring-fused PAHs and side-substituted PAHs in a low pressure premixed sooting flame by photoelectron photoion coincidence spectroscopy. Physical Chemistry Chemical Physics, 2020, 22: 15926-15944.

[54] Cool T A, Nakajima K, Taatjes C A, et al. Studies of a fuel-rich propane flame with photoionization mass spectrometry. Proceedings of the Combustion Institute, 2005, 30: 1681-1688.

[55] Li Y Y, Zhang L D, Tian Z Y, et al. Experimental study of a fuel-rich premixed toluene flame at low pressure. Energy & Fuels, 2009, 23: 1473-1485.

[56] Cool T A, Wang J, Nakajima K, et al. Photoionization cross sections for reaction intermediates in hydrocarbon combustion. International Journal of Mass Spectrometry, 2005, 247: 18-27.

[57] Taatjes C A, Osborn D L, Selby T M, et al. Absolute photoionization cross-section of the methyl radical. Journal of Physical Chemistry A, 2008, 112: 9336-9343.

[58] Zhou Z Y, Xie M F, Wang Z D, et al. Determination of absolute photoionization cross-sections of aromatics and aromatic derivatives. Rapid Communications in Mass Spectrometry, 2009, 23: 3994-4002.

[59] Zhou Z Y, Zhang L D, Xie M F, et al. Determination of absolute photoionization cross-sections of alkanes and cyclo-alkanes. Rapid Communications in Mass Spectrometry, 2010, 24: 1335-1342.

[60] Yang B, Wang J, Cool T A, et al. Absolute photoionization cross-sections of some combustion intermediates. International Journal of Mass Spectrometry, 2012, 309: 118-128.

[61] Yang J, Combustion Team. Photonionization cross section database (Version 2.0). http:// flame.nsrl.ustc.edu.cn/database/data.php (National Synchrotron Radiation Laboratory, Hefei, China).

[62] Zhang T C, Wang J, Yuan T, et al. Pyrolysis of methyl tert-butyl ether (MTBE). 1. Experimental study with molecular-beam mass spectrometry and tunable synchrotron VUV photoionization.

Journal of Physical Chemistry A, 2008, 112: 10487-10494.

[63] Milne T A, Greene F T. Mass-spectrometric studies of reactions in flames. II. quantitative sampling of free radicals from one-atmosphere flames. Journal of Chemical Physics, 1966, 44: 2444-2449.

[64] Biordi J C, Lazzara C P, Papp J F. Molecular-beam mass-spectrometry applied to determining kinetics of reactions in flames. 1. Empirical characterization of flame perturbation by molecular-beam sampling probes. Combustion and Flame, 1974, 23: 73-82.

[65] Desgroux P, Gasnot L, Pauwels J F, et al. Correction of LIF temperature-measurements for laser-absorption and fluorescence trapping in a flame—Application to the thermal perturbation study induced by a sampling probe. Applied Physics B, 1995, 61: 401-407.

[66] Bastin E, Delfau J L, Reuillon M, et al. Experimental and computational investigation of the structure of a sooting C_2H_2-O_2-Ar flame. Proceedings of the Combustion Institute, 1989, 22: 313-322.

[67] Pauwels J F, Carlier M, Devolder P, et al. Experimental and numerical-analysis of a low-pressure stoichiometric methanol-air flame. Combustion Science and Technology, 1989, 64: 97-117.

[68] Struckmeier U, Oßwald P, Kasper T, et al. Sampling probe influences on temperature and species concentrations in molecular beam mass spectroscopic investigations of flat premixed low-pressure flames. Zeitschrift für Physikalische Chemie, 2009, 223: 503-537.

[69] Hartlieb A T, Atakan B, Kohse-Höinghaus K. Effects of a sampling quartz nozzle on the flame structure of a fuel-rich low-pressure propene flame. Combustion and Flame, 2000, 121: 610-624.

[70] Smith O I, Chandler D W. An experimental study of probe distortions to the structure of one-dimensional flames. Combustion and Flame, 1986, 63: 19-29.

[71] Knuth E L. Composition distortion in MBMS sampling. Combustion and Flame, 1995, 103: 171-180.

[72] Osborn D L, Zou P, Johnsen H, et al. The multiplexed chemical kinetic photoionization mass spectrometer: A new approach to isomer-resolved chemical kinetics. Review of Scientific Instruments, 2008, 79: 104103.

[73] Taatjes C A, Osborn D L, Selby T M, et al. Products of the benzene+O (^{3}P) reaction. Journal of Physical Chemistry A, 2010, 114: 3355-3370.

[74] Shallcross D E, Taatjes C A, Percival C J. Criegee intermediates in the indoor environment: New insights. Indoor Air, 2014, 24: 495-502.

[75] Caravan R L, Vansco M F, Au K, et al. Direct kinetic measurements and theoretical predictions of an isoprene-derived Criegee intermediate. Proceedings of the National Academy of Sciences of the United States of America, 2020, 117: 9733-9740.

[76] Taatjes C A, Welz O, Eskola A J, et al. Direct measurements of conformer-dependent reactivity of the Criegee intermediate CH_3CHOO. Science, 2013, 340: 177-180.

[77] Welz O, Savee J D, Osborn D L, et al. Direct kinetic measurements of criegee intermediate (CH_2OO) formed by reaction of CH_2I with O_2. Science, 2012, 335: 204-207.

[78] Eskola A J, Dontgen M, Rotavera B, et al. Direct kinetics study of CH_2OO+methyl vinyl ketone

and CH₂OO+methacrolein reactions and an upper limit determination for CH_2OO+CO reaction. Physical Chemistry Chemical Physics, 2018, 20: 19373-19381.

[79] Taatjes C A, Welz O, Eskola A J, et al. Direct measurement of Criegee intermediate (CH₂OO) reactions with acetone, acetaldehyde, and hexafluoroacetone. Physical Chemistry Chemical Physics, 2012, 14: 10391-10400.

[80] Zhao L, Yang T, Kaiser R I, et al. A vacuum ultraviolet photoionization study on high-temperature decomposition of JP-10 (*exo*-tetrahydrodicyclopentadiene). Physical Chemistry Chemical Physics, 2017, 19: 15780-15807.

[81] Zhao L, Kaiser R I, Xu B, et al. Low temperature formation of polycyclic aromatic hydrocarbons in Titan's atmosphere. Nature Astronomy, 2018, 2: 973.

[82] Zhao H, Yang X L, Ju Y G. Kinetic studies of ozone assisted low temperature oxidation of dimethyl ether in a flow reactor using molecular-beam mass spectrometry. Combustion and Flame, 2016, 173: 187-194.

[83] Bradley J N, Kistiakowsky G B. Shock wave studies by mass spectrometry. Ⅰ. Thermal decomposition of nitrous oxide. Journal of Chemical Physics, 1961, 35: 256-263.

[84] Bradley J N, Kistiakowsky G B. Shock wave studies by mass spectrometry. Ⅱ. Polymerization and oxidation of acetylene. Journal of Chemical Physics, 1961, 35: 264-270.

[85] Dove J E, Moulton D M. Shock wave studies by mass spectrometry. Ⅲ. Description of apparatus; data on the oxidation of acetylene and of methane. Proceedings of the Royal Society A, 1965, 283: 216-228.

[86] Tranter R S, Giri B R, Kiefer J H. Shock tube/time-of-flight mass spectrometer for high temperature kinetic studies. Review of Scientific Instruments, 2007, 78: 034101.

[87] Tranter R S, Giri B R. A diaphragmless shock tube for high temperature kinetic studies. Review of Scientific Instruments, 2008, 79: 094103.

[88] Giri B R, Tranter R S. Dissociation of 1,1,1-trifluoroethane behind reflected shock waves shock tube time-of-flight mass spectrometry experiments. Journal of Physical Chemistry A, 2007, 111: 1585-1592.

[89] Giri B R, Kiefer J H, Xu H, et al. An experimental and theoretical high temperature kinetic study of the thermal unimolecular dissociation of fluoroethane. Physical Chemistry Chemical Physics, 2008, 10: 6266-6273.

[90] Tranter R, Klippenstein S, Harding L, et al. Experimental and theoretical investigation of the self-reaction of phenyl Radicals. Journal of Physical Chemistry A, 2010, 114: 8240-8261.

[91] Duerrstein S H, Aghsaee M, Jerig L, et al. A shock tube with a high-repetition-rate time-of-flight mass spectrometer for investigations of complex reaction systems. Review of Scientific Instruments, 2011, 82: 084103.

[92] Sela P, Shu B, Aghsaee M, et al. A single-pulse shock tube coupled with high-repetition-rate time-of-flight mass spectrometry and gas chromatography for high-temperature gas-phase kinetics studies. Review of Scientific Instruments, 2016, 87: 105103.

[93] Lynch P T, Troy T P, Ahmed M, et al. Probing combustion chemistry in a miniature shock tube with synchrotron VUV photo ionization mass spectrometry. Analytical Chemistry, 2015, 87: 2345-2352.

[94] Kang S, Liao W, Chu Z, et al. A rapid compression machine coupled with time-resolved molecular beam mass spectrometry for gas-phase kinetics studies. Review of Scientific Instruments, 2021, 92: 084103.

[95] Samimi-Abianeh O, Al-Sadoon M, Bravo L. Gas temperature and boundary layer thickness measurements of an inert mixture using filtered broadband natural emission of species at rapid compression machine conditions (Part II). Experimental Thermal and Fluid Science, 2020, 111: 109970.

[96] Al-Sadoon M, Samimi-Abianeh O. Gas temperature and boundary layer thickness measurements of an inert mixture using filtered broadband natural species emission (Part I). Journal of Quantitative Spectroscopy and Radiative Transfer, 2020: 241.

[97] Santner J, Haas F M, Dryer F L, et al. High temperature oxidation of formaldehyde and formyl radical: A study of 1,3,5-trioxane laminar burning velocities. Proceedings of the Combustion Institute, 2015, 35: 687-694.

[98] Hochgreb S, Dryer F L. Decomposition of 1,3,5-trioxane at $700 \sim 800K$. Journal of Physical Chemistry, 1992, 96: 295-297.

[99] Zhang Y, Cai J, Zhao L, et al. An experimental and kinetic modeling study of three butene isomers pyrolysis at low pressure. Combustion and Flame, 2012, 159: 905-917.

[100] Zhang T, Zhang L, Hong X, et al. An experimental and theoretical study of toluene pyrolysis with tunable synchrotron VUV photoionization and molecular-beam mass spectrometry. Combustion and Flame, 2009, 156: 2071-2083.

[101] Wang Z, Cheng Z, Yuan W, et al. An experimental and kinetic modeling study of cyclohexane pyrolysis at low pressure. Combustion and Flame, 2012, 159: 2243-2253.

[102] Li Y, Zhang L, Wang Z, et al. Experimental and kinetic modeling study of tetralin pyrolysis at low pressure. Proceedings of the Combustion Institute, 2013, 34: 1739-1748.

[103] Cai J H, Zhang L D, Yang J Z, et al. Experimental and kinetic modeling study of tert-butanol combustion at low pressure. Energy, 2012, 43: 94-102.

[104] Pollard R T. Chapter 2 Hydrocarbons// Bamford C H, Tipper C F H. Comprehensive chemical kinetics. Amsterdam: Elsevier, 1977: 249-367.

[105] Matras D, Villermaux J. Un réacteur continu parfaitement agité par jets gazeux pour l'étude cinétique de réactions chimiques rapides. Chemical Engineering Science, 1973, 28: 129-137.

[106] Dagaut P, Reuillon M, Boettner J C, et al. Kerosene combustion at pressures up to 40 atm: Experimental study and detailed chemical kinetic modeling. Proceedings of the Combustion Institute, 1994, 25: 919-926.

[107] Battin-Leclerc F, Herbinet O, Glaude P A, et al. New experimental evidences about the formation and consumption of ketohydroperoxides. Proceedings of the Combustion Institute, 2011, 33: 325-331.

[108] Herbinet O, Battin-Leclerc F, Bax S, et al. Detailed product analysis during the low temperature oxidation of n-butane. Physical Chemistry Chemical Physics, 2010, 13: 296-308.

[109] Qi F. Combustion chemistry probed by synchrotron VUV photoionization mass spectrometry. Proceedings of the Combustion Institute, 2013, 34: 33-63.

[110] Cord M, Husson B, Lizardo Huerta J C, et al. Study of the low temperature oxidation of

propane. Journal of Physical Chemistry A, 2012, 116: 12214-12228.

[111] Rodriguez A, Herbinet O, Wang Z, et al. Measuring hydroperoxide chain-branching agents during n-pentane low-temperature oxidation. Proceedings of the Combustion Institute, 2017, 36: 333-342.

[112] Wang Z, Herbinet O, Cheng Z, et al. Experimental investigation of the low temperature oxidation of the five isomers of hexane. Journal of Physical Chemistry A, 2014, 118: 5573-5594.

[113] Herbinet O, Husson B, Serinyel Z, et al. Experimental and modeling investigation of the low-temperature oxidation of n-heptane. Combustion and Flame, 2012, 159: 3455-3471.

[114] Wang Z, Popolan-Vaida D M, Chen B, et al. Unraveling the structure and chemical mechanisms of highly oxygenated intermediates in oxidation of organic compounds. Proceedings of the National Academy of Sciences of the United States of America, 2017, 114: 13102-13107.

[115] Moshammer K, Jasper A W, Popolan-Vaida D M, et al. Detection and identification of the keto-hydroperoxide $(HOOCH_2OCHO)$ and other intermediates during low-temperature oxidation of dimethyl ether. Journal of Physical Chemistry A, 2015, 119: 7361-7374.

[116] Bourgalais J, Gouid Z, Herbinet O, et al. Isomer-sensitive characterization of low temperature oxidation reaction products by coupling a jet-stirred reactor to an electron/ion coincidence spectrometer: Case of n-pentane. Physical Chemistry Chemical Physics, 2020, 22: 1222-1241.

[117] Guo H J, Sun W T, Haas F M, et al. Measurements of H_2O_2 in low temperature dimethyl ether oxidation. Proceedings of the Combustion Institute, 2013, 34: 573-581.

[118] Wang Z D, Zhang X Y, Xing L L, et al. Experimental and kinetic modeling study of the low- and intermediate-temperature oxidation of dimethyl ether. Combustion and Flame, 2015, 162: 1113-1125.

[119] Kurimoto N, Yang X, Ju Y G. Studies of pyrolysis and oxidation of methyl formate using molecular beam mass spectrometry. Western States Section/Combustion Institute, 2013: 198-207.

[120] Li A, Zhu L, Deng Z W, et al. A fundamental investigation into chemical effects of carbon dioxide on intermediate temperature oxidation of biodiesel surrogate with laminar flow reactor. Energy, 2017, 141: 20-31.

[121] Hoener M, Kaczmarek D, Bierkandt T, et al. A pressurized flow reactor combustion experiment interfaced with synchrotron double imaging photoelectron photoion coincidence spectroscopy. Review of Scientific Instruments, 2020, 91: 045115.

[122] Taatjes C A, Hansen N, McIlroy A, et al. Enols are common intermediates in hydrocarbon oxidation. Science, 2005, 308: 1887-1889.

[123] Yang B, Oßwald P, Li Y, et al. Identification of combustion intermediates in isomeric fuel-rich premixed butanol-oxygen flames at low pressure. Combustion and Flame, 2007, 148: 198-209.

[124] McEnally C S, Pfefferle L D, Atakan B, et al. Studies of aromatic hydrocarbon formation mechanisms in flames: Progress towards closing the fuel gap. Progress in Energy and Combustion Science, 2006, 32: 247-294.

[125] Jin H, Wang Y, Zhang K, et al. An experimental study on the formation of polycyclic aromatic

hydrocarbons in laminar coflow non-premixed methane/air flames doped with four isomeric butanols. Proceedings of the Combustion Institute, 2013, 34: 779-786.

[126] Cuoci A, Frassoldati A, Faravelli T, et al. Experimental and detailed kinetic modeling study of PAH formation in laminar co-flow methane diffusion flames. Proceedings of the Combustion Institute, 2013, 34: 1811-1818.

[127] Jin H, Cuoci A, Frassoldati A, et al. Experimental and kinetic modeling study of PAH formation in methane coflow diffusion flames doped with n-butanol. Combustion and Flame, 2014, 161: 657-670.

[128] Skeen S A, Yang B, Michelsen H A, et al. Studies of laminar opposed-flow diffusion flames of acetylene at low-pressures with photoionization mass spectrometry. Proceedings of the Combustion Institute, 2013, 34: 1067-1075.

第9章 在动力装置中的典型应用及发展趋势

激光/光学诊断技术在工业发动机燃烧研究中得到了非常广泛的应用。工业发动机主要包括内燃机、航空发动机、燃气轮机、冲压发动机、火箭发动机等，其燃烧效率、动力性能、污染物排放和燃烧稳定性等均与发动机湍流燃烧过程密切相关，激光诊断技术的应用在揭示燃烧本质规律及发动机高效燃烧的组织与调控方面发挥了重要作用。本章主要介绍激光诊断技术在几种典型动力装置燃烧研究中的应用，对燃烧场中的速度、温度、喷雾特性及组分浓度等主要参数的激光测量进行简要介绍，最后展望燃烧诊断技术未来的发展趋势。

9.1 内 燃 机

激光诊断技术的发展极大地促进了人们对现代发动机缸内燃烧过程的理解，包括缸内流场发展、燃油喷射和喷雾特性、点火和燃烧组织、缸内燃烧温度场及污染物的形成等。应用光学诊断技术研究内燃机缸内燃烧过程的前提条件是具备进入燃烧室的光学通道，由此光学发动机应运而生。内燃机的每个汽缸都由缸盖、缸体和曲轴箱组成，因此有三种方法可以实现进入燃烧室的光学通道：顶部(缸盖)、底部(活塞)和侧面(缸套)。例如，Lind 等基于 Bowditch 设计方法改造的光学重型柴油机[1]通过使用加长活塞和缸体缸盖间的石英环来增大发动机机体上方的燃烧室，从而在光学活塞下面有足够空间放置反射镜(倾斜角度通常为 45°)。这种方法也是光学发动机最常用的提供进入缸内光学通道的方法。本节将介绍一些光学诊断技术在内燃机缸内燃烧测量方面的应用。

9.1.1 喷雾测量

在柴油或汽油直喷式发动机中，燃料在很短的时间内直接注入燃烧室，液体燃料雾化和蒸发过程对随后的燃料-空气混合、燃烧过程和污染物生成至关重要。对燃油雾化和蒸发过程的深入了解是研究先进高性能内燃机研制过程的前提。为了获得发动机缸内燃料喷射过程和喷雾-空气相互作用的详细信息，通常采用泛光灯或片光对喷雾形成过程进行照射，利用燃油液滴的散射光(米氏散射)或激光诱导荧光(LIF)实现缸内喷雾过程的可视化，下面针对不同的诊断方法分别予以介绍。

1. 米氏散射

米氏散射技术仅限于液体燃料分布的定性显示，散射光强取决于液滴的浓度和粒径。此外，由于米氏散射强度比瑞利散射强几个数量级，因此无法从散射的激光中同时探测燃料液滴和燃料蒸气。三维或平面米氏散射足以提供内燃机喷雾液相穿透深度和喷雾角的信息。图 9.1 为 Verhoeven 等拍摄的在不同喷油压力下喷雾的米氏散射可视化图像[2]，图中显示当喷雾贯穿距达到一定长度时，增加喷油压力对喷雾液态形状和贯穿距的影响很小。

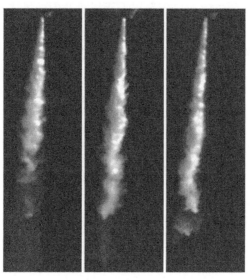

图 9.1　不同喷油压力下喷雾贯穿深度的可视化(从左至右依次为 10MPa、80MPa、150MPa)[2]

2. 激光诱导荧光

与米氏散射不同，LIF 信号可以同时在液相和气相中产生，因此从原理上讲，LIF 技术可以同时探测燃料液滴和蒸气的分布。内燃机缸内的燃油分布可以通过液相激光诱导荧光技术进行测量，荧光信号来自标准汽油燃料中的芳香烃或加入燃料中的示踪剂。由于液相燃油比气相燃料的密度更高，所以只要存在足够量的液态燃油，液相 LIF 信号就比气相 LIF 信号强得多，另外还可以通过添加示踪剂来进一步增强液相荧光强度。在选择示踪剂时，一般要考虑以下几个因素：有效激光波长的吸收能力，足够的荧光强度，足够低的淬熄性能，无毒、稳定、易溶于燃料，合适的汽化特性。常用的荧光示踪剂有丙醛、丙酮、3-戊酮、甲苯等。

下面简要介绍基于 LIF 技术测量汽油机缸内燃油的分层情况[3]，该研究探讨了两种不同的燃料组分是否可以通过两个不同的进气阀优先分布在缸内，以产生高强度的滚流。实验选择正己烷和异辛烷作为两种基准燃料，分别在其中掺混 3-戊酮和二甲基苯胺(DMA)作为示踪剂，其中 3-戊酮的质量分数为 25%，DMA 的质量分数为 10%。图 9.2 为两种燃料在不同曲柄转角位置时同步记录的 PLIF 图像。图 9.2(a)为 3-戊酮的荧光分布图像，图 9.2(b)为相应的 DMA 荧光分布图像。由于缸内强烈的滚流运动，每个进气道中两种燃料之间的明显分层一直保持到上止点之前 60°CAD。

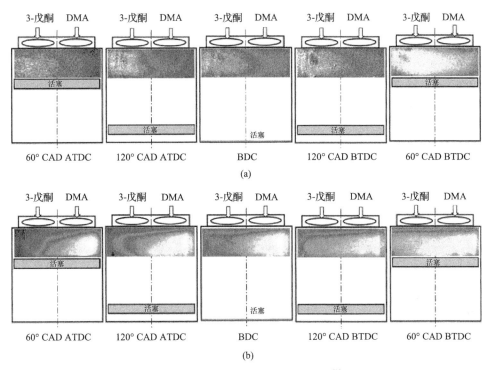

图 9.2　两种燃料 3-戊酮(a)及其 DMA 荧光信号的缸内分布(b)[3][CAD-曲轴转角(crank angle degree)，BTDC-上止点前(before top dead center)，ATDC-上止点后(after top dead cetner)]

　　此外，如果 LIF 图像和米氏散射图像可以通过两个单独的光学成像系统同时获得，则可以通过从 LIF 图像中减去液体燃料的米氏散射图像来获得燃料蒸气的分布。燃油小液滴的汽化行为主要受其运动速度和缸内空气温度升高及密度增大的影响。采用气相 LIF 技术可以实现缸内燃料蒸气的可视化，图 9.3 为吸气冲程内开始于 310°CAD BTDC 的早期喷油过程中燃料液滴的汽化过程，实验中采用的是标准汽油，通过 LIF 获得的燃料油滴图像可以看到喷雾图像[图 9.3(a)]；在 240°CAD BTDC 时获得的图像中，之前喷射的油滴依然存在[图 9.3(b)]；到 100°CAD BTDC 时，所有油滴都已经汽化，在燃烧室内形成了几乎均匀分布的燃料蒸气。

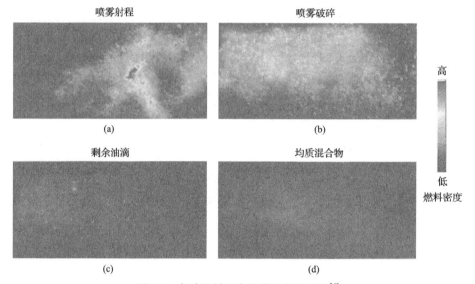

图 9.3　发动机循环内的燃油蒸发过程[4]

　　由于燃油喷雾中既包含气相也包含液相，为了更好地研究燃油喷雾的蒸发特性，20 世纪 80 年代 Melton 开发了平面激光诱导激基络合物荧光(planar laser induced exciplex fluorescence)技术[5]，主要目的是解决在气液共存环境下两相分别测量的问题。该方法通过在光学透明(即不被激光激发)的基础燃料中加入不同单体或复合物添加剂，在气液两相中生成不同的激发态分子，从而发出不同波长的荧光信号，实现气液两相荧光信号的分离。例如，针对不辐射荧光的燃料，可以添加四甲基对苯二胺(TMPD)/萘的激基络合物作为荧光示踪，在 266nm 激光激发下其气相和液相的荧光信号分别在 380nm 和 470nm 波段。目前，该技术已经广泛应用于柴油机喷雾的燃油浓度和温度测量中。图 9.4 为通过 PLIEF 技术得到的柴油机喷雾中气相与液相随时间变化的荧光信号图像[6]，显示了喷雾中气相与液相的空间分布情况。

9.1.2　流场测量

　　发动机缸内流场的发展对缸内混合过程具有强烈影响，进而影响发动机的各项性能。因此，研究发动机缸内流场对发动机燃烧和排放性能的优化具有重要意义。激光多普勒测速(LDA/LDV)技术是测量缸内流场的重要手段，可以测量流场中单点的瞬时速度，并对速度的时间变化进行统计分析，感兴趣的读者可以参考相关文献[7-9]。与之相比，粒子图像测速(PIV)技术可以测得某一区域的流场图像及速度矢量图像，识别和分析缸内流场结构的发展。

　　Reuss 等[10]首次应用 PIV 技术对单缸光学发动机缸内流场进行了测量。图 9.5

为该发动机缸内流场的速度分布随曲轴转角的变化，在中间进气冲程(90°～120°CAD ATDC)中，燃烧室对称轴(图中的 $x=0$)周围的速度大于其他区域，这是由于通过进气阀进入燃烧室的两股气流在中间合并时产生的额外影响。由于中间区域气流的流速很高，所以水平速度场在对称轴附近几乎呈对称分布。在进气行程结束时，对称轴附近较高的速度值明显降低到与平面内其他区域近似的值。在压缩冲程开始前，从进气侧到排气侧的流场占主导地位，这种流动模式一直持续到 40°CAD BTDC。

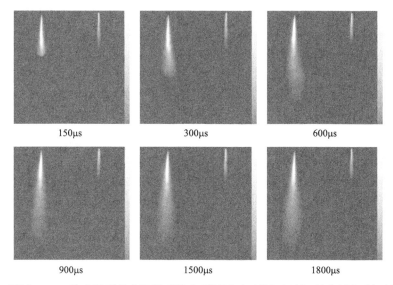

图 9.4　通过 PLIEF 技术得到的柴油机喷雾中不同延时下的气相(左边)与液相(右边)图像[6]

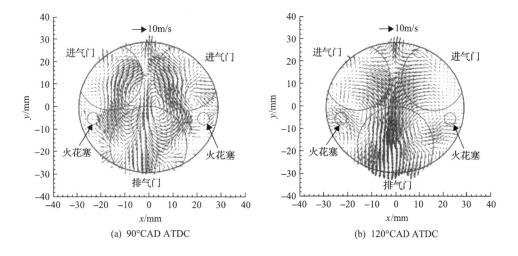

(a) 90°CAD ATDC　　　　　　　　　　(b) 120°CAD ATDC

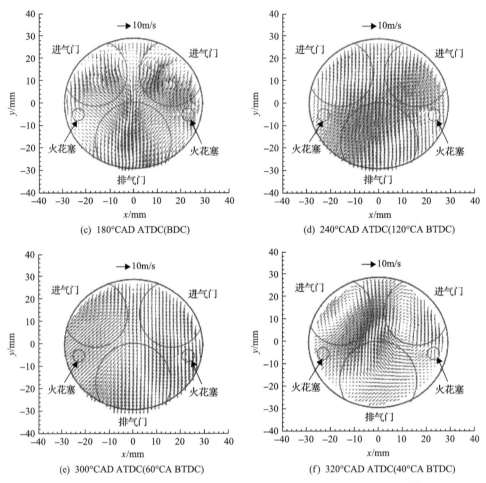

图 9.5　缸盖下方 3mm 处水平面上的流场平均速度分布 (1200r/min)[11]

9.1.3　温度场测量

内燃机缸内温度的测量以光学测量技术为主，该技术为准确测量缸内气体温度分布及其对后续燃烧和污染物形成过程的影响提供了很好的手段。目前应用于内燃机缸内温度测量的技术主要有激光瑞利散射 (LRS)、相干反斯托克斯拉曼散射 (CARS) 及双色平面激光诱导荧光 (PLIF) 等技术。

1. 激光瑞利散射

Wolfrum 等利用 LRS 技术测量了光学汽油发动机缸内的二维温度分布[12, 13]，采用具有高能量和短波长的 KrF 准分子激光器显著提高了瑞利信号的强度。由于 LRS 是一个弹性散射过程，表面和空气中的杂散光不能直接用光学滤波片去除。

为了克服这一问题，对发动机中的氦气进行快速扫描。由于氦气的瑞利截面可以忽略不计，所以假设输出信号全部来自气缸壁。从测量的瑞利图像中减去氦气图像(背景图像)，即可将杂散光的影响降到最低。另外，需要考虑的因素是不同混合物的散射截面。对于未燃烧的混合物，只要已知混合物的散射截面，并且混合物均匀分布在圆柱体内，就能实现精确的温度测量，否则瑞利测温将因混合不均匀而产生较大误差。在实际发动机的反应流中，已燃气与未燃气的散射截面有很大不同。为了克服这一困难，Orth 等[13]在实验中将甲烷作为燃料，由于甲烷和空气混合物在燃烧前后散射截面的变化小于 2%，所以实现了精确的二维温度测量。如果使用碳数更高的碳氢化合物或汽油燃料，那么已燃气和未燃气之间散射截面的变化较大，此时 LRS 就不再适合测量燃烧气体的温度。

LRS 技术只能用于洁净燃烧场的温度测量，对于非洁净燃烧场(如碳烟火焰)则不再适用，为了克服这个缺陷，Hofmann 和 Leipert[14]对常规的瑞利散射技术进行了改进，发展了一种新的测温技术，称为分子滤波瑞利散射技术(filter Rayleigh scattering，FRS)，可用于含微量碳烟火焰的温度测量。该技术原理主要基于瑞利散射信号具有较宽的谱线宽度，而来自颗粒及腔体表面杂散光的谱线宽度较窄，所以可以通过窄线宽的滤波片滤除杂散光，但该技术需要合适的谱线展宽模型对测量信号进行标定，Elliott 等对该技术进行了详细阐述[15]。

2. 相干反斯托克斯拉曼散射

CARS 技术是目前测量单点气体温度的一种精确光学测量技术。Stenhouse 等[16]第一次将 CARS 技术应用于汽油机缸内温度的测量，采用共线扫描法扫描了发动机的几千个循环。为了克服扫描方法带来的困难，Klick 等[17]采用宽带染料激光器作为斯托克斯光束，利用硅增强靶(SIT)摄像机与光谱仪的耦合实现了对 CARS 信号光谱的多通道检测。除氢气外，所有主要组分都具有紧密间隔和部分重叠的拉曼跃迁，随着压力的增加，拉曼光谱将发生很大变化。为了减小压力对温度测量的影响，Kajiyama 等[18]采用高压谱的数据分析方案，从氮气 Q 支光谱的 20%峰高宽度中提取温度，该参数仅受温度而不受压力的影响。CARS 技术还可用于发动机尾气温度的测量，大多数研究均采用基于 Q 分支氮气振动谱的共线 CARS 技术。Bood 等[19]报道了一种双宽带转动 CARS 技术和一种用于测量发动机尾气温度的 BOXCARS 装置。在该装置中，一束窄带激光束和两束宽带激光束聚焦在一个与探针体积(1mm×40mm)错开的交点上。用二色镜将一束红色染料激光束(斯托克斯光束)叠加在绿色泵浦光束(Nd:YAG 激光束)上，叠加的激光束与单一的红光平行，垂直相距 14mm，然后用焦距为 300mm 的透镜聚焦。在相同的振动状态下，采用转动能级之间的拉曼跃迁。转动 CARS 技术与振动 CARS 技术相比，虽然信号强度小于后者，但对氮气温度的测量精度更高。

3. 双色平面激光诱导荧光

对于简单燃料的洁净火焰, 应用瑞利散射测温具有一定优势, 但在实际燃烧装置中, 火焰中多存在各种颗粒物, 应用激光瑞利散射技术时杂散光的干扰严重, 这种情况下采用瑞利散射测温便不再适合, 而双色 PLIF 技术可以克服杂散光的干扰。双色 PLIF 技术的基本原理是[20]: 合理选择两束不同波长的激光, 使其在间隔百纳秒的极短时间内依次通过燃烧场中的同一位置, 基于共振吸收将探测分子由基态中的量子态 1 和量子态 2 分别激励到激发态, 处于激发态的分子向下跃迁产生荧光, 通过选择合适的激光强度, 使荧光信号强度与激光功率密度呈线性关系, 测量出相应激发态的两束荧光信号强度及两束入射激光的强度, 最后根据玻尔兹曼表达式计算得出温度。

双色 PLIF 技术可应用于瞬态条件下非均匀组分分布的高湍流燃烧系统, Einecke 等[21]首次将该技术应用于火花点火发动机燃烧温度场的测量, 利用具有强温度相关光谱特性的燃料标记物——3-戊酮产生的激光诱导荧光信号, 测量了发动机压缩行程和未燃烧废气中瞬态二维温度的分布。以这种方式获得的温度场可用于校正测量的示踪 LIF 图像, 从而有助于确定缸内的燃料分布。图 9.6 为发动机循环中不同时刻缸内温度场的分布图, 该组图像由 3-戊酮分别在 308nm 和 248nm 激光激发后的校正 LIF 图像的比值导出。

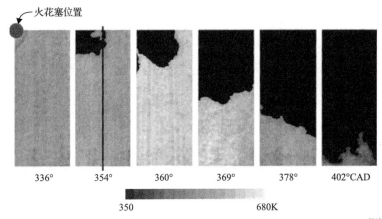

图 9.6　利用双色 PLIF 技术测得的发动机循环中不同时刻的温度场分布[21]

9.1.4　组分浓度测量

基于光学诊断技术测量内燃机缸内组分和污染物的浓度分布有助于有效控制内燃机污染物的排放。一氧化氮和碳烟是内燃机缸内燃烧生成的主要污染物, 前者因燃烧时较高的火焰温度而生成, 后者因缸内燃油分子在高温、缺氧和高压条件下生成。

1. 平面激光诱导荧光

在内燃机中应用 PLIF 技术测量的燃烧组分主要包括 CH_2O、OH 和 NO。PLIF 荧光信号的强度与分子密度成正比，因此可用于燃烧组分浓度的测量。但淬熄效应将降低荧光信号的强度，特别是在高压环境下，受温度和压力的影响非常大，此时定量测量将变得非常困难。CH_2O 是在碳氢燃料燃烧过程中的中间产物，可作为燃料低温反应的标记物，并可在高温反应中显示燃料的消耗情况。在内燃机中，CH_2O 是在发动机点火过程的早期通过低温氧化反应生成的，随着反应进入高温区，CH_2O 被迅速消耗。而 OH 通常在高温反应区产生，OH 分布的测量有助于揭示火焰面的结构。但是，在柴油机中实现对 OH 的可视化要困难得多，主要有两个干扰源：一个是来自碳烟颗粒和燃料液滴的弹性散射光，另一个是来自碳烟粒子的宽带发射和多环芳烃的荧光。图 9.7 是基于柴油直喷均质压燃(HCCI)发动机的缸内 CH_2O 和 OH 的同步 PLIF 图像，其中绿色代表 CH_2O，红色代表 OH。从图中可以看出，在–20°CAD 时缸内 CH_2O 开始生成，随后逐渐发展并消耗；OH 在 8°CAD 时开始生成，随后快速发展，至 60°CAD 时已消耗殆尽。

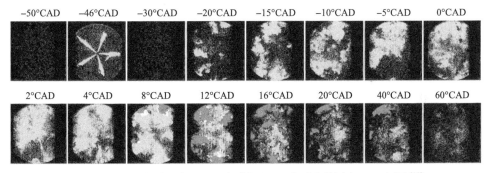

图 9.7 HCCI 发动机中 CH_2O(绿色)和 OH(红色)的同步 PLIF 图像[22]

NO 是内燃机缸内高温燃烧的主要污染物之一。Hildenbrand 等[23]基于光学直喷汽油机，利用 KrF 准分子激光对缸内 NO 的生成进行了研究，通过探测红移荧光，发现其来自部分燃料的荧光信号干扰，故无法对 NO 进行探测；通过探测蓝移荧光，干扰显著减小，从而可在燃烧时以较高的空间分辨率对 NO 进行选择性探测。发动机缸内 NO 的平均分布随曲柄转角的变化如图 9.8 所示。

2. 自发拉曼散射

利用 SRS 宽带探测技术可以同时测量缸内主要燃烧组分的浓度，可测组分包括 H_2O、CO_2、CO、N_2、O_2 及燃料，从而可以同时获得缸内空燃比和残余废气含

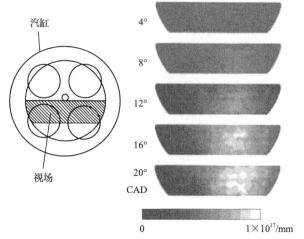

图 9.8　GDI 发动机在不同曲柄转角下 NO 的平均分布场[23]

量。由于空燃比是通过同时测量 O_2 及燃料的相对浓度得到的,因此不受激光抖动、光学窗口污染或其他信号变化的影响。此外,相比于激光诱导荧光光谱方法,自发拉曼散射更容易实现定量测量。

　　Schütte 等[24]在直喷汽油光学发动机上,利用 SRS 技术测量了单循环空燃比和残余气体等,比较了与混合气形成有关的各种发动机参数。该实验沿发动机燃烧室中的一条直线测量,使用空间分辨光学多通道分析器作为检测器。图 9.9 为不同进气流速条件下循环平均空间分辨空燃比的测量结果,该结果表征了流场对进气流动分布的影响。

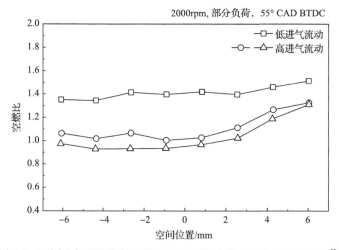

图 9.9　不同进气流速条件下循环平均空间分辨空燃比的测量结果[24]

3. 激光诱导炽光

近年来，LII 技术是发动机缸内和尾气中碳烟体积分数和粒径测量的主要方法，时间分辨 LII 技术具有很高的空间和时间分辨率。

图 9.10 为一组典型的柴油发动机缸内 LII 测试结果[25]，图像为 50 个循环平均后的结果，探究了不同废气再循环率下缸内碳烟生成的差异。其中，左侧图像为循环中最早检测到碳烟信号的 LII 图像，中间图像为循环中全局碳烟浓度达到最大值的 LII 图像，右侧图像为循环中最晚检测到碳烟信号的 LII 图像。由图可知，碳烟浓度的最大值随 EGR 率的增大而略有增加。30%EGR 率的第一幅 LII 图像在循环中被检测到的时间相对较晚，在 14°CAD ATDC 时才被检测到。

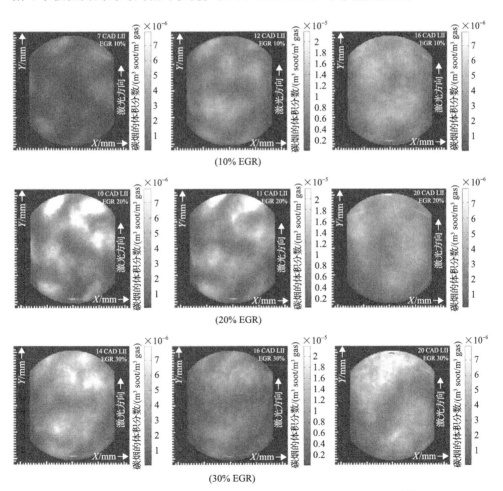

图 9.10　柴油发动机缸内废气再循环(EGR)燃烧 LII 测试结果[25]

9.2　航空发动机和燃气轮机

航空发动机和燃气轮机的燃烧过程极其复杂,主要表现为强湍流与化学反应的相互耦合。由于真实航空发动机燃烧室的结构复杂,缺少必需的光学窗口,一般这类测量都在模型燃烧室中进行,本节将对此进行简要介绍。

9.2.1　流场测量

航空发动机的燃烧是强湍流燃烧,流场十分复杂,常具有旋流结构。实验室中常用旋流火焰燃烧器来模拟航空发动机及燃气轮机的燃烧。PIV 技术普遍应用于航空发动机模型燃烧室和旋流燃烧器速度场测量。

图 9.11 为基于 PIV 技术测量的德国宇航中心(DLR)燃气轮机模型燃烧室中旋流火焰的瞬时速度场和平均速度场,从图 9.11(a)可以看出旋流火焰中旋进涡核(precession vortex cor,PVC)的分布情况,PVC 以一定频率围绕中心轴旋转,其上部位于火焰区,通过火焰卷吸和局部热释放影响火焰;从图 9.11(b)可以得到旋流火焰中内部回流区(inner recirculation zone,IRZ)和外部回流区(outer recirculation region,ORZ)的速度分布情况,从中可以看出,在内部剪切层(inner shear layer,ISL)和外部剪切层(outer shear layer,OSL)处存在很大的速度梯度。

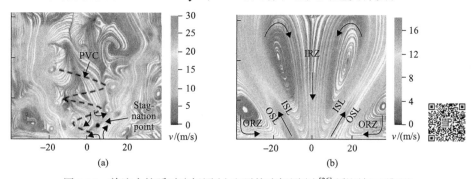

图 9.11　旋流火焰瞬时流场图(a)和平均流场图(b)[26](彩图扫二维码)

在现代航空发动机和燃气轮机中,为了降低氮氧化物的排放,贫燃预混燃烧技术得到了广泛应用,但其燃烧过程偏离化学当量比,容易诱发热声不稳定性,而剧烈的压力波动将给发动机燃烧室造成严重损害。PIV 技术的应用在探究旋流火焰热声不稳定性方面发挥了重要作用。Wang 等[27]基于外加声激励的旋流燃烧器,采用高重复频率(20kHz)的 PIV 和 PLIF 同步测量技术,对旋流火焰在声激励下的流场分布、火焰瞬态响应及释热率振荡进行了可视化研究。图 9.12 为 CH_2O-PLIF 和 PIV 同步测量并进行后处理得到的火焰预热区与流场分布序列图像,图 9.12(a)和图 9.12(b)为两种工况,不同之处在于外加声音激励的频率分别为 100Hz 和 200Hz。图像中的流线表征了速度场的分布情况。实验结果显示，在 200Hz 声激励下，火焰内部回流区的波动更加强烈，下游的预热区变宽，火焰的形态受到了明显影响。

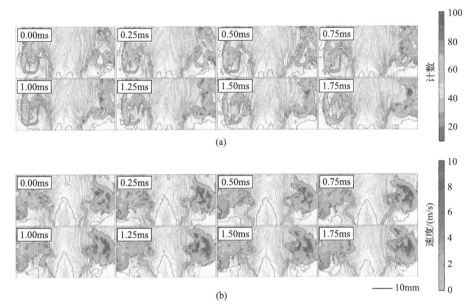

图 9.12　CH$_2$O-PLIF 和 PIV 同步测量结果图像[27]

(a) 100Hz 声激励；(b) 200Hz 声激励

LDV 技术在旋流火焰的流场表征方面也发挥了重要作用，感兴趣的读者可以参考 González-Martínez 和 Lazaro 的工作[28]。

9.2.2　温度场测量

1. 相干反斯托克斯拉曼散射

航空发动机燃烧场中氮气的浓度较高且相对惰性，氮气的 CARS 理论光谱模型已十分成熟，因此通常选择氮气作为探测组分进行温度测量。

图 9.13 是 CARS 技术应用于燃气轮机模型燃烧室中温度场测量的一个例子[29]，该燃烧室是普渡大学 Zucrow 实验室的 GTCF 模型燃烧室，实验采用 Jet-A 燃料，燃烧室压强分别为 0.70MPa 和 1.03MPa。图 9.13(a) 为燃烧室中温度探测点的位置，根据各个探测点所测温度可以构建燃烧室内的平均温度场，如图 9.13(b) 所示。

2. 双色激光诱导荧光

以 OH 作为激光作用介质，采用双色 PLIF 测温方法，在航空发动机模型燃烧室的二维温度场可视化测量方面已经得到了应用。

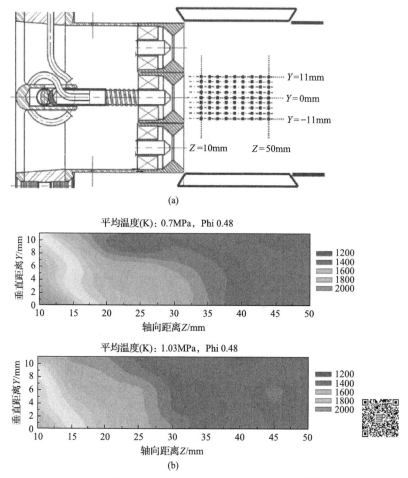

图 9.13　RQL 涡轮燃烧室示意图(a)及 CARS 测温结果(b)[29](彩图扫二维码)

　　图 9.14 为基于双色 PLIF 技术测量的喷气式发动机模型燃烧室内的平均温度场及与其 CFD 计算结果的比较[30]。由图 9.14(a)可知，最高平均温度为 1800～1900K，发生在主燃烧器后面的区域，而不是值班火焰后面，测量结果与 CFD 计算结果吻合得较好。另外，由于该技术本身的限制，有两个区域无法获得温度测量值，第一个位于燃烧室内壁附近的主燃区末端，该区域的温度低于测量极限；第二个位于值班火焰燃烧器下游的锥形区域，该区域中燃料分子的荧光非常强烈，严重干扰了 OH 的荧光，因此无法测得温度。

　　3. 可调二极管激光吸收光谱

　　可调二极管激光吸收光谱(TDLAS)测温已在航空发动机模型燃烧室中得到了应用。吸收光谱方法测量了路径积分的燃烧组分吸收峰，反映了燃烧室的线平

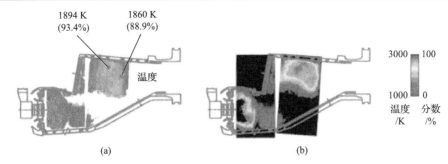

图 9.14　喷气式发动机模型燃烧室平均温度场测量结果(a)和 CFD 计算结果(b)[30]

均温度特征。为了获得温度的空间分布，需要采用多路吸收光谱交叉网络或空间扫描的方法，结合 Abel 反演等多维重构算法，最终测量得到具有时空分辨的温度场。

Wang 等[31]基于 TDLAS 及红外成像技术，测量了 H_2O 在 1.4μm 的近红外吸收谱线，对旋流预混火焰中的温度和熵波进行了系统研究。实验结果表明，利用混合气上游的扬声器对火焰施加声激励，可以使火焰下游产生波动频率等于激励频率、波动幅值达到 200K 的温度波动，即熵波。为了直观地观测火焰中温度的动态分布，Liu 等[32]采用锁相层析重构技术测量了 CO_2 在 4.2μm 的中红外收谱线，获得 200Hz 声激励下预混旋流火焰的温度分布，该结果揭示了因涡流驱动周围冷气体同高温燃气的混合，喷嘴出口附近产生了较大的温度波动，当已燃气体以对流速度向火焰下游移动时，温度波动迅速消散，直接证实了不稳定火焰可以产生熵波。图 9.15 进一步展示了甲烷/空气旋流火焰的相位平均近红外图像，外加声激励的频率为 50~250Hz。从红外图像可以清楚地看到多个热气羽流的存在，不同辐射强度的羽流分布表明，周期性生成的热气流在火焰中心处的温度较高，在相邻羽流之间的分离点处温度较低。这些气体羽流也意味着下游气体的温度存在周期性变化。因此，这些不同辐射强度的热气羽流可以用来指示熵波的存在。声激励的频率和振幅对熵波的产生和发展有较大影响，非稳态旋流预混火焰下游熵波强度随声激励振幅的增大而增大，但随声激励频率的升高而降低。

9.2.3　组分浓度测量

1. 平面激光诱导荧光

PLIF 技术主要测量燃烧场中间产物(OH、CH、CH_2O 等)的空间分布，确定燃烧反应发生的位置和释热量，对研究燃烧振荡等问题具有重要意义。

DLR 基于燃气轮机模型燃烧室进行了旋流火焰燃烧振荡的研究。Boxx 等[33]基于双旋流 GTMC 燃烧器使用 5kHz 的高频激光对旋流火焰拍摄了一系列连续 OH-PLIF 图像，如图 9.16 所示，相邻每张图像之间的时间间隔为 0.2ms，整个序列的图像对应于燃烧热声振荡的一个周期。从图中可以看出，最高的 LIF 信号出现在 $y<20\text{mm}$ 的区域，在反应区形成的超平衡浓度在几毫秒内衰减到平衡水平。最高的 LIF 信号强度可以看作是在反应区刚形成时的 OH，在火焰下游，OH 的浓度接近平衡。该研究对揭示自激热声振荡与火焰流场结构之间的相互作用具有重要意义。

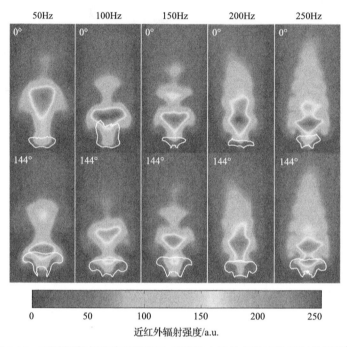

图 9.15　不同频率声激励下甲烷/空气旋流火焰的相位平均近红外图像[31]

2. 自发拉曼散射

SRS 信号比瑞利散射信号小三个量级，为了提高信号强度，实验测量一般采用短脉冲大功率紫外激光器。但航空发动机通常以煤油作为燃料，紫外激光很容易激发煤油而产生较强的荧光干扰，因此航空发动机燃烧室的组分测量实验一般以小分子燃料作为替代燃料来开展研究工作[34]。图 9.17 为燃烧室内激光传输路径上主要组分浓度的单脉冲摩尔分数变化趋势图，其中横坐标表示将燃烧室内 7mm 的激光路径分成了 14 段。该实验获得了激光传输路径上主要反应物和生成物浓度的一维浓度分布，为燃烧室的湍流燃烧大涡模拟提供了实验验证数据。

3. 相干反斯托克斯拉曼散射

CARS 技术除可用于燃烧场温度测量外，还可用于火焰中组分浓度的测量。

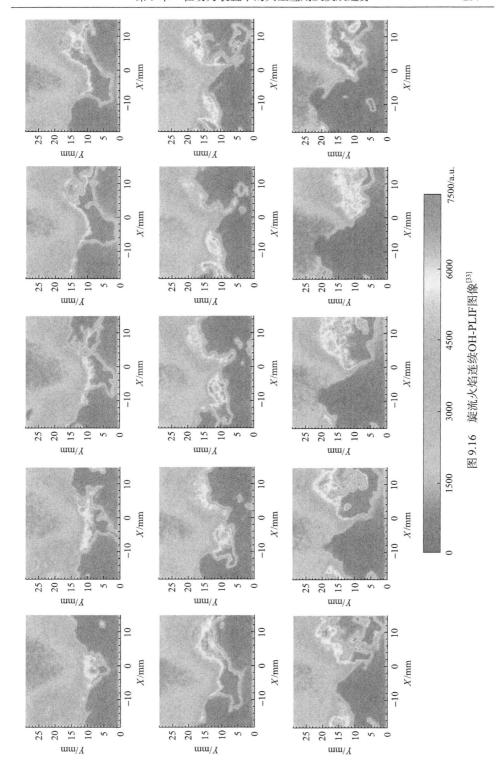

图 9.16　旋流火焰连续 OH-PLIF 图像[33]

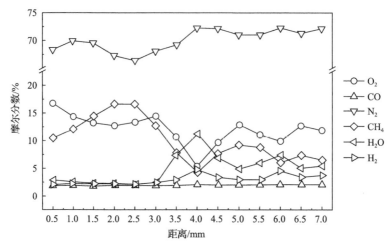

图 9.17　燃烧室内主要组分的一维分布[35]

与温度测量不同的是，组分浓度测量一般采用多色 CARS 技术同时获得两种以上组分。多色 CARS 技术的方案并不是唯一的，其中一种方案是采用双泵浦 CARS 方式，即以一台倍频 YAG 激光器和一台窄带染料激光器作为泵浦光源，而以一台宽带染料激光器作为斯托克斯光源，采用这种技术可以同时测量两种组分，并且这两种组分 CARS 光谱中心的频率间隔可以通过窄带染料激光器的调谐改变，从而使两种组分的光谱可在探测器上被同时接收。双泵浦 CARS 技术已应用于燃烧场中对 N_2-O_2、N_2-H_2、N_2-CH_4 和 N_2-CO_2 等组分的同步测量。

　　Roy 等[36]开展了双泵浦 CARS 技术测量燃烧室尾气温度和 CO_2 浓度的实验，该燃烧室使用旋流喷嘴注入燃料，燃料为 JP-8 航空煤油，探测点位于燃烧室出口截面中心处。图 9.18 为 3 种当量比下燃烧室出口处 CO_2 和 N_2 浓度比的概率密度函数图，并以比值的形式表征 CO_2 的相对浓度。从图中可以看出，随着当量比逐

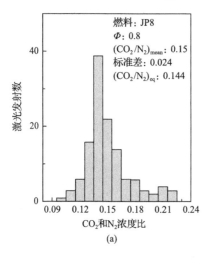

(a)

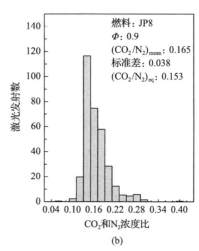

(b)

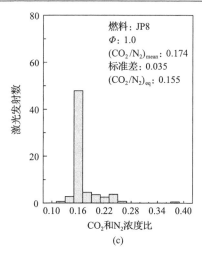

图 9.18　探测点处 CO_2 和 N_2 浓度比的概率密度函数图[36]

渐增加至化学当量比, 燃烧室尾气中的 CO_2 浓度逐渐增大。

9.3　火箭发动机

对于液体火箭发动机来说, 主要是以喷雾燃烧的形式将燃料的化学能转化为物质的动能, 从推进剂喷入燃烧室开始到转化为燃烧产物为止, 需要经历雾化、蒸发、混合和燃烧等过程; 对于固体火箭发动机来说, 固体推进剂由固体燃料和氧化剂组成, 通过直接燃烧产生喷射动能, 从而产生推力。光学诊断技术在火箭发动机燃烧性能研究中具有重要意义。另外, 测量火箭发动机燃烧场及羽流中的流场、温度、组分浓度等参数, 对 CFD 仿真的验证也有重要应用。

9.3.1　流场测量

火箭发动机燃烧为强湍流燃烧, 流场结构十分复杂, 流场中的涡脱落及由声共振导致的不稳定性在大型固体推进剂发动机中得到了人们的广泛关注, 许多学者对此进行了深入研究。研究人员应用 LDV 技术对固体推进剂火箭发动机流场进行了研究, 读者可参见相关文献[37-39]。Rajak 等[40]基于 LDV 技术测量了固体推进剂燃烧的表面气相燃烧区内颗粒物的速度, 发现气相颗粒的燃速随燃烧室内压力的增加而减小。羟基分子标记测速(hydroxyl tagging velocimetry, HTV)技术也应用于火箭发动机尾气速度测量[41], 该技术已经在 NASA J-2X 火箭的尾气羽流速度测量中得到了应用, 并取得了良好的效果。

PIV 技术作为测量手段之一发挥了重要作用。Anthoine 等[42]采用 PIV 技术研究了自适应控制对固体推进剂发动机旋涡驱动不稳定性的影响, 提供了关于不稳定的频率和振幅及涡流动特性的信息。Taylor-Culick 流动发生在大型固体火箭发动机中，这种流动本质上是不稳定的，Laboureur 等[43]采用 PIV 技术与数值模拟相结合的方法对该流动进行了定量分析，按照时间顺序跟踪瞬时现象完成测速，并对不同注入速度和通道高度的实验与模拟进行了对比。Quinlan 等[44]采用 PIV 技术并结合 DMD 算法对燃烧室中驱动切向燃烧不稳定性的机理进行了研究。Hossain 等[45]采用 10kHz 粒子图像测速系统对马赫数为 0.3～0.5 的可压缩流场进行了测量，为了解高强度湍流流动下的火焰结构、设计下一代火箭发动机提供了实验支撑。

　　火箭冲压喷气发动机包含两个燃烧室，二次燃烧室的燃烧效率一般受燃烧室内流动特性的影响，如燃料/空气混合效率、静态温度及再循环区大小。为了研究燃烧室的再循环特性，Park 等[46]采用 PIV 技术研究了腔室形状及速度比对流动的影响，图 9.19 为测量所得的典型速度流线及云图，结果表明在混合区附近，腔室

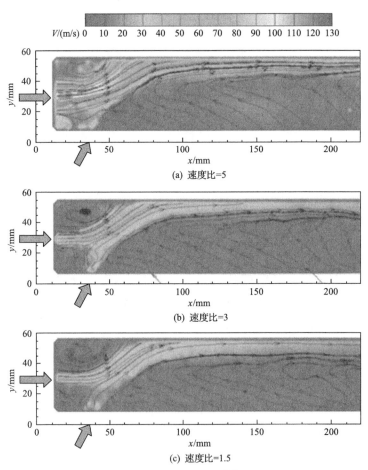

图 9.19　火箭发动机燃烧室中 PIV 流场分布[46]（箭头方向代表来流方向）

的几何形状和流速比对流动的影响显著，但对下游的影响较弱。在含有浸入式喷嘴的固体推进剂火箭发动机中，燃烧的氧化铝残渣会积累在发动机腔室内，进而严重影响发动机的稳定运行，Tóth 等[47]采用了一种新型两相 PIV 技术，即采用不同波长激光激发两种不同荧光染料以记录气体与液滴的速度场，并对冷气模型下氧化铝残渣的影响进行研究。

9.3.2　温度场测量

1. 相干反斯托克斯拉曼散射

法国宇航研究中心(ONERA)的研究人员基于 MASCOTTE 高压模型燃烧室，开展了液态氧/气态氢(LO$_X$/GH$_2$)燃烧的 CARS 测量实验[48]，在 85K 的温度下注入液氧，室温下注入气态氢。为了理解火箭发动机中的物理机制，在超临界状态下应用氢气 CARS 测温技术。图 9.20 分别为在 3.0MPa 和 6.5MPa 条件下不同轴向

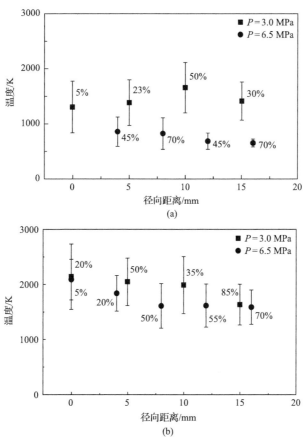

图 9.20　3.0MPa 和 6.5MPa 下两个轴向位置上平均温度和均方根温度波动(即图中的误差棒)的径向分布[48]：(a)X=50mm；(b)X=100mm(百分比表示数据验证率)

位置的径向平均温度。误差棒表示被测温度的均方根波动，由误差棒的较大数值可以推测出存在高度湍流。图中数据点旁的百分比数值表示测量的验证率，并定义为成功处理的光谱数与运行期间激光发射总数的比值，该比值在 0%～100%波动。验证率的波动可归因于不同的来源，如由大折射率梯度引起的光束偏移、探针体积中的分子组成、相机上较大的信号波动等。在 3.0MPa 时，只有很少的 CARS 信号在 X=50mm 的中心线上被检测到，表明氢气很少存在于液氧核心区。在火焰下游，由于强烈的混合和验证率的提高，氢气逐渐扩散进入核心区，如图 9.20（b）所示。在超临界压力下，平均温度分布表现出不同的行为，表明不同类型的流体结构和火焰结构。

2. 可调二极管激光吸收光谱

Locke 等[49]应用 TDLAS 技术对中等压力火箭发动机模型燃烧室进行了时间分辨的温度测量。利用这一技术，对气体推进剂火箭发动机的湍流波动进行了详细的时间分辨研究，实现了对气态氧/气态氢单元火箭燃烧室的温度测量，其热背景流场压力为 0.793MPa。图 9.21 为在从大气压力到 5.172MPa 的各种压力下，直接吸收测量得到的预燃烧器中燃烧产物的光谱。实验测得 H_2O 光谱的碰撞-加宽效应非常明显，随着压力的增大，吸收特性变得不那么明显。图 9.22 为火箭发动机燃烧室内氢气在稀释和未稀释两种条件下的时间分辨路径积分温度，其中时间分辨率为 0.4μs。从温度的轨迹和分布可以看出，在稀释条件下的温度波动比未稀释条件下的温度波动小得多。

9.3.3　组分浓度测量

1. 拉曼散射光谱

燃料喷嘴是影响火箭发动机特性的关键因素，关系到燃料的混合、燃烧、传热和稳定性等重要参数，对提高火箭发动机性能和可靠性至关重要。Yeralan 等[50]利用拉曼光谱技术，对 LO_x/GH_2 火箭发动机模型燃烧室高压富燃条件下燃烧场中的 O_2、H_2 和 H_2O 进行了详细的组分浓度测量。图 9.23 为火箭发动机燃烧室中拉曼信号强度随波长和径向位置变化关系的三维图，由于 H_2 的拉曼截面相对较大，所以还测量了 H_2 的拉曼斯托克斯转动谱线。从图中可以看到，在波长为 580nm 的附近完全没有 O_2 的拉曼信号，在这个光谱位置上 H_2 的转动谱线是唯一的信号，这表明在这个轴向位置所有的 O_2 都被消耗。该实验结果可用于直接评价喷嘴的设计过程，也可用于验证 CFD 模型。另外，NASA-Lewis 研究中心也利用拉曼散射技术测量了火箭发动机的组分浓度和温度[51]。

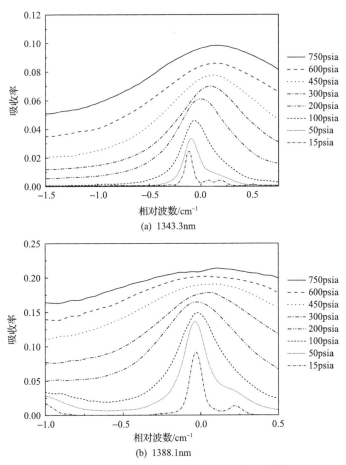

(a) 1343.3nm

(b) 1388.1nm

图 9.21　预燃烧器中燃烧 H_2O 的吸收光谱[49]

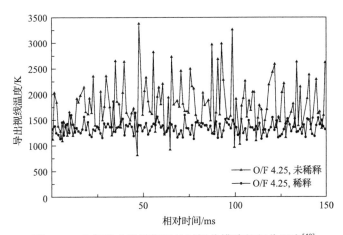

图 9.22　火箭发动机燃烧室的时间分辨路径积分温度[49]

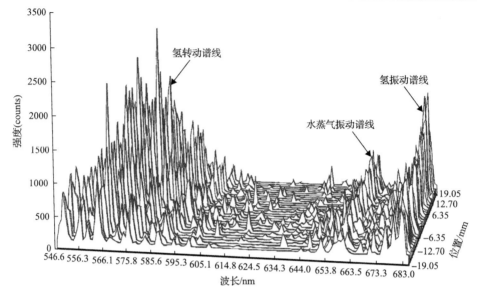

图 9.23　拉曼信号强度随波长和径向位置变化关系的三维图[50]

2. 平面激光诱导荧光

　　法国 EM2C 实验室利用 OH-PLIF 对高压条件下的 LO_x/GH_2 低温射流火焰进行了研究，拍摄了喷嘴近场的火焰结构[52]，并研究了在亚临界和跨临界状态下由单同轴喷嘴形成的 LO_x/GH_2 射流火焰形态。图 9.24 为高压条件下(6.3MPa)喷嘴近场的 OH-PLIF 图像，该图显示了火焰中 OH 的分布情况，即低温火焰发展初期非常薄，并且附着在液氧喷嘴附近，随着火焰向下游发展，在距喷嘴一定距离时，OH层的厚度增大，火焰面因湍流扰动而起皱。在喷嘴近场中，火焰结构可以分为两个区域：在第一个区域，火焰反应区向氧气射流出口移动；在第二个区域，火焰

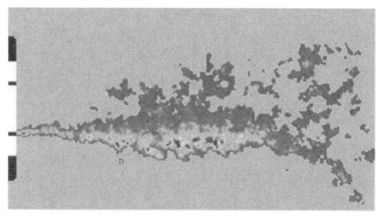

图 9.24　高压条件下(6.3MPa)喷嘴近场的 OH-PLIF 图像[52]

以一种更剧烈的方式向外扩展。此外，该实验室还基于同样的实验装置，利用 OH-PLIF 技术研究了火焰的稳定性，通过 OH-PLIF 图像得到火焰边缘的结构，并确定火焰在液氧喷嘴的附着位置[53]。

9.4　其他动力装置

在航空航天推进系统领域，除航空发动机和火箭发动机外，其他形式的先进动力装置也得到了深入研究，如超燃冲压发动机和旋转爆轰发动机。先进激光诊断等测量技术的发展和应用，为促进其燃烧与推进性能的改进发挥了重要作用。

9.4.1　流场测量

为了改进冲压发动机燃烧室的设计和调试方法，ONERA 研究人员针对液体燃料冲压发动机模型燃烧室进行了流场 LDV 测量[36]。PIV 技术在亚声速和较低马赫数流场的精细测量方面发挥了重要作用[34]，但 PIV 技术难以实现对高马赫数或存在大梯度速度分布流场的测量。但在高马赫数或存在大梯度速度分布的条件下，PIV 技术中的粒子可能不会对流动做出快速反应，所以测量的不准确性上升，此外示踪粒子会污染实验设备，增加维护成本，缩短了有效运行时间[54]。

MTV 技术的基本原理与 PIV 类似，都是基于示踪物在已知时间间隔跟随流场的移动距离计算流场的速度分布，不同的是 MTV 技术以分子作为示踪物，可以克服 PIV 技术在超高速流场中粒子跟随性差的问题，该技术在超燃冲压发动机高温高超声速流场测量方面更有优势。在 MTV 技术中，以 NO_2、N_2O、O_3、磷光物质等作为示踪分子时，由于其在燃烧场中可能分解或参与化学反应，所以其标记的图像信噪比大幅降低，因此主要用于低温流场的测量。其中，氮气(N_2)信号寿命长，故飞秒激光电子激发 N_2(FLEET)的方法可用于高速流场的测量[55]。

对于高温超声速甚至高超声速流场速度的测量，MTV 技术具有巨大优势，该技术利用 ArF 准分子激光器输出 193nm 波长的激光，解离燃烧产物中的水分子，产生 OH 作为示踪标记物，再利用设定延迟时间的激光诱导 OH 产生荧光，从而有利于利用高速相机拍摄荧光图像，并基于时间-位移相关算法计算流场速度。

图 9.25 为超燃冲压发动机模型燃烧室隔离段、燃烧室和出口在 3 个不同马赫数来流条件下标记线上速度分布的典型测量结果[34]。

9.4.2　温度场测量

McMillin 等[56]利用双色 PLIF 技术研究了将氮氧化物作为燃料温度示踪剂在超燃冲压发动机模型流场中的应用，对激波加热的超声速横向射流的温度场进行了时间分辨测量。其中，射流主要由 H_2 组成，用来模拟超燃冲压发动机的流动，

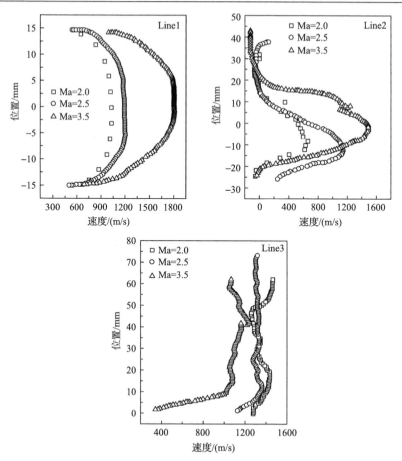

图 9.25　超燃冲压发动机模型燃烧室隔离段（Line1）、燃烧室（Line2）及出口（Line3）在 3 个马赫
数下的速度分布[34]

在射流中加入 1%的 NO 作为荧光示踪分子，在燃料中加入 19%的 CO 用于降低富燃料区 NO 的荧光寿命，从而减少因流动引起的空间分辨率损失。该研究证明了 NO 是超声速燃烧流场中燃料和未燃气体的一种有效的温度示踪剂。

Cutler 等[57]针对双模态超燃冲压发动机模型燃烧室，利用 CARS 技术进行燃烧室内的温度测量。图 9.26（a）为 CARS 测量的平面温度分布图，图中的黑点为该平面内 CARS 的测量点，通过在该平面内的多点扫描测量，最终得到了温度分布图。此外，该研究还利用 CARS 技术测量了燃烧场中 O_2 的温度及 N_2、O_2、CO、CO_2 和 C_2H_4 等组分的摩尔分数。图 9.26（b）为 C_2H_4 在同一纵向平面内的摩尔分数分布图，从图中可以发现右上部的 C_2H_4 浓度较低。CARS 技术在超燃冲压发动机等模型燃烧室温度场测量方面得到了广泛应用，读者可参见文献[57-61]进一步了解。

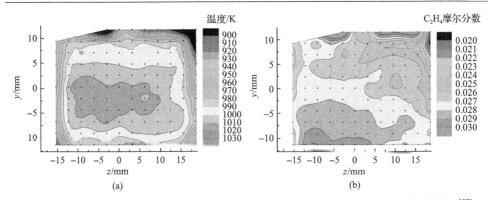

图 9.26　双模态超燃冲压发动机燃烧室中某一平面内的温度(a)与 C_2H_4 浓度分布图(b)[57]

同样，针对该双模态超燃冲压燃烧室，Goldenstein 等[62]利用 TDLAS 技术对高温高压燃气中 H_2O 的摩尔分数和温度进行了测量，该研究改进了 2f/1f 双色 WMS H_2O 传感器，采用的两条吸收线分别为 1391.7nm 和 1469.3nm。该传感器在低吸光度(<0.05)条件下，在冲击加热的 H_2O-N_2 混合物中进行了验证，测试温度为 700~2400K，压力为 2~25atm。

Peng 等[63]基于 TDLAS 技术测量燃烧场中时间分辨的 H_2O 的摩尔分数和温度，并将其应用于氢气/空气旋转爆轰发动机。图 9.27 为 7 种工况下测得的温度和 H_2O 摩尔分数的时均值，结果显示温度和 H_2O 摩尔分数受当量比的影响较小。

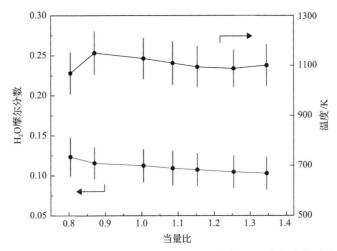

图 9.27　旋转爆轰发动机在不同当量比下的温度与 H_2O 摩尔分数时均值[63]

9.4.3　组分浓度测量

Grady 等[64]基于 248nm KrF 准分子激光器，采用 SRS 技术测量了超燃冲压发动机燃烧室凹腔结构中的温度分布和主要组分的浓度分布，实验采用的燃料为

70%甲烷和 30%氢气的混合燃料。

    Boeck 等[65]第一次将高速 PLIF 技术应用到爆燃转爆轰（DDT）燃烧过程的研究中，该研究使用重复频率为 20kHz 的高速 OH-PLIF 技术，对常温常压下氢气-空气混合物的爆燃转爆轰过程进行了测量，并研究了火焰不稳定性和湍流-火焰的相互作用。图 9.28 为火焰速度约为 50m/s 工况下的 OH-PLIF 序列图像，初始混合物中氢气的体积分数为 20%。从图中可以观察到具有复杂形状的高速动态火焰的传播过程，并发现火焰的表面积显著增加。图 9.29 为将氢气体积分数分别提高到 25%和 30%时火焰中的 OH-PLIF 序列图像，两种工况下的火焰速度分别达到了约 380m/s 和 900m/s。图 9.29（a）中的火焰传播较稳定，形状没有发生显著改变，在整个火焰前锋面上观察到很多小尺度的褶皱；在图 9.29（b）中，当火焰速度达到约

图 9.28　低速火焰中的 OH-PLIF 序列图像（X_{H_2}=20vol.%，$v\approx$50m/s）[65]

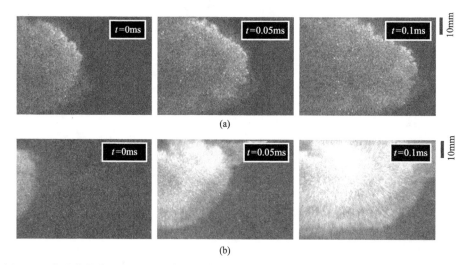

图 9.29　高速火焰中的 OH-PLIF 序列图像：（a）X_{H_2}=25vol.%，$v\approx$380m/s；（b）X_{H_2}=30vol.%，$v\approx$900m/s[65]

900m/s 时，火焰达到爆轰状态，此时已经很难观察到火焰前锋，燃烧通道顶部的局部爆轰会导致很强的火焰自发光，从而使图像过曝。

9.5　燃烧诊断技术的发展趋势

9.5.1　高时间分辨测量

燃烧诊断测量的时间分辨率通常有两种含义。第一种含义指测量帧频，对于基于脉冲激光的诊断技术而言，测量帧频取决于激光重复频率；而对于可调谐半导体吸收光谱而言，测量帧频则取决于激光扫描频率。时间分辨率的另一种含义则是指测量方法可解析的最小时间尺度信息，对于大部分光学诊断方法，这一时间尺度取决于激光脉冲的最小脉宽。通常，燃烧诊断技术的测量帧频会与测量对象的流动时间尺度做比较，对于高速流动或高雷诺数的燃烧流体而言需要对应高测量帧频；而最小时间分辨率则与化学反应时间尺度做比较，伴有剧烈化学反应或瞬态反应过程的测量对象需要有高时间分辨率。下面以基于高重频脉冲串激光和基于飞秒激光的测量技术，简要介绍当前燃烧诊断技术在高时间分辨测量方面的一些进展。

1. 基于高重频脉冲串激光的燃烧诊断

为了提高诊断技术的测量帧频，最直接的方法是提高激光器的重复频率。受限于激光器在高平均功率下的热效应，传统的连续脉冲激光器难以兼得高重复频率和大脉冲能量。脉冲串激光器的工作原理是在一段时间内连续输出高频高能脉冲，并在一定时间间隔内对激光器进行冷却从而减小热效应对激光稳定运行造成的影响。因此，高重频脉冲串激光器可以很好地契合短时间、高帧频的测量需求。

高重频脉冲串激光器在燃烧诊断中最典型的应用是高频 PLIF 和 PIV 测量。基于 Nd:YAG 晶体的脉冲串激光器，其输出基频波长为 1064nm，通过高次谐波、染料激光器、光学参量放大器(OPO)等方式可以得到 PLIF 测量所需要的特定激光波长。高重频 PLIF 在旋转爆震发动机[66-68]、超燃冲压发动机[69]及其他复杂湍流燃烧体系中[70-72]具有独特优势。例如，Fugger 等[66]实现了 1MHz 测量帧频的 OH-PLIF 方法在旋转爆震发动机中的测量。在该工作中，激光中心波长为 284nm，单脉冲能量达 400μJ，重复频率为 1MHz。如图 9.30 所示，测量结果呈现出微秒时间尺度的爆震波传播过程。爆震波从 43μs 开始进入测量平面，于周向外端(区域 2)首先观测到火焰面的生成，至 47μs 测量平面已被 OH 信号填充满，说明爆震波已经完全经过测量平面。对于传统的 10Hz 级别甚至 kHz 级别的 PLIF 测量方法，这一动态变化过程难以被准确捕捉。

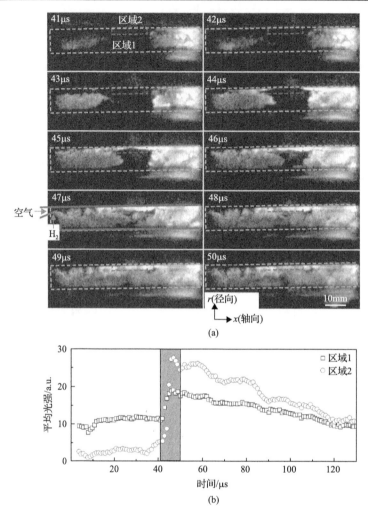

图 9.30　(a) 旋转爆震发动机 OH-PLIF 测量结果；(b) 探测区间 (区域 1，区域 2) 内 OH-PLIF 信号平均光强时间动态变化关系[66]

对脉冲串激光器采用双波长种子光源注入的方式，可以实现高频双色 PLIF 方法测量二维温度分布[73-75]。例如，Hsu 等[74]利用双色 OH-PLIF 方法实现了对 10kHz 射流火焰的瞬态温度场测量，测量结果如图 9.31 所示。目前，该方法主要在实验室的模型燃烧装置中展开，主要局限是激光单脉冲的能量。此外，由于涉及定量测量，需要比对荧光信号在两种激发波长下的绝对信号强度，因而对激光的空间光束质量及激光输出的稳定性有较高要求。

自发拉曼散射光谱和瑞利散射光谱同样可以定量测量二维温度分布。相比于双色 OH-PLIF 测温，基于拉曼和瑞利散射方法的温度测量结果更准确，应用范围更广泛。然而，拉曼和瑞利平面测温对单脉冲能量的要求较高。另外，自发拉曼和瑞利散射方法对激光的中心波长没有特定要求，因而可以采用能量较高的脉冲串激光器二倍频 532nm 输出作为激发光源[76-80]。如图 9.32 所示，Grib 等[77]在射流火焰中开展了 100kHz 的高频瑞利温度成像测量，并成功观测到火焰的局部熄灭及高温区向火焰上游的转移。

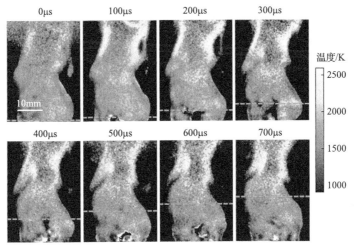

图 9.31　双色 OH-PLIF 方法测量平面温度分布[74]

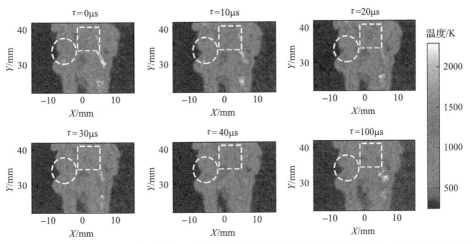

图 9.32　Grib 等拍摄的射流火焰出口瑞利成像测温(方框中表示高温扩散区，圆框表示可能发生的熄火现象)[77]

此外，高重频脉冲串激光器也可应用于 CARS[78, 81]、LII[82]等测量方法。总的来说，基于高频脉冲串激光器的燃烧诊断研究仍处于探索阶段，其测量能力在很大程度上取决于激光器自身的单脉冲能量、重复频率和激光模态等属性。随着高重频脉冲串激光器单脉冲能量的进一步提高及波长可调谐范围的进一步拓展，其在燃烧诊断中的应用将更加广泛。

2. 基于飞秒激光的燃烧诊断

飞秒激光较早应用于 CARS 技术，除具有高时间分辨的优势外，另一个原因在于飞秒激光可以实现单脉冲宽谱激发。fs-CARS 应用于涉及剧烈化学反应的燃烧研究当中[83,84]，含能固体推进剂燃烧是 fs-CARS 测量的另一个典型应用场景。例如，Retter 等[85]基于 H_2 的 fs-CARS 测量了固体推进剂在燃烧过程中的温度变化，其最高测量温度可达 2494K。通过与标定火焰系统的测量结果进行比对，其温度测量精度达到 3%。在一系列与高压燃烧相关的 fs-CARS 测量研究中，学者们发现飞秒泵浦光源可以缩短光-物质作用时间，从而减小甚至消除由分子碰撞造成的高压谱线展宽[86-88]，极大地简化了光谱解析的难度，提高了测量精度。值得注意的是，有研究指出[83]在高压燃烧测量中，同时需要注意飞秒激光在高压气相氛围中可能存在的非线性效应。

fs-CARS 对等离子体放电等瞬态过程也可以实现高精度、高时间分辨的动态温度测量[89-91]。如图 9.33 所示，由于飞秒光源对待测分子振动能级及转动能级几乎同时激发，所以 Dedic 等[90]利用杂化 fs/ps-CARS 方法获得了等离子体的瞬时转动温度及振动温度的空间分布。由于飞秒激光的高时间分辨能力，所以测量得到的转动温度与振动温度存在巨大差异，说明体系仍处于非稳态，热力学平衡尚未实现。

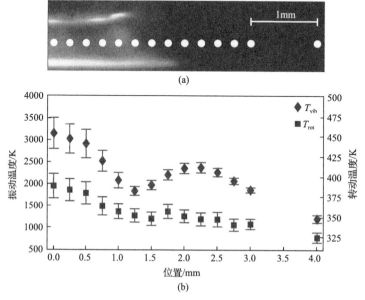

图 9.33　杂化 fs/ps CARS 测量等离子体温度的空间测量方位
(a)和测量所得转动及振动温度(b)[83]

随着中红外飞秒激光的发展，近年来，基于飞秒激光的吸收光谱技术也逐步进入人们的视线。Goldenstein 等[92-94]发展了基于 fs-LAS 技术的高压固体推进剂燃烧测量方法，其部分测量结果如图 9.34 所示。在高压条件下，经过压强展宽后的吸收光谱信息依然在测量带宽范围之内；另外，在该研究中飞秒激光同时具有短脉宽、高重频(5kHz)的特性，因而能够同时满足高时间分辨测量的需求。

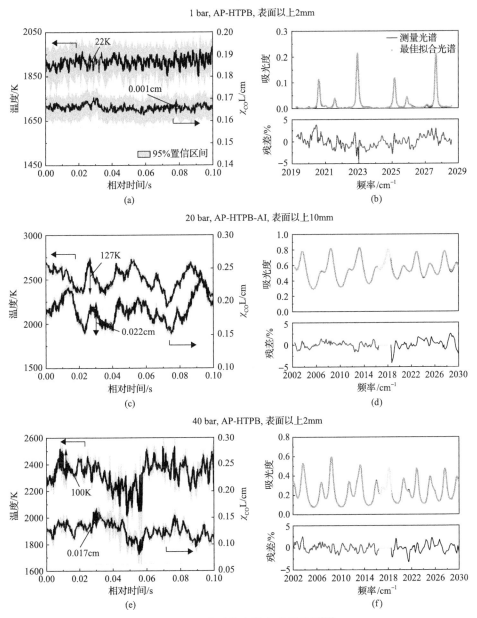

图 9.34   飞秒吸收光谱实验示意图[92]

此外，包括 fs-LIBS[95]、fs-PLIF[96-100]等方法在内的一系列诊断技术也得到了充分发展。但不同于 CARS 和 LAS 方法，上述燃烧诊断技术主要借助飞秒激光低能量、高功率的特点来避免光解离并实现更高的激发效率。

9.5.2　高空间分辨测量

燃烧诊断技术的高空间分辨测量同样体现在两个方面：第一，测量方法的最小空间分辨率，即可以测量的最小空间尺度信息；第二，测量方法的空间测量维度，一般而言，二维甚至三维的诊断技术相比于单点或一维的测量技术更受青睐。例如，在湍流燃烧的诊断研究中，通常需要对其中的小尺度涡结构进行解析，同时也需要把握燃烧流场整体的结构特征。根据涉及的燃烧诊断技术的不同，目前提升最小空间分辨率的手段包括减小激光光斑直径，该方法主要适用于 CARS、吸收光谱等传统的单点或线平均测量方法；对于大部分平面测量方法而言，可以采用全画幅、多像素点的相机进行拍摄或减小拍摄视窗。另外，提升空间测量维度的手段主要包括但不限于采用多点、线、面测量并结合层析反演方法，典型应用包括吸收光谱的二维层析成像及 LIF、PIV 的三维立体成像等。对于 CARS 等传统的单点燃烧诊断方法，还可以通过改变激光重合方式和空间相位关系来实现对一维甚至二维的测量。

1. 吸收光谱层析成像

激光吸收光谱方法通常只能测量光程平均下的温度及组分浓度信息。为了克服这一局限，基于吸收光谱的层析成像技术可以获得空间分辨及二维甚至三维的测量结果。

对于一些空间上旋转对称的测量对象，例如，在理想条件下由 McKenna 燃烧炉产生的预混平面火焰[101]，在相同测量高度下，火焰温度等物理量的空间不均匀性可以看作仅与距离火焰中心的半径相关。在这个前提下，采用一维的吸收光谱层析方法进行分析。由于一维层析方法对火焰空间结构的对称性要求较高，在实际应用中，更常见的是二维层析的吸收光谱方法，有兴趣的读者可以参考相关文献资料[102-110]。

一种典型二维层析吸收光谱方法的测量过程及结果如图 9.35 所示。由于在该研究中激光器和探测器呈正交排布，故最终重构得到的火焰温度分布的最小空间分辨率取决于激光器和探测器排布间距。除增加测量光路密度外，采取不同的光路排布方式也会对重构结果造成影响。典型的光路布置结构可以分为平行光结构[111]、扇形结构[112]和非规则结构[113, 114]等。重构结果的精确程度除取决于光路排布方式外还与具体的数值算法有关。典型的重构算法包括 FPB 算法[111]、ART 算法[115]和 Landweber 算法[113]等。近年来，随着人工智能等计算机技术的发展，一些研究也致力于通过机器学习方法来提高重构算法的计算速度和重构结果的空间分辨精度[116, 117]。

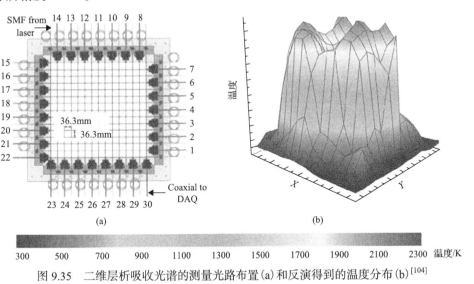

图 9.35　二维层析吸收光谱的测量光路布置(a)和反演得到的温度分布(b)[104]

2. 三维激光诱导荧光/粒子图像测速

Tomo-PIV 测量原理与二维层析吸收光谱类似,都是利用多角度、多方位的同步测量信息,并结合拓扑分析来提高原有手段的空间测量维度。

VLIF 测量的实现途径主要有两种。一种方法即通过高频扫描激光光片相对于火焰的空间方位[118-121],这相当于对火焰进行多空间方位的切片,再结合多个切片的拍摄结果还原火焰的三维特征。如图 9.36 所示,激光光片的空间位置扫描可

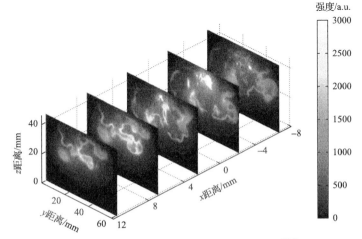

图 9.36　不同扫描截面 OH-PLIF 拍摄结果[120]

以通过电机控制光学镜片来实现，在 x 轴上的最小空间测量精度取决于电机的扫描精度和激光器与相机的拍摄帧频。不难发现，当拍摄帧频较低或当电机扫描精度的不确定性较大时，一个扫描周期的拍摄结果不能近似于同步拍摄，这进一步对 VLIF 的反演精度造成影响。

VLIF 测量的另一种实现方式是以多角度布置相机进行拍摄[122, 123]。如图 9.37 所示，Ma 等[123]拍摄了湍流火焰中的 CH-VLIF 信号。相比于多平面扫描，多角度拍摄的主要优势在于更好的同步性及测量系统的稳定性，结合高频激光器和高速相机，可以得到三维的组分信息[122]。

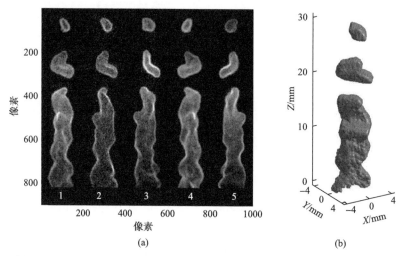

图 9.37　VLIF 多角度拍摄实验装置示意图及在湍流火焰中的测量结果[123]

3. 一维/二维相干反斯托克斯拉曼散射

CARS 通常被认为是温度测量精度最高的燃烧诊断方法之一，CARS 信号的空间相干性也使其适用于复杂环境下的测量及信号收集。但 CARS 一般只能进行单点测量，这主要是由于 CARS 信号只有在泵浦光、斯托克斯光及探测光同时满足时间和空间重合时才能生成。Kulatilaka 等[124]发展了一维 CARS 测温技术，主要原理是将泵浦光、斯托克斯光和探测光分别整形成为激光片，并让三束激光交汇于一条直线上，其原理示意图及测量结果如图 9.38 所示。

Kliewer 等[91, 125-127]进一步发展了该方法，利用纯转动光谱的 CARS 测量可以通过单束飞秒激光实现拉曼激发，利用双光片可以更容易地实现一维 CARS 测量。甚至当激光强度足够大时，将一束泵浦-斯托克斯光片与一束未聚焦的探测光重合，其交汇截面还可以实现对火焰的二维测量[128-130]，在 CH_4-空气预混层流火焰中的测量结果如图 9.39 所示。对于更复杂环境的二维 CARS 成像，该方法对激光光强有较高要求。

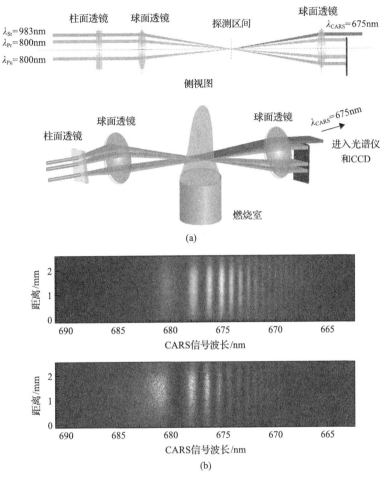

图 9.38　(a)一维 CARS 测量实验原理图；(b)空气(上列)和火焰(下列)中的 CARS 光谱信息。[124]

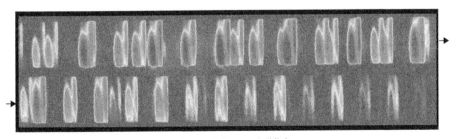

(a) 空间分辨的N₂及O₂光谱信息

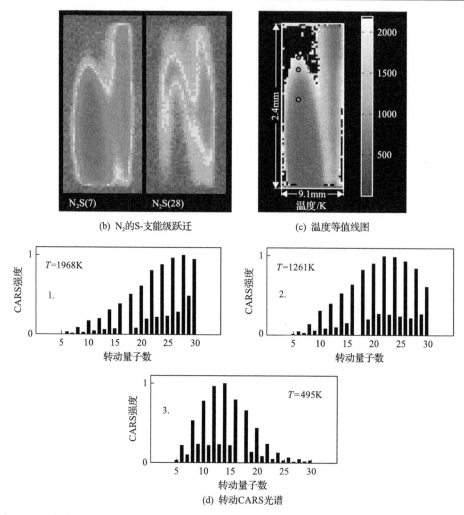

图 9.39　(a)测量所得 N_2 及 O_2-CARS 成像；(b)用于温度测量的 $N_2S(7)$ 转动态及 $N_2S(28)$ 转动态 CARS 成像；(c)反演得到的二维温度分布图像；(d)典型的 N_2 纯转动光谱[129]

9.5.3　多物理场同步测量

在实际工程应用中，需要对组分分布、流动特性、温度等物理量进行同步测量，从而研究复杂的反应流。单一燃烧诊断方法通常难以实现上述目标，因而需要结合多种燃烧诊断方法开展多场同步测量。多场同步测量不等同于多种燃烧诊断技术的简单叠加，还需要考虑测量方法之间的相互影响及所测量物理量之间的关联性。多场同步测量涉及的技术手段组合较多，下面简要介绍几类常见的组合方式。

1. 粒子成像测速与平面激光诱导荧光同步测量

PIV 和 PLIF 相结合的方法对流场和组分场的同步测量是实际应用中一种常见的多场同步测量手段[131-137]。PIV 测量对激光波长没有特定要求，而 PLIF 测量则需要考虑待测组分的电子激发态波长，二者测量波长不同，因此一般不会发生互相干扰。CH_2O-PLIF 常用于表征燃料的混合及反应的低温区，OH-PLIF 常用于表征火焰峰面及反应的高温区，二者均与燃烧中的流场高度耦合，所以可结合 PIV 和 PLIF 对火焰燃烧流场进行同步测量。

例如，Wang 等[138]研究了声激励约束条件对旋流火焰前缘及流场发展的影响，发现约束主要通过改变相干涡结构影响外部火焰，并且壁面约束对火焰动力学和释热波动将产生影响，进而改变热声不稳定性。

2. 瑞利散射与拉曼散射同步测量

Krishna 等[80]提出采用一维瑞利散射与拉曼散射相结合的方式测量无碳烟火焰中温度和主要组分浓度，具有较高的准确性和精确度。图 9.40 为测量得到的温度和甲烷摩尔分数的平均值与标准差结果，发现在燃烧器出口 5mm 高度处，中心射流与环流之间的混合具有部分预混特性，从而降低了甲烷浓度。

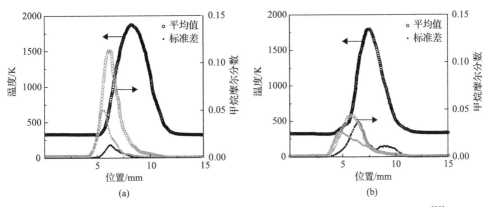

图 9.40　5mm(a)和 10mm(b)高度下温度和甲烷摩尔分数的平均值和标准差[80]

3. 激光诱导炽光与其他技术同步测量

碳焰的生成通常与燃烧过程中的一些气相反应物及燃烧的温度场、流场等高度相关，因此为了理解燃烧过程中碳烟颗粒的形成和氧化过程，特别是在湍流火焰中，LII 技术通常与其他光学诊断技术结合应用。图 9.41 为 PIV 与 LII 同步测量的结果。比较典型的例子有碳烟体积分数、粒径、火焰温度和 OH 的同步瞬时测量[139]、碳烟体积分数和流场的同步瞬时测量等[140]。在直喷式柴油机中，通过脉冲 LII 和 PIV 测量研究了大流量对碳烟形成的影响[141, 142]，脉冲 LII 和瑞利散射的组合用于研究缸内和高压喷雾容弹内碳烟粒径的分布[143]。

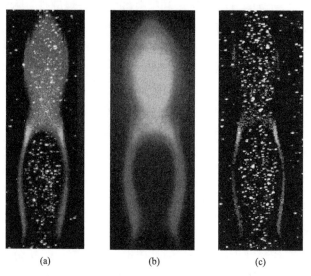

(a)   (b)   (c)

图 9.41　PIV 原始图像(a)、LII 图像(b)和移除 LII 干扰后的 PIV 图像(c)[144]

<h1 align="center">参 考 文 献</h1>

[1] Lind T, Li Z, Olofsson N E, et al. Simultaneous PLIF imaging of OH and PLII imaging of soot for studying the late-cycle soot oxidation in an optical heavy-duty diesel engine. SAE International Journal of Engines, 2016, 9: 849-858.

[2] Verhoeven D, Vanhemelryck J L, Baritaud T. Macroscopic and ignition characteristics of high-pressure sprays of single-component fuels. SAE Paper, 1998: 981069.

[3] Li Y, Zhao H, Leach B, et al. In-cylinder measurements of fuel stratification in a twin-spark three-valve SI engine. SAE Technical Paper, 2004: 2004-01-1354.

[4] Hentschel W. Optical diagnostics for combustion process development of direct-injection gasoline engines. Proceedings of the Combustion Institute, 2000, 28: 1119-1135.

[5] Melton L A. Spectrally separated fluorescence emissions for diesel fuel droplets and vapor. Applied Optics, 1983, 22: 2224-2226.

[6] Desantes J M, Pastor J V, Pastor J M, et al. Limitations on the use of the planar laser induced exciplex fluorescence technique in diesel sprays. Fuel, 2005, 84: 2301-2315.

[7] Fansler T D, French D T. Cycle-resolved laser-velocimetry measurements in a reentrant-bowl-in-piston engine. SAE Paper, 1988: 880377.

[8] Corcione F E, Valentino G. Turbulence length scale measurements by two-probe-volume LDA technique in a diesel engine. SAE Paper, 1990: 902080.

[9] Glover A R, Mundleby G E, Hadded O. The development of scanning LDA for the measurement of turbulence in engines. SAE Paper, 1988: 880378.

[10] Reuss D L, Adrian R J, Landreth C C, et al. Instantaneous planar measurements of velocity and large-scale vorticity and strain rate in an engine using particle-image velocimetry. SAE Paper, 1989: 890616.

[11] Li Y, Zhao H, Leach B, et al. Characterization of an in-cylinder flow structure in a high-tumble spark ignition engine. International Journal of Engine Research, 2004, 5: 375-400.

[12] Bräumer A, Sick V, Wolfrum J, et al. Quantitative two-dimensional measurements of nitric oxide and temperature distributions in a transparent square piston SI engine. SAE Paper, 1995: 952462.

[13] Orth A, Sick V, Wolfrum J R, et al. Simultaneous 2D-single shot imaging of OH concentrations and temperature fields in a SI engine simulator. Symposium (International) on Combustion, 1994, 25: 143-150.

[14] Hofmann D, Leipert A. Temperature field measurements in a sooting flame by filtered rayleigh scattering (FRS). Symposium (International) on Combustion, 1996, 26: 945-950.

[15] Elliot G, Boguszko M, Carter C. Filtered Rayleigh scattering—Toward multiple property measurements. 39th AIAA Aerospace Sciences Meeting & Exhibit, AIAA-2001-0301, 2001.

[16] Stenhouse I A, Williams D R, Cole J B, et al. CARS measurements in an internal combustion engine. Applied Optics, 1979, 18: 3819-3825.

[17] Klick D, Marko K A, Rimai L. Broadband single-pulse CARS spectra in a fired internal combustion engine. Applied Optics, 1981, 20: 1178-1181.

[18] Kajiyama K, Sajiki K, Kataoka H, et al. N_2 CARS thermometry in diesel engine. SAE Paper, 1982: 821036.

[19] Bood J, Bengtsson P-E, Mauss F, et al. Knock in spark-ignition engines: end-gas temperature measurements using rotational CARS and detailed kinetic calculations of the autoignition process. SAE Paper, 1997: 971669.

[20] 刘晶儒, 胡志云. 基于激光的测量技术在燃烧流场诊断中的应用. 中国光学, 2018, 11: 531-549.

[21] Einecke S, Schulz C, Sick V, et al. Two-dimensional temperature measurements in an SI engine using two-line tracer LIF. SAE Paper, 1998: 982468.

[22] Hildingsson L, Persson H, Johansson B, et al. Optical diagnostics of HCCI and UNIBUS using 2-D PLIF of OH and formaldehyde. SAE Paper, 2005: 2005-01-0175.

[23] Hildenbrand F, Schulz C, Hartmann M, et al. In-cylinder NO-LIF imaging in a realistic GDI engine using KrF excimer laser excitation. SAE Paper, 1999-01-3545.

[24] Schütte M, Finke H, Grünefeld G, et al. Spatially resolved air-fuel ratio and residual gas measurements by spontaneous Raman scattering in a firing direct injection gasoline engine. SAE Paper, 2000-01-1795.

[25] Boiarciuc A, Foucher F, Mounaim-Rousselle C, et al. Estimate measurement of soot diameter and volume fraction inside the bowl of a direct-injection-compression-ignition engine: Effect of the exhaust gas recirculation. Combustion Science & Technology, 2007, 179: 1631-1648.

[26] Stöhr M, Arndt C M, Meier W. Transient effects of fuel-air mixing in a partially-premixed turbulent swirl flame. Proceedings of the Combustion Institute, 2015, 35: 3327-3335.

[27] Wang S, Liu X, Wang G, et al. High-repetition-rate burst-mode-laser diagnostics of an

unconfined lean premixed swirling flame under external acoustic excitation. Applied Optics, 2019, 58: C68-C78.

[28] González-Martínez E, Lazaro B J. On the coherent modes of high Reynolds number, strongly swirling jets discharging in compact enclosures. Part A: Mean flow structure and coherent mode processing description. Aerospace Science & Technology, 2015, 44: 18-31.

[29] Thariyan M, Bhuiyan A, Naik S, et al. DP-CARS and OH-PLIF measurements at elevated pressures in a gas turbine combustor facility. 27th AIAA Aerodynamic Measurement Technology and Ground Testing Conference, 2010: AIAA-2010-4808.

[30] Meier U E, Wolff-Gaßmann D, Stricker W. LIF imaging and 2D temperature mapping in a model combustor at elevated pressure. Aerospace Science and Technology, 2000, 4: 403-414.

[31] Wang G, Liu X, Wang S, et al. Experimental investigation of entropy waves generated from acoustically excited premixed swirling flame. Combustion and Flame, 2019, 204: 85-102.

[32] Liu X, Wang G, Zheng J, et al. Temporally resolved two dimensional temperature field of acoustically excited swirling flames measured by mid-infrared direct absorption spectroscopy. Optics Express, 2018, 26: 31983-31994.

[33] Boxx I, Stöhr M, Carter C, et al. Temporally resolved planar measurements of transient phenomena in a partially pre-mixed swirl flame in a gas turbine model combustor. Combustion and Flame, 2010, 157: 1510-1525.

[34] 胡志云, 叶景峰, 张振荣, 等. 航空发动机地面试验激光燃烧诊断技术研究进展. 实验流体力学, 2018, 32: 33-42.

[35] Wehr L, Meier W, Kutne P, et al. Single-pulse 1D laser Raman scattering applied in a gas turbine model combustor at elevated pressure. Proceedings of the Combustion Institute, 2007, 31: 3099-3106.

[36] Roy S, Meyer T R, Lucht R P, et al. Temperature and CO_2 concentration measurements in the exhaust stream of a liquid-fueled combustor using dual-pump coherent anti-Stokes Raman scattering (CARS) spectroscopy. Combustion and Flame, 2004, 138: 273-284.

[37] Chuang C L, Cherng D L, Hsieh W H, et al. Study of flowfield structure in a simulated solid-propellant ducted rocket. 27th Aerospace Sciences Meeting, AIAA-89-0011, 1989.

[38] Hsieh W H, Chuang C L, Yang A S, et al. Measurement of flowfield in a simulated solid-propellant ducted rocket combustor using laser Doppler velocimetry. AIAA/ASME/SAE/ASEE 25th Joint Propulsion Conference, AIAA-89-2789, 1989.

[39] Moser M, Merenich J, Pal S, et al. OH-radical imaging and velocity field measurements in a gaseous hydrogen/oxygen rocket. AIAA/SAE/ASME/ASEE 29th Joint Propulsion Conference and Exhibit, 1993: AlAA-93-2036.

[40] Rajak R, Chakravarthy S R, Ganesan S. Measurement of admittance and acoustic augmentation of burning rate of composite solid propellants using laser Doppler velocimetry. Proceedings of the Combustion Institute, 2020, 38: 4392-4399.

[41] Ramsey M, Folk T, Perkins A, et al. Assessment of the application of hydroxyl tagging velocimetry (HTV) to rocket engine exhausts. 45th AIAA/ASME/SAE/ASEE Joint Propulsion Conference & Exhibit, 2009: AIAA-2009-5054.

[42] Anthoine J, Mettenleiter M, Repellin O, et al. Influence of adaptive control on vortex-driven

instabilities in a scaled model of solid propellant motors. Journal of Sound and Vibration, 2003, 262: 1009-1046.

[43] Laboureur D, Toth B, Anthoine J. Investigation of the Taylor-Culick flow through particle image velocimetry and numerical simulation. AIAA Journal, 2010, 48: 1077-1084.

[44] Quinlan J M, Zinn B T. Development and dynamical analysis of laboratory facility exhibiting full-scale combustion instability characteristics. AIAA Journal, 2017, 55: 4314-4329.

[45] Hossain M A, Choudhuri A, Love N. Design of an optically accessible turbulent combustion system. Proceedings of the Institution of Mechanical Engineers Part C—Journal of Mechanical Engineering Science, 2019, 233: 336-349.

[46] Park J S, Park S S, Han D H, et al. Flow characteristics in a rectangular mixing chamber with two jets. Journal of Propulsion and Power, 2016, 32: 456-462.

[47] Tóth B, Anthoine J, Steelant J. Experimental characterization of a two-phase flowfield in a solid rocket motor model. Journal of Propulsion and Power, 2009, 25: 914-920.

[48] Habiballah M, Orain M, Grisch F, et al. Experimental studies of high-pressure cryogenic flames on the Mascotte Facility. Combustion Science & Technology, 2006, 178: 101-128.

[49] Locke J, Pal S, Woodward R, et al. Diode laser absorption spectroscopy measurements in a gaseous hydrogen/oxygen rocket. 49th AIAA Aerospace Sciences Meeting including the New Horizons Forum and Aerospace Exposition, 2011: AIAA-2011-688.

[50] Yeralan S, Pal S, Santoro R J. Experimental study of major species and temperature profiles of liquid oxygen/gaseous hydrogen rocket combustion. Journal of Propulsion & Power, 2001, 17: 788-793.

[51] Groot W A, Weiss J M. Species and temperature measurement in H_2/O_2 rocket flow fields by means of Raman scattering diagnostics. AIAA/SAE/ASME/ASEE 28th Joint Propulsion Conference and Exhibit, AIAA-92-3353, 1992.

[52] Singla G, Scouflaire P, Rolon J C, et al. Planar laser-induced fluorescence of OH in high-pressure cryogenic LO_x/GH_2 jet flames. Combustion and Flame, 2006, 144: 151-169.

[53] Singla G, Scouflaire P, Rolon J C, et al. Flame stabilization in high pressure LO_x/GH_2 and GCH_4 combustion. Proceedings of the Combustion Institute, 2007, 31: 2215-2222.

[54] Grib S W, Jiang N, Hsu P S, et al. Femtosecond laser electronic excitation tagging velocimetry in a Mach 6 Ludwieg tube. AIAA Journal, 2022, 60: 3464-3471.

[55] Hill J L, Hsu P S, Jiang N B, et al. Hypersonic N-2 boundary layer flow velocity profile measurements using FLEET. Applied Optics, 2021, 60: C38-C46.

[56] McMillin B, Palmer J, Seitzman J, et al. Two-line instantaneous temperature imaging of NO in a SCRAMJET modelflowfield. 31st Aerospace Sciences Meeting & Exhibit, 1993: AIAA-93-0044.

[57] Cutler A D, Gallo E C A, Cantu L M L, et al. Coherent anti-Stokes Raman spectroscopy of a premixed ethylene-air flame in a dual-mode scramjet. Combustion and Flame, 2018, 189: 92-105.

[58] Cutler A, Magnotti G, Cantu L, et al. Dual-pump CARS measurements in the University of Virginia's dual-mode scramjet: configuration "A". 50th AIAA Aerospace Sciences Meeting including the New Horizons Forum and Aerospace Exposition, 2012: AIAA-2012-0114.

[59] Magre P, Collin G, Pin O, et al. Temperature measurements by CARS and intrusive probe in an air-hydrogen supersonic combustion. International Journal of Heat & Mass Transfer, 2001, 44: 4095-4105.

[60] Vereschagin K A, Smirnov V V, Stelmakh O M, et al. Temperature measurements by coherent anti-Stokes Raman spectroscopy in hydrogen-fuelled scramjet combustor. Aerospace Science and Technology, 2001, 5: 347-355.

[61] 赵建荣, 杨仕润, 俞刚. CARS 在超音速燃烧研究中的应用. 激光技术, 2000, 24: 207-212.

[62] Goldenstein C S, Spearrin R M, Jeffries J B, et al. Wavelength-modulation spectroscopy near 2.5 μm for H_2O and temperature in high-pressure and -temperature gases. Applied Physics B, 2014, 116: 705-716.

[63] Peng W Y, Cassady S J, Strand C L, et al. Single-ended mid-infrared laser-absorption sensor for time-resolved measurements of water concentration and temperature within the annulus of a rotating detonation engine. Proceedings of the Combustion Institute, 2019, 37: 1435-1443.

[64] Grady N, Frankland J, Pitz R, et al. UV Raman scattering measurements of supersonic reacting flow over a piloted, ramped cavity. 50th AIAA Aerospace Sciences Meeting including the New Horizons Forum and Aerospace Exposition, 2012: AIAA-2012-0614.

[65] Boeck L R, Mével R, Fiala T, et al. High-speed OH-PLIF imaging of deflagration-to-detonation transition in H_2-air mixtures. Experiments in Fluids, 2016, 57: 105.

[66] Fugger C A, Hsu P S, Jiang N, et al. Megahertz OH-PLIF imaging in a rotating detonation engine. AIAA Scitech 2021 Forum, 2021: AIAA 2021-0555.

[67] Ayers Z, Lemcherfi A I, Plaehn E, et al. Application of 100 kHz Acetone-PLIF for the investigation of mixing dynamics in a self-excited linear detonation channel. AIAA Scitech 2021 Forum: American Institute of Aeronautics and Astronautics, 2021.

[68] Hsu P S, Slipchenko M N, Jiang N, et al. Megahertz-rate OH planar laser-induced fluorescence imaging in a rotating detonation combustor. Optics Letters, 2020, 45: 5776-5779.

[69] Miller J D, Peltier S J, Slipchenko M N, et al. Investigation of transient ignition processes in a model scramjet pilot cavity using simultaneous 100 kHz formaldehyde planar laser-induced fluorescence and CH* chemiluminescence imaging. Proceedings of the Combustion Institute, 2017, 36: 2865-2872.

[70] Jiang N, Patton R A, Lempert W R, et al. Development of high-repetition rate CH PLIF imaging in turbulent nonpremixed flames. Proceedings of the Combustion Institute, 2011, 33: 767-774.

[71] Wang Z, Stamatoglou P, Li Z, et al. Ultra-high-speed PLIF imaging for simultaneous visualization of multiple species in turbulent flames. Optics Express, 2017, 25: 30214-30228.

[72] Michael J B, Venkateswaran P, Miller J D, et al. 100 kHz thousand-frame burst-mode planar imaging in turbulent flames. Optics Letters, 2014, 39: 739-742.

[73] Liu X, Wang Y, Wang Z, et al. Single camera 20 kHz two-color formaldehyde PLIF thermometry using a dual-wavelength-switching burst mode laser. Optics Letters, 2021, 46: 5149-5152.

[74] Hsu P S, Jiang N, Felver J J, et al. 10 kHz two-color OH PLIF thermometry using a single burst-mode OPO. Optics Letters, 2021, 46: 2308-2311.

[75] Hsu P S, Jiang N, Lauriola D, et al. 10 kHz 2D thermometry in turbulent reacting flows using

two-color OH planar laser-induced fluorescence. Applied Optics, 2021, 60: C1-C7.

[76] Jiang N, Hsu P S, Mance J G, et al. High-speed 2D Raman imaging at elevated pressures. Optics Letters, 2017, 42: 3678-3681.

[77] Grib S W, Jiang N, Hsu P S, et al. Rayleigh-scattering-based two-dimensional temperature measurement at 100kHz frequency in a reacting flow. Optics Express, 2019, 27: 27902-27916.

[78] Roy S, Hsu P S, Jiang N, et al. 100-kHz-rate gas-phase thermometry using 100-ps pulses from a burst-mode laser. Optics Letters, 2015, 40: 5125-5128.

[79] Krishna Y, Mahuthannan A M, Luo X, et al. High-speed filtered Rayleigh scattering thermometry in premixed flames through narrow channels. Combustion and Flame, 2021, 225: 329-339.

[80] Krishna Y, Tang H, Elbaz A M, et al. High-speed Rayleigh-Raman measurements with subframe burst gating. Optics Letters, 2019, 44: 4091-4094.

[81] Lauriola D K, Hsu P S, Jiang N, et al. Burst-mode 100 kHz N_2 ps-CARS flame thermometry with concurrent nonresonant background referencing. Optics Letters, 2021, 46: 5489-5492.

[82] Meyer T R, Halls B R, Jiang N, et al. High-speed, three-dimensional tomographic laser-induced incandescence imaging of soot volume fraction in turbulent flames. Optics Express, 2016, 24: 29547-29555.

[83] Gu M, Satija A, Lucht R P. Effects of self-phase modulation (SPM) on femtosecond coherent anti-Stokes Raman scattering spectroscopy. Optics Express, 2019, 27: 33955-33967.

[84] Kearney S P, Guildenbecher D R. Temperature measurements in metalized propellant combustion using hybrid fs/ps coherent anti-Stokes Raman scattering. Applied Optics, 2016, 55: 4958-4966.

[85] Retter J E, Richardson D R, Kearney S P. Rotational hydrogen thermometry by hybrid fs/ps coherent anti-Stokes Raman scattering in the plume of a burning metalized propellant. Applied Physics B, 2020, 126: 83.

[86] Miller J D, Dedic C E, Roy S, et al. Interference-free gas-phase thermometry at elevated pressure using hybrid femtosecond/picosecond rotational coherent anti-Stokes Raman scattering. Optics Express, 2012, 20: 5003-5010.

[87] Wrzesinski P J, Stauffer H U, Kulatilaka W D, et al. Time-resolved femtosecond CARS from 10 to 50 bar: Collisional sensitivity. Journal of Raman Spectroscopy, 2013, 44: 1344-1348.

[88] Courtney T L, Mecker N T, Patterson B D, et al. Hybrid femtosecond/picosecond pure rotational anti-Stokes Raman spectroscopy of nitrogen at high pressures (1～70 atm) and temperatures (300～1000 K). Applied Physics Letters, 2019, 114: 101107.

[89] Retter J E, Elliott G S. On the possibility of simultaneous temperature, species, and electric field measurements by coupled hybrid fs/ps CARS and EFISHG. Applied Optics, 2019, 58: 2557-2566.

[90] Dedic C E, Meyer T R, Michael J B. Single-shot ultrafast coherent anti-Stokes Raman scattering of vibrational/rotational nonequilibrium. Optica, 2017, 4: 563-570.

[91] Chen T Y, Goldberg B M, Patterson B D, et al. 1-D imaging of rotation-vibration non-equilibrium from pure rotational ultrafast coherent anti-Stokes Raman scattering. Optics Letters, 2020, 45: 4252-4255.

[92] Tancin R J, Goldenstein C S. Ultrafast-laser-absorption spectroscopy in the mid-infrared for single-shot, calibration-free temperature and species measurements in low- and high-pressure combustion gases. Optics Express, 2021, 29: 30140-30154.

[93] Radhakrishna V, Tancin R J, Mathews G, et al. Single-shot, mid-infrared ultrafast-laser-absorption-spectroscopy measurements of temperature, CO, NO and H_2O in HMX combustion gases. Applied Physics B-Lasers and Optics, 2021: 127.

[94] Tancin R J, Chang Z, Gu M, et al. Ultrafast laser-absorption spectroscopy for single-shot, mid-infrared measurements of temperature, CO, and CH_4 in flames. Optics Letters, 2020, 45: 583-586.

[95] Kotzagianni M, Couris S. Femtosecond laser induced breakdown for combustion diagnostics. Applied Physics Letters, 2012, 100: 264104.

[96] Richardson D R, Roy S, Gord J R. Femtosecond, two-photon, planar laser-induced fluorescence of carbon monoxide in flames. Optics Letters, 2017, 42: 875-878.

[97] Grib S W, Hsu P S, Jiang N, et al. 100 kHz krypton planar laser-induced fluorescence imaging. Optics Letters, 2020, 45: 3832-3835.

[98] Rahman K A, Athmanathan V, Slipchenko M N, et al. Quantitative femtosecond, two-photon laser-induced fluorescence of atomic oxygen in high-pressure flames. Applied Optics, 2019, 58: 1984-1990.

[99] Wang Y, Jain A, Kulatilaka W. CO Imaging in piloted liquid-spray flames using femtosecond two-photon LIF. Proceedings of the Combustion Institute, 2019, 37: 1305-1312.

[100] Wang Y, Jain A, Kulatilaka W. Hydroxyl radical planar imaging in flames using femtosecond laser pulses. Applied Physics B—Lasers and Optics, 2019, 125: 90.

[101] Prucker S, Meier W, Stricker W. A flat flame burner as calibration source for combustion research: temperatures and species concentrations of premixed H_2/air flames. Review of Scientific Instruments, 1994, 65: 2908-2911.

[102] Ma L, Cai W, Caswell A W, et al. Tomographic imaging of temperature and chemical species based on hyperspectral absorption spectroscopy. Optics Express, 2009, 17: 8602-8613.

[103] An X, Kraetschmer T, Takami K, et al. Validation of temperature imaging by H_2O absorption spectroscopy using hyperspectral tomography in controlled experiments. Applied Optics, 2011, 50: A29-A37.

[104] Ma L, Li X, Sanders S T, et al. 50-kHz-rate 2D imaging of temperature and H_2O concentration at the exhaust plane of a J85 engine using hyperspectral tomography. Optics Express, 2013, 21: 1152-1162.

[105] Busa K M, McDaniel J C, Brown M S, et al. Implementation of maximum-likelihood expectation-maximization algorithm for tomographic reconstruction of TDLAT measurements, 52nd Aerospace Sciences Meeting: American Institute of Aeronautics and Astronautics, 2014.

[106] Cai W, Kaminski C F. Multiplexed absorption tomography with calibration-free wavelength modulation spectroscopy. Applied Physics Letters, 2014, 104: 154106.

[107] Liu C, Xu L, Chen J, et al. Development of a fan-beam TDLAS-based tomographic sensor for rapid imaging of temperature and gas concentration. Optics Express, 2015, 23: 22494-22511.

[108] Wood M P, Ozanyan K B. Simultaneous temperature, concentration, and pressure imaging of

water vapor in a turbine engine. IEEE Sensors Journal, 2015, 15: 545-551.

[109] Cai W, Kaminski C F. A tomographic technique for the simultaneous imaging of temperature, chemical species, and pressure in reactive flows using absorption spectroscopy with frequency-agile lasers. Applied Physics Letters, 2014, 104: 034101.

[110] Cai W, Kaminski C F. Tomographic absorption spectroscopy for the study of gas dynamics and reactive flows. Progress in Energy and Combustion Science, 2017, 59: 1-31.

[111] Wondraczek L, Khorsandi A, Willer U, et al. Mid-infrared laser-tomographic imaging of carbon monoxide in laminar flames by difference frequency generation. Combustion and Flame, 2004, 138: 30-39.

[112] Bennett K E, Byer R L. Fan-beam-tomography noise theory. Journal of the Optical Society of America A (Optics and Image Science), 1986, 3: 624-633.

[113] Wright P, Terzija N, Davidson J L, et al. High-speed chemical species tomography in a multi-cylinder automotive engine. Chemical Engineering Journal, 2010, 158: 2-10.

[114] Terzija N, Davidson J L, Garcia-Stewart C A, et al. Image optimization for chemical species tomography with an irregular and sparse beam array. Measurement Science and Technology, 2008, 19: 094007.

[115] Zhou B, Li Q, He Y, et al. Visualization of multi-regime turbulent combustion in swirl-stabilized lean premixed flames. Combustion and Flame, 2015, 162: 2954-2958.

[116] Yu T, Cai W, Liu Y. Rapid tomographic reconstruction based on machine learning for time-resolved combustion diagnostics. Review of Scientific Instruments, 2018, 89: 043101.

[117] Wei C, Schwarm K K, Pineda D I, et al. 3D laser absorption imaging of combustion gases assisted by deep learning. Optical Sensors and Sensing Congress, 2020: LTh5F.1.

[118] Wellander R, Richter M, Alden M. Time-resolved (kHz) 3D imaging of OH PLIF in a flame. Experiments in Fluids, 2014, 55: 1764.

[119] Kychakoff G, Paul P H, van Cruyningen I, et al. Movies and 3-D images of flowfields using planar laser-induced fluorescence. Applied Optics, 1987, 26: 2498-2500.

[120] Cho K Y, Satija A, Pourpoint T L, et al. High-repetition-rate three-dimensional OH imaging using scanned planar laser-induced fluorescence system for multiphase combustion. Applied Optics, 2014, 53: 316-326.

[121] Yip B, Schmitt R L, Long M B. Instantaneous three-dimensional concentration measurements in turbulent jets and flames. Optics Letters, 1988, 13: 96.

[122] Halls B R, Jiang N, Meyer T R, et al. 4D spatiotemporal evolution of combustion intermediates in turbulent flames using burst-mode volumetric laser-induced fluorescence. Optics Letters, 2017, 42: 2830-2833.

[123] Ma L, Lei Q, Ikeda J, et al. Single-shot 3D flame diagnostic based on volumetric laser induced fluorescence (VLIF). Proceedings of the Combustion Institute, 2017, 36: 4575-4583.

[124] Kulatilaka W D, Stauffer H U, Gord J R, et al. One-dimensional single-shot thermometry in flames using femtosecond-CARS line imaging. Optics Letters, 2011, 36: 4182-4184.

[125] Bohlin A, Patterson B D, Kliewer C J. Communication: Simplified two-beam rotational CARS signal generation demonstrated in 1D. Journal of Chemical Physics, 2013, 138: 081102.

[126] Bohlin A, Mann M, Patterson B D, et al. Development of two-beam femtosecond/picosecond

one-dimensional rotational coherent anti-Stokes Raman spectroscopy: Time-resolved probing of flame wall interactions. Proceedings of the Combustion Institute, 2015, 35: 3723-3730.

[127] Kliewer C J, Gao Y, Seeger T, et al. Quantitative one-dimensional imaging using picosecond dual-broadband pure-rotational coherent anti-Stokes Raman spectroscopy. Applied Optics, 2011, 50: 1770-1778.

[128] Bohlin A, Kliewer C J. Communication: Two-dimensional gas-phase coherent anti-Stokes Raman spectroscopy (2D-CARS): Simultaneous planar imaging and multiplex spectroscopy in a single laser shot. Journal of Chemical Physics, 2013, 138: 221101.

[129] Bohlin A, Kliewer C J. Diagnostic imaging in flames with instantaneous planar coherent Raman spectroscopy. Journal of Physical Chemistry Letters, 2014, 5: 1243-1248.

[130] Bohlin A, Kliewer C J. Direct coherent Raman temperature imaging and wideband chemical detection in a hydrocarbon flat flame. Journal of Physical Chemistry Letters, 2015, 6: 643-649.

[131] Petersson P, Olofsson J, Brackman C, et al. Simultaneous PIV/PH-PLIF, Rayleigh thermometry/ OH-PLIF and stereo PIV measurements in a low-swirl-flame. Applied Optics, 2007, 46: 3928-3936.

[132] Sadanandan R, Stoehr M, Meier W. Simultaneous OH-PLIF and PIV measurements in a gas turbine model combustor. Applied Physics B-Lasers and Optics, 2008, 90: 609-618.

[133] Shimura M, Ueda T, Choi G M, et al. Simultaneous dual-plane CH PLIF, single-plane OH PLIF and dual-plane stereoscopic PIV measurements in methane-air turbulent premixed flames. Proceedings of the Combustion Institute, 2011, 33: 775-782.

[134] Coriton B, Steinberg A M, Frank J H. High-speed tomographic PIV and OH PLIF measurements in turbulent reactive flows. Experiments in Fluids, 2014, 55: 1743.

[135] Slabaugh C D, Pratt A C, Lucht R P. Simultaneous 5 kHz OH-PLIF/PIV for the study of turbulent combustion at engine conditions. Applied Physics B-Lasers and Optics, 2015, 118: 109-130.

[136] Gao Y, Yang X, Fu C, et al. 10 kHz simultaneous PIV/PLIF study of the diffusion flame response to periodic acoustic forcing. Applied Optics, 2019, 58: E112-E120.

[137] Bouvier M, Cabot G, Yon J, et al. On the use of PIV, LII, PAH-PLIF and OH-PLIF for the study of soot formation and flame structure in a swirl stratified premixed ethylene/air flame. Proceedings of the Combustion Institute, 2021, 38: 1851-1858.

[138] Wang G, Liu X, Li L, et al. Investigation on the flame front and flow field in acoustically excited swirling flames with and without confinement. Combustion Science and Technology, 2022, 194: 130-143.

[139] Gu D, Sun Z, Dally B B, et al. Simultaneous measurements of gas temperature, soot volume fraction and primary particle diameter in a sooting lifted turbulent ethylene/air non-premixed flame. Combustion and Flame, 2017, 179: 33-50.

[140] Koehler M, Geigle K P, Meier W, et al. Sooting turbulent jet flame: Characterization and quantitative soot measurements. Applied Physics B—Lasers and Optics, 2011, 104: 409-425.

[141] da Cruz A P, Dumas J P, Bruneaux G. Two-dimensional in-cylinder soot volume fractions in diesel low temperature combustion mode. SAE International Journal of Engines, 2011, 4: 2023-2047.

[142] Miles P C, Collin R, Leif H, et al. Combined measurements of flow structure, partially oxidized fuel, and soot in a high-speed, direct-injection diesel engine. Proceedings of the Combustion Institute, 2007, 31: 2963-2970.

[143] Lee K H, Chung J W, Kim B S, et al. Investigation of soot formation in a DI diesel engine by using laser induced scattering and laser induced incandescence. KSME International Journal, 2004, 18: 1169-1176.

[144] Fu C, Yang X, Li Z, et al. Experimental investigation on an acoustically forced flame with simultaneous high-speed LII and stereo PIV at 20kHz. Applied Optics, 2019, 58: C104-C111.